2021 四川省绿色建筑与建筑节能年度发展报告

四川省绿色建筑与建筑节能工程技术研究中心

四川省建设工程消防和勘察设计技术中心　　　主编

四川省绿色节能建筑科普基地

西南交通大学出版社
·成　都·

图书在版编目（CIP）数据

2021 四川省绿色建筑与建筑节能年度发展报告 / 四
川省绿色建筑与建筑节能工程技术研究中心，四川省建设
工程消防和勘察设计技术中心，四川省绿色节能建筑科普
基地主编. —成都：西南交通大学出版社，2022.11
ISBN 978-7-5643-8951-2

Ⅰ. ①2… Ⅱ. ①四… ②四… ③四… Ⅲ. ①生态建
筑 – 研究报告 – 四川 – 2021②建筑 – 节能 – 研究报告 – 四
川 – 2021 Ⅳ. ①TU-023②TU111.4

中国版本图书馆 CIP 数据核字（2022）第 192217 号

2021 Sichuan Sheng Lüse Jianzhu yu Jianzhu Jieneng Niandu Fazhan Baogao
2021 四川省绿色建筑与建筑节能年度发展报告

四川省绿色建筑与建筑节能工程技术研究中心
四川省建设工程消防和勘察设计技术中心　　　　主编
四川省绿色节能建筑科普基地

责任编辑	姜锡伟
封面设计	曹天擎

出版发行	西南交通大学出版社
	（四川省成都市金牛区二环路北一段 111 号
	西南交通大学创新大厦 21 楼）
邮政编码	610031
发行部电话	028-87600564　　　028-87600533
网址	http://www.xnjdcbs.com
印刷	成都勤德印务有限公司

成品尺寸	210 mm×285 mm
印张	17.75
字数	375 千
版次	2022 年 11 月第 1 版
印次	2022 年 11 月第 1 次
书号	ISBN 978-7-5643-8951-2
定价	90.00 元

《2021 四川省绿色建筑与建筑节能年度发展报告》

主管部门：四川省住房和城乡建设厅
主编单位：四川省绿色建筑与建筑节能工程技术研究中心
四川省建设工程消防和勘察设计技术中心
四川省绿色节能建筑科普基地

顾问委员会（以姓氏笔画排序）

本书作者

编写组组长：高　波

副　组　长：于　忠　　倪　吉　　于佳佳　　何婉艺

成　　　员：曹晓玲　袁中原　张丽丽　易小楠　李　鹏　周伟军

余恒鹏　朱晓玥　白文东　黄　建　陈红林　苏英杰

王兵兵　巫朝敏　徐　佳　周耀鹏　王乙茜　吴　勇

霍海娥　侯　通　胡彭超　施　毅　杨　森　高　伟

支持单位/鸣谢单位

四川省土木建筑学会

四川省建设科技协会

四川省勘察设计协会

四川省房地产业协会

四川省制冷学会

总　序

  节约能源是资源节约型社会的重要组成部分，建筑能耗大约占全社会总能耗的 1/3，尤其在国家碳达峰碳中和目标提出后，政府、行业、社会对建筑节能工作的重要性形成共识。我国建筑节能工作推进近 40 年来，深度挖掘建筑节能潜力、量化节能效果，制定法律法规、政策规章，编制绿色建筑、近零能耗建筑等技术标准，提高建筑节能技术水平与科技创新能力，提升城乡建设绿色低碳发展质量。

  在国家大力推进碳达峰碳中和战略背景下，全省城乡建设领域需要整体谋划、系统创新，大胆探索、勇于实践，多措并举、积极试点，推进建筑节能与绿色建筑工作，逐步提升建筑能效，加快推进四川高品质生活宜居地建设。同时，随着全社会节能意识增强、城镇化快速推进、经济产业结构深度调整、建筑节能技术迅速发展等，全省城乡建设领域面临新挑战与新机遇。

  为扎实推进全省建筑节能与绿色建筑相关工作，四川省绿色建筑与建筑节能工程技术研究中心组织开展了一系列政策和技术研究工作，把每年最新研究成果汇编成为《四川省建筑节能与绿色建筑发展报告》，向从事建筑节能与绿色建筑相关工作的住房城乡建设行政主管部门、科研院所、设计单位等公布，促进行业政策和技术交流，推动建筑行业绿色低碳转型。

四川省绿色建筑与建筑节能工程技术研究中心

2022 年 3 月

目 录

第 1 章

总 论

1.1 四川省建筑业绿色低碳发展现状分析

1.1.1 四川省绿色建筑行业分析

1. 主要绿色建筑政策分析

2020 年 12 月 29 日，四川省住房和城乡建设厅等 9 部门发布《四川省绿色建筑创建行动实施方案》，明确到 2022 年，城镇新建建筑中绿色建筑面积占比达到 70%，星级绿色建筑持续增加，居住建筑品质不断提高，建设方式初步实现绿色转型，能源、资源利用效率持续提升，科技创新推动建筑业高质量发展作用初显，人民群众积极参与绿色建筑创建活动，形成崇尚绿色生活的社会氛围。

2021 年 12 月 10 日，四川省住房和城乡建设厅发布《四川省绿色建筑标识管理实施细则》，用以规范绿色建筑标识管理，推动绿色建筑高质量发展，促进碳达峰碳中和目标如期实现。

2022 年 1 月 12 日，四川省住房和城乡建设厅等 6 部门发布《加快转变建筑业发展方式推动建筑强省建设工作方案》，明确到 2025 年，绿色建筑实施规模化发展，城镇新建民用建筑中绿色建筑占比达 100%。城镇新建民用建筑严格执行节能设计标准，推动重点地区、重点建筑逐步提高节能标准，大力推进超低能耗、近零能耗、低碳建筑规模化发展。全省城镇新建民用建筑全面执行绿色建筑相关标准，不断增加星级绿色建筑数量。加强绿色建筑全过程质量管理，建立绿色建筑专项验收制度。结合城镇老旧小区改造、城市更新等工作，推动既有建筑节能改造。因地制宜推动可再生能源建筑应用和建筑领域电能替代。加强建筑垃圾管理，推进建筑垃圾源头减量与资源化利用。到 2025 年，地级及以上城市城区建筑垃圾资源化利用率不低于 80%，县级城市（含县城）建筑垃圾资源化利用率不低于 60%。

各市州落实相关政策，工作亮点如下：

（1）成都市明确绿色建筑发展目标，计划到 2025 年全市城镇新建建筑全面执行一星级及以上标准。

（2）德阳市结合老旧小区改造推进既有居住建筑节能改造，目前已对 608 个小区实施节能改造，改造面积 335 万平方米。

（3）成都市、阿坝州积极谋划既有建筑节能改造工作。成都市下达既有建筑节能改造目标，计划 2021—2023 年完成既有建筑节能改造面积 150 万平方米，2021 年已完成 46 万平方米；阿坝州计划在"十四五"期间实施既有建筑节能改造 38 万平方米，预计投资 9 980 万元。

（4）德阳市加强绿色建筑全过程管理，出台了《德阳市绿色建筑工程施工验收暂行规定》《关于加强绿色建筑项目建设全过程管理的通知》。

（5）攀枝花市充分利用太阳能资源，印发了《关于加强我市建筑屋顶设计管控及太阳能资源利用的通知》，截至 2021 年 11 月底，通过设计审查的太阳能应用建筑面积达 98 万平方米，其中集中式光热系统应用建筑面积 68 万平方米，屋顶分户式光热系统应用建筑面积 16 万平方米，阳台壁挂光热系统+屋顶光伏系统应用建筑面积 14 万平方米。

（6）广安市采用合同能源管理模式实施公共建筑节能改造，广安市人民医院引入社会资本 500 余万元实施节能改造，共享节能效益。

（7）泸州市全域推动海绵城市建设。

（8）乐山市建立完善了绿色融资统计制度，每半年收集汇总辖内银行业机构绿色信贷投放情况。截至 2021 年 11 月末，乐山银行业机构支持绿色建筑创建贷款余额 4940 万元，五级分类为正常类贷款。支持绿色建筑材料制造贷款余额 500 万元，五级分类为正常类贷款。（贷款五级分类是指商业银行依据借款人的实际还款能力进行贷款质量的五级分类，即按风险程度将贷款划分为正常、关注、次级、可疑、损失，后三种为不良贷款。）

（9）绵阳市节能环保建材行业发展状况较好，截至目前建成建材产业园区 2 个，新型节能建材企业年产值超过 50 亿元。

在政策落实的过程中，各市州反映存在的共性问题：

（1）广元、泸州、宜宾、自贡、阿坝州既有建筑节能改造比例低，标准执行力度不够，改造资金压力大。

（2）巴中、广元、乐山、泸州、绵阳、南充、内江、资阳、自贡、阿坝州新建建筑星级绿色建筑普遍偏低，建设成本高，资金压力大。

（3）巴中、广安、广元、乐山、泸州、绵阳、内江、资阳、宜宾、阿坝州、甘孜州个别区县对绿色建筑重视程度不够、专业力量不足、标识申报工作相对滞后。

（4）巴中、遂宁建材产品、保温隔热产品质量参差不齐，产品性能判断无统一标准。

（5）广安、雅安、宜宾、资阳、自贡绿色建筑等工作的管理力量专业性不足，在绿色建筑设计、施工等环节各方主体履职不到位，施工图审查能力有待提高。

（6）乐山、泸州、遂宁、凉山州群众参与度不高，绿色建筑理念宣传不够，社会各界缺乏对绿色建筑的认识。

在政策落实的过程中，个别市州存在的问题：

（1）广元地方性法规和实施细则的工作相对滞后。

（2）乐山部门沟通机制不够完善，如与银保监分局沟通脱节。

（3）凉山州部分检测机构专业设备不足、施工环节管理不到位、从业人员专业性不足。

（4）南充绿色建筑和绿色建造的科技创新能力有待提升。

（5）宜宾绿色建筑与建筑节能信息公示制度执行力度不够。

（6）甘孜州建筑垃圾处置场地缺乏。

2. 绿色建筑行业发展规模分析

（1）绿色建筑标识项目规模分析。

截至 2021 年底，全国获得绿色建筑评价标识的项目累计达到 1.6 万个，建筑面积超过 15 亿平方米。全国省会以上城市保障性住房、政府投资公益性建筑、大型公共建筑开始全面执行绿色建筑标准，北京、天津、上海、重庆、江苏、浙江、山东、广东、河北、福建、广西、宁夏、青海等地开始在城镇新建建筑中全面执行绿色建筑标准。江苏、浙江、宁夏、河北、辽宁和内蒙古等先后开展绿色建筑立法实践，颁布了《绿色建筑发展条例》等法规文件。

截至 2021 年底，四川省获得绿色建筑评价标识的项目累计达到 968 个，建筑面积超过 8981.9 万平方米。全省 15 个市州全面执行居住建筑节能 65% 设计标准，设计阶段 100% 达到节能标准要求。各市州主要着力于绿色建材、装配式建造技术的推广及应用以及既有建筑节能改造等方面。

（2）绿色建筑标识项目星级分布。

全国范围内绿色建筑标识项目星级主要分布在二星和一星，分别占比 37.87% 和 34.32%，如图 1-1 所示。

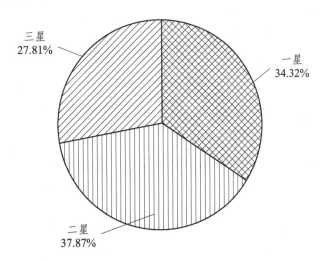

图 1-1　全国绿色建筑标识项目星级分布

四川省范围内绿色建筑标识项目星级主要分布在一星和二星，分别占比 75.52% 和 18.49%，如图 1-2 所示。

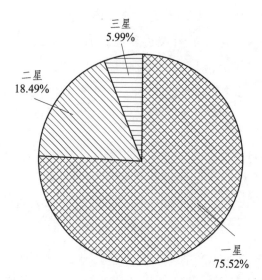

图 1-2　四川省绿色建筑标识项目星级分布

（3）绿色建筑标识项目地区分布。

全国范围内具有标识的项目主要集中在华东地区，占比 41.83%，如图 1-3 所示。

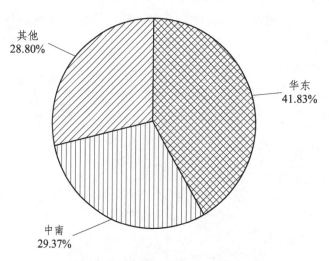

图 1-3　全国绿色建筑标识项目地区分布

四川省范围内具有标识的项目主要集中在德阳市、成都市，分别占比 45.97% 和 28.41%，如图 1-4 所示。

（4）绿色建筑发展规模分析。

截至 2021 年底，四川省绿色建筑项目总数达 12 525 个，总建筑面积达 62 272 万平方米。2021 年城镇新增绿色建筑面积 13 573.2 万平方米。全省各市州城镇新建绿色建筑占新建建筑比例均大于 50%，全省平均占比为 75%。21 市州中有 2 市新建绿色建筑占新建建筑比率超过 90%，最高为 94.30%；14 市新建绿色建筑占新建建筑比率超过 70%。当前，四川省绿色建筑市场发展规模存在较为明显的地区差异，如表 1-1 所示。

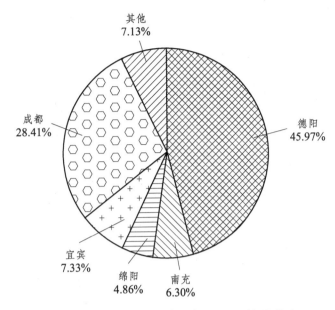

图 1-4 四川省绿色建筑标识项目地区分布

表 1-1 各市州绿色建筑规模统计

市州	城镇累计建成绿色建筑面积/万平方米	2021年度城镇新增绿色建筑面积/万平方米	2021年度城镇新建建筑面积/万平方米	城镇绿色建筑占新建建筑比例/%
巴中市	1 140.56	233.08	368.77	63.20
达州市	3 125.69	647.30	1 076.31	61.80
德阳市	2 442.16	825.10	1 038.98	79.41
甘孜州	177.90	55.70	61.49	89.00
广元市	732.49	300.15	377.71	79.00
泸州市	3 126.43	790.97	838.55	94.30
南充市	3 000.61	926.94	1 133.20	81.77
内江市	2 426.00	343.00	477.00	72.00
攀枝花市	322.69	111.675	158.365	70.52
雅安市	353.55	139.29	230.57	60.41
绵阳市	1 923.00	640.00	913.00	70.00
资阳市	1 838.99	316.99	394.69	80.31
乐山市	2 409.00	494.00	611.00	80.00
眉山市	5 746.66	1 368.19	1 500.09	91.21
遂宁市	1 730.27	307.39	488.36	62.90
自贡市	1 883.82	395.32	456.83	86.54

续表

市州	城镇累计建成绿色建筑面积/万平方米	2021 年度城镇新增绿色建筑面积/万平方米	2021 年度城镇新建建筑面积/万平方米	城镇绿色建筑占新建建筑比例/%
宜宾市	2 436.23	757.58	1 063.22	71.25
广安市	858.39	395.34	430.43	50.14
阿坝州	487.12	51.00	83.92	60.77
凉山州	987.80	250.20	462.00	54.20
成都市	17 034.00	4 224.00	5 949.00	71.00

3. 绿色建筑有效需求分析

四川省 2021 年绿色建筑发展格局如图 1-5 所示。既有建筑节能改造总面积 2 265.3 万平方米，新建绿色建筑面积 13 573.2 万平方米，分别占比 14.30% 和 85.70%。

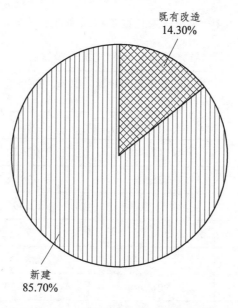

图 1-5　四川省绿色建筑发展格局情况

健康的绿色建筑市场需要强有力的地区经济支撑，地区的经济发展水平是影响绿色建筑市场规模的主要因素之一，经济水平影响绿色建筑市场的需求侧和供给侧。在需求方面，区域经济结构推动绿色建筑的发展需求。经济发达、活跃的地区吸引对高质量建筑有需求的中高收入人群成为追求绿色办公、绿色住宅、绿色生活的消费者。在供给方面，经济的增长可以刺激房地产开发商对绿色建筑有更多的需求，在经济高度发达的地区产生集聚效应，有效降低绿色建筑的最终成本。经济、房地产活动较强的大城市会吸引绿色建筑在本地区的发展和蔓延，由于绿色投资所带来的丰厚回报，房地产开发商将向其他开发商发出信号，因此强烈的市场竞争可能会加快周围辐射地区绿色建筑的开发并吸引其他开发商进行绿色建筑项目的开发，反之同理。而四川省各地区经济发展仍存在明显差距，发展不平衡、不充分的问题依然较为突出，绿色建筑市场有效需求的地区差异较大。

4. 绿色建筑市场发展前景分析

未来，四川省绿色建筑市场发展的机遇与阻力并存。近年来，随着小康社会的建成，四川省各市州经济发展取得的成果显著。随着各市州的经济状况不断改善，当地对于绿色建筑的认识、需求将不断提高。当地群众及各部门将逐渐形成并完善自身的市场要素，掌握市场发展的主动性。同时，以目前绿色建筑市场发展较好的各市州为中心，不断扩大市场辐射面积，提升当地绿色建筑市场发展的同时带动周围市州的相关产业发展，促进"以点带面，覆盖全省"的良好市场发展趋势。此外，绿色建筑市场发展是一个长期、曲折的过程，发展过程中不可避免地会出现当地的适应性问题，需要当地有关部门积极相互协调，完善市场要素及政策制度，引导当地企业以及消费者积极参与绿色建筑市场发展。

1.1.2　四川省绿色建筑行业现状问题分析

1. 观念问题

社会各界缺乏对绿色建筑的相关了解。广大市民对于绿色建筑概念及相关理念、内涵的认知程度仍处于起步阶段，导致以消费者为主体的绿色建筑市场经济尚未形成。消费者面对一系列专业的指标而不能直接感受到绿色建筑的优势、带来的价值和直接利益，从而失去投资绿色建筑的主动性；部分施工方结合自身利益，考虑到绿色建筑会增加建设初期投资成本且短期社会效益不明显，不能为项目施工带来直接利益，导致对于建筑节能和绿色建筑项目落地缺乏主动性；部分项目投资方对于绿色建筑相关项目和产业的投资回报没有实际的量化概念，对于投资风险的分析没有具体的参考标准；部分地方政府对于绿色建筑推广的重视程度较低，尚未建立健全相关责任部门或所出台的相关政策尚未考虑全面，激励政策措施落实程度较低；部分企业方认为绿色建筑星级标识越高，建设成本越高，企业盈利空间越小，为了获取更大的利润空间，企业尽可能规避高星级绿建标准。

2. 政策问题

在政策制定和落实层面，当地政府出台的绿色建筑相关政策与相关法律之间在时间上的错位导致部分地区对于地方性法规和与具体实施细则的制定工作相对滞后，尚不具备一系列健全的、具有针对性和可操作性的部门规章和规范性文件。部分地区有关部门的分工协作过程中存在信息不对称、沟通不协调等问题导致政策落实受阻。

在政策效益层面，绿色建筑领域的财政补贴、税费优惠、贷款贴息等经济政策较少且响应程度较低，直接利益带来的驱动力较弱。政府投资的示范项目较少，在当地缺乏参考样本项目、标志性项目，以推广适宜当地项目的工程技术。绿色建筑标准的执行存在不平衡的现象，部分地区大型住宅项目执行绿色建筑标准优于小型住宅项目，住宅建筑要优于公共建筑。政府政策缺乏对相关专业人才的多方面激励，导致部分市州的技术人才和管理人才呈现不同程度的匮乏。

3. 人才问题

全省各市州对人才的需求与当前社会青年人才向大城市、省会城市聚集的现象相矛盾。部分地区从业人员缺乏对绿色建筑设计标准、相关政策法规和设计软件的了解。部分地区缺乏专门机构和人员对绿色建筑、既有建筑节能改造、可再生能源建筑应用等专项工作进行管理，工程项目的工作进度、质量等无法得到有效保障。部分地区缺乏包括专业检测设备在内的相关基础设施。各地从业人员专业素质的规范和提高的问题亟待解决。

1.2 四川省建筑业绿色低碳实施路径分析

1.2.1 四川省建筑能耗与碳排放现状

如图 1-6（a）所示，2001 年至 2014 年，四川省民用建筑面积由 24.4 亿平方米扩张至 48.5 亿平方米，年均增长率为 5.5%，略高于同时期全国总建筑面积增长率。其中，城镇公共建筑的面积占比由 7.6% 提升至 10.7%，城镇居住建筑的面积占比由 14.4% 提升至 29.8%，而农村居住建筑的面积占比由 78.2% 降低至 59.9%，上述三类建筑均密集分布于四川省东部盆地以成都市、自贡市、德阳市等为代表的地级市。与全国建筑面积构成情况相比，四川省的农村居住建筑占比明显较高，反映了四川省城市化率较低的现状——2019 年的城市化率为 53.8%，比全国水平低 6.8%。

如图 1-6（b）所示，四川省民用建筑总能耗由 2001 年的 0.09 亿吨标准煤增加至 2014 年的 0.28 亿吨标准煤，年均增长率约 9.4%，较同期全国水平高出 1.8%。在总量方面，公共建筑能耗占比 25.8%~46.4%，城镇居住建筑能耗占比 24.5%~31.0%，农村居住建筑能耗占比 29.6%~45.0%；在能耗强度方面，公共建筑的能耗强度自 2004 年后逐年上升，平均值为 18.4 kgce/m²，城镇居住建筑能耗强度基本呈逐年下降趋势，平均值为 7.0 kgce/m²，农村居住建筑的能耗大致维持稳定，平均值为 2.9 kgce/m²。与同期全国水平相比，四川省民用建筑的能耗强度明显较低，这与我省经济水平、气候特征以及居民生活习惯等多种因素有关。综上，虽然四川省城镇公共建筑面积的占比最低，但其能耗占比高达 45%，能耗强度远高于居住建筑。未来，随着四川省城市化率进一步提高，公共建筑面积还将不断增加，相关节能工作需引起高度重视。另外，省内仍然存在大量农村居住建筑，考虑到未来农村地区的经济发展，提升农村居住建筑的建筑质量并因地制宜地推行清洁可再生能源利用非常重要。

2000 年至 2018 年间，四川省的碳排放量在全国 31 个省级行政区划中大致处于 10~14 位，占全国排放总量的 2.8%~4.2%。在变化趋势上，四川省的碳排放总量先由 2000

年的 1.05 亿吨上升至 2013 年的阶段性峰值 3.43 亿吨，随后逐渐下降为 2018 年的 2.96 亿吨。如图 1-6（c）所示，在此期间，四川建筑运行碳排放呈波动上升趋势，2018 年达到 0.77 亿吨，较 2000 年增加了 1.79 倍，占全省总排放量的 25.9%，该比例略高于全国整体水平。

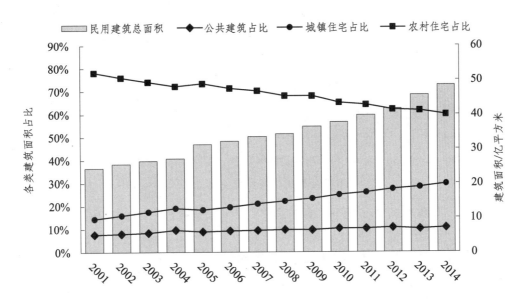

（a）四川省民用建筑面积及构成变化趋势

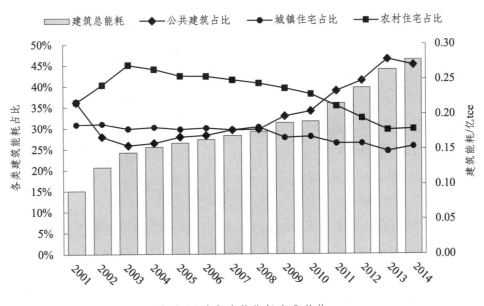

（b）四川省建筑能耗变化趋势

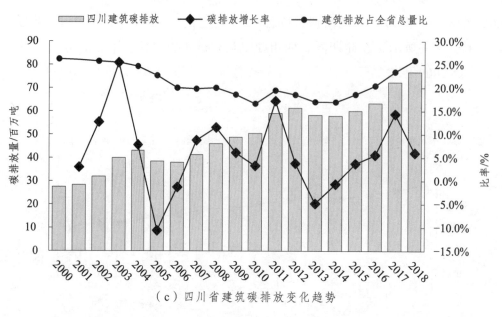

（c）四川省建筑碳排放变化趋势

图 1-6　四川省民用建筑面积、能耗及碳排放变化趋势

1.2.2　四川省民用建筑碳中和技术路径

事实上，任何行业或部门要真正实现碳中和都有赖于整个社会的系统性变革。因此，碳中和路径具有异常丰富的内涵，会因行业视角、规划尺度、研究范围等方面的差异而不同。本报告站在建筑科学的角度，从促进实现建筑碳中和的技术出发，以四川省民用建筑运行碳中和为目标，为逐步落实建筑业碳中和打下基础。图 1-7 展示了建筑碳中和技术路径的总体框架。

1. "节流"技术

"节流"技术分为被动式和主动式，旨在结合多种技术手段降低建筑的能源消耗。被动式技术主要有改善建筑围护结构热工性能，管理人员用能行为等，能从根本上降低建筑对能源的需求；主动式技术包括提升设备自身效率，通过调适提高系统运行能效等，从而以更少的能耗营造高质量的建筑环境。

1）建筑围护结构性能提升

因地制宜，有所侧重，是保证围护结构设计节能性、经济性、适用性的关键。事实上，由于我国建筑节能始于北方严寒、寒冷地区，相关标准对围护结构保温性能和气密性的要求十分严格。以寒冷地区居住建筑为例，自 1986 年首次提出节能 30%，到 2010 年提高至节能 65%，标准规定的屋面、外墙、外窗的平均传热系数约分别降低了 50%、62%、56%，为此，围护结构保温层厚度需达 10 cm 甚至以上。然而，强调保温和气密性的逻辑并不完全适合其他气候区。原因在于，严寒、寒冷地区的建筑以采暖负荷为主，居民冬季开窗少，负荷主要源于围护结构传热和冷风渗透，此时强化保温和气密性是有效的；但 Lai 等的调

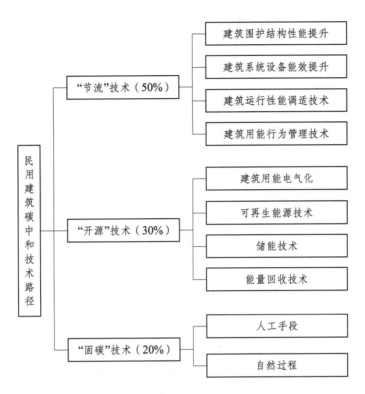

图 1-7　民用建筑碳中和技术路径框架

研发现，我国夏热冬冷、夏热冬暖及温和气候区居民都有长时间开窗通风的习惯，使得建筑负荷的构成与严寒、寒冷地区明显不同；Wei 等人也通过模拟，证实了对于习惯开窗的用户，提高窗户保温性能对节能的效果很微小。因此，针对四川省地貌复杂、气候多样的特征，提出以下建议：川北、川西的阿坝州、甘孜州主要为高海拔严寒、寒冷气候，太阳辐射强烈，在强调建筑保温的同时，应充分利用太阳辐射提高室内温度；川东盆地属于夏热冬冷气候区，聚集了成都、绵阳等 17 个城市，是四川省人口、建筑最密集的区域，在兼顾隔热和保温的同时还需避免过度保温，应注重遮阳和自然通风设计；川南的攀枝花市气候温和，较夏热冬冷地区冬季更温暖，夏季更凉爽，因此建筑保温的要求可以进一步降低，但夏季辐射较强，侧重点应放在隔热、遮阳和自然通风上。

2）建筑用能行为管理

人类行为对于建筑节能的作用不容小觑。Gill 等发现，行为节能可以在居住建筑中降低 37%的用电；Sonderegger 对比了 205 栋相似住宅的天然气消耗，发现人的行为可以造成 33%的差异；其他一些研究总结了行为节能在居住建筑和商业建筑中产生的节能率，分别为 6%～25%和 5%～30%。要使居民主动通过调整用能行为实现节能，最根本的途径是建立新的舒适观念，不再追求过度精准控制的室内环境，从而大大降低建筑设备运行能耗。事实上，已有研究表明，人体具有对居住地气候的适应性能力，在有自然动态风的环境下，对高温的耐受能力将有所提升。清华大学朱颖心教授等人的研究发现，动态环境反而有助于提高人体自我调节能力，预防空调病。上述研究为四川地区的行为节能提供了思路：

（1）结合我省居民的开窗习惯，倡导利用自然通风调节较热环境下的热舒适，减少空调和新风系统运行时间，同时提高室内空气品质。Li 对绵阳某办公建筑的研究表明，最热月自然通风减少空调耗电的比例可达 34.5%。

（2）倡导部分时间、部分空间的分布式供冷、供暖方式，并提高末端的可调节性。一方面，在恰当的围护结构保温前提下，空调系统间歇运行在夏热冬冷地区全年的节能率可达 50%；另一方面，有研究表明自主调节建筑设备有助于提高人员的满意度。

（3）实际调研我省居民的热舒适区间，适当放宽对不同工况下的温、湿度参数的要求，允许一定范围内的波动，降低空调系统的负担。根据对成都市某办公建筑的模拟研究，夏季室内空调设定温度每升高 1 ℃，空调系统能耗将下降 6.3%左右。

3）建筑运行性能调适

在主动式技术中，建筑调适的重要性日益突显。Newsham 等发现，28%～35%的 LEED 标识建筑的能效并未高于普通建筑，主要原因在于运营不当。我国也有类似的情况，获得绿色建筑设计标识的项目中，取得运行标识的不足 7%。可见，高性能的设备系统如果不经过调适，将会成为徒增投资的技术堆砌。空调系统作为建筑内最复杂、能耗占比最高的系统之一，是目前建筑调适的重点对象。清华大学魏庆芃等人进行了大量的研究实践，系统性地总结了公共建筑空调系统的运行调适方法，从内部、外部、内外协同三方面辨析了空调冷热源、冷冻水系统、冷却水系统和空调末端常见问题的成因，并针对不同原因提出了调适策略。美国能源部资助的一项研究证明，通过优化控制策略，提高传感器准确度等调适手段，能使美国的典型商业建筑获得超过 20%的节能率。

然而，建筑调适绝非一劳永逸，无论是调适前的诊断工作，还是后续针对性的调整策略，都高度依赖于专家经验，这使得调适成果难以在日常运行中保持。因此，智慧运维将是国家数字化浪潮下的强劲趋势，已经有不少研究者开始对基于人工智能的专家系统进行探索，利用算法对物联网大数据进行分析，快速提出调适策略。专家系统的两大核心构成是"知识库"和"推理机"，前者的优越性取决于内嵌的专家知识质量，后者则取决于算法的能力和适宜性。

在围护结构至少满足 65%节能率的基础上，进一步通过行为管理和行为调适节能 30%左右，则可在不过分增加围护结构投资的情况下实现节能 75.5%，达到超低能耗建筑的要求。

2. "开源"技术

"开源"技术以建筑电气化为基础，通过充分发掘利用可再生能源，并结合能量回收技术和储能技术，以最大限度丰富建筑利用零碳绿色能源的途径。

可再生能源是指风能、太阳能、水能、生物质能、地热能、海洋能等非化石能源。目前，发展较为成熟并已初步形成产业基础的可再生能源利用技术包括太阳能光电/热技术、风力发电技术、地源热泵技术、沼气工程及生物质燃料等。据统计，2010 年至 2019 年，全球太阳能光伏、聚光太阳能电池储能、陆上风电和海上风电等新能源技术成本分别下降了 82%、47%、71%、38%。多种可再生能源发电技术的成本如表 1-2 所示，已降低至与化石能源发电相当甚至更低的水平，形成了能源转型和零碳电力规模化应用的强大驱动力。

表 1-2　2019 年全球可再生能源发电平均成本

可再生能源发电技术	平均成本/（USD/kW·h）	化石能源发电成本/（USD/kW·h）
陆上风电	0.053	0.051～0.179
海上风电	0.115	
生物质发电	0.066	
地热发电	0.073	
集中太阳能光伏发电	0.068	
聚光太阳能热发电	0.182	

1）可再生能源利用

四川省太阳能资源分布很不平衡，石渠、色达至理塘、稻城、攀枝花一带太阳能资源最丰富，年总辐射量超过 6 000 MJ/m^2，年日照时数可达 2 400～2 600 h；其次是川西高原，大部分地区年总辐射量基本在 5 000 MJ/m^2 以上，年日照时数超过 1 800 h；川西高原向东部盆地过渡的山地地区以及东部盆地的太阳能资源贫乏，年日照时数普遍低于 1 700 h。然而，东部盆地的建筑密度远高于省内太阳能丰富的地区，如果充分利用太阳能与建筑一体化设计，也能够获得可观的太阳能发电、产热量。以 2019 年成都市的民用建筑规模为例，潜在的可利用太阳能光热和光电分别超过 3.9×10^5 kW·h 和 2.8×10^5 kW·h。因此，对于太阳能资源丰富而建筑密度低的地区，如四川西北部高原，主要考虑集中建设大规模的太阳能光电设施，提高电网的绿电比例；对于太阳能资源相对匮乏但建筑集中分布的地区，如东部盆地，应鼓励采用与建筑体结合的分布式太阳能设备，主要满足建筑自身需求。

四川省蕴含着丰富的地热资源，岩土体施工条件适宜，有利于地源热泵技术的应用。地源热泵系统以地表浅层土壤、岩石及相应水体为低位热源，通过输入少量的高位电能使热泵做功，可实现能量由低位热源向高位热源的转移。由于地下土壤温度相对稳定，且夏季低于室外气温，冬季高于室外气温，因此地源热泵的全年综合能效系数通常比空气源热泵高 30%～60%。然而，国内地源热泵系统的实际运行效果往往不能令人满意。Deng 等人对中国寒冷地区 32 种不同形式的热泵系统进行了测试分析，结果表明超过 90% 的系统运行性能达不到设计要求；Gao 等人测试了中国西部地区 26 个地源热泵系统在典型工况下的运行性能，发现水泵选型不当且未按设计变频、空调末端温度设置不合理、热泵长期低负荷运行等不节能的现象普遍存在，指出了运行调适的重要性。总结地源热泵系统的实践经验可知，需要特别注意系统配置过大、主机的蒸发器和冷凝器换热温差过大、水泵输送效率低、水系统小温差大流量、管网水力不平衡、管网热损失大等典型问题。

除开结合用能侧的分布式太阳能系统和地源热泵系统，四川省在产能侧还有利用水力、风力、生物质等可再生能源发电的优势。四川省是中国水力资源最丰富的省份，水力资源理论蕴藏量达 1.43×10^5 MW，技术可开发装机容量达 1.03×10^5 MW，80%的水力资源集中于川西的金沙江、雅砻江和大渡河上。同时，四川省也是农业生产大省，生物质资源主要包括农作物秸秆（约 4.2×10^7 t/a）、人畜粪便（3.1×10^7 t/a）、能源作物等，集中于农村地区，可以利用生物质沼气发电或制成生物质燃料直燃发电。四川西北部高原及盆地周边山地地区风能资源比较丰富，全省风力资源理论可开发量约 4.85×10^5 MW，技术可开发量约 1.36×10^5 MW。总体上，2019 年四川省水电、风电、生物质发电的装机容量分别为 7.85×10^4 MW、3.03×10^3 MW、5.3×10^2 MW，预计 2060 年上述三项发电的总装机容量将达 2.18×10^5 MW，减少碳排放约 7.6×10^8 t。

2）储能技术与建筑柔性用能

太阳能、风能等可再生能源发电具有波动性强、季节性分布不均、可调节性弱等特点。过去，凭借火力发电良好的调峰能力，通常是由电网配合用能侧的负荷进行调节；然而，随着不可调节的可再生能源电在电网中占比提升，"源随荷动"的调节方式将再难以实现，必须让用能侧具备调节自身需求，尽可能使负荷曲线与发电量曲线相匹配的能力，才能提高可再生能源的利用率，减小所需的发电装机容量。可以发现，建筑柔性用能并不一定减少建筑的用能负荷总量，它产生的收益主要来源于以下三个方面：

（1）提高可再生能源电的利用率，避免大量弃电，从而减少所需的装机容量，达到降低电力碳排放系数和发电设施投资的目的。

（2）在实行峰谷电价的地区，高用能柔性的建筑能更好地利用价差实现运行费用节省。

（3）储能技术可以提高建筑用能的安全性，使之能够更好地应对可再生能源发电的不确定性。

实际上，研究者对建筑的柔性提出过多种不同的定义，本报告主要采用 Nuytten 等人的论述，将其解释为"在时间上平移一定量的用能负荷的能力"。建筑的柔性最终落实为用能设备系统的柔性，常用的手段主要有储能和错时运行两种（图 1-8）。储能既可以是对冷、热量的储蓄，也可以通过机械储能、电磁储能、电化学储能、相变储能等方式储存电力。设计储能系统时，首先应确定合理的储能周期，即是以日为单位的短周期，还是以季节为单位的长周期。周期的长短决定了适用的储能形式，影响了储能系统的容量，从而也间接影响着建筑设备系统的装机容量。结合储能模块后，建筑设备系统的复杂度将进一步上升，控制策略的重要性也随之突显。结合传感器网络、数字孪生技术、大数据算法等信息化技术的建筑智慧运行产品将成为辅助运营者高效决策的工具。另外，这类产品也可以在与用户的交互中，根据当下建筑整体运行情况，提出错时使用某些非必要电器的建议，从第二条路径提高建筑用能的柔性。本质上，依靠人力几乎不可能根据外部电网的实时变化和内部用能负荷的趋势及时做出最优的调节方案，换句话说，建筑柔性是大规模使用清洁能源的基础，而建筑智慧运行是保证建筑柔性的基础。

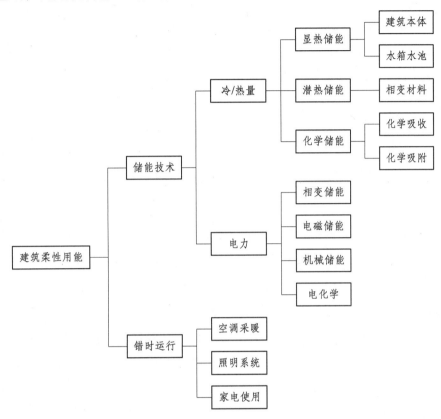

图 1-8 建筑柔性用能的主要实现途径

3."固碳"技术

"固碳"技术是指能够将排放至空气中的气态二氧化碳重新捕集，并在一段时间内封存的技术。表 1-3 总结了建材生产和建筑运行阶段的常见固碳技术，并从固碳能力、实用性、技术成熟度等方面对其进行了评估。

表 1-3 常用固碳技术的减碳能力及其实用性和成熟度

技术措施	作用阶段	减碳能力	实用性	成熟度
植物建筑材料（木材、竹子、稻草等）	建材生产	$1.5 \sim 2.1$ kg/kg	高	高
CO_2 合成塑料		—	中	中
CO_2 处理混凝土		$41 \sim 69$ kg/m³	中	高
生物碳添加剂		—	中	低
城市树木	运行阶段	$5.7 \sim 10.3$ t/（hm²·a）	高	高
Miyawaki 微型森林（含土壤）		5.1 t/（hm²·a）	高	高
竹子（包括地下生物质）		$59 \sim 88$ t/（hm²·a）	高	高

续表

技术措施	作用阶段	减碳能力	实用性	成熟度
草坪	运行阶段	3.01～1.09 t/（hm² · a）	高	高
屋顶绿化		0.3～7.1 kg/m²	高	高
土壤吸收（添加生物炭）		2.7～9.5 t/（hm² · a）	高	高
混凝土碳化反应		9～61 g/（m² · a）	低	高
直接空气捕集（DAC）		0.1～0.2 t/（m² · a）（办公建筑）	中	低
生物能结合碳捕捉与封存技术（BECCS）		0.7 t/t 城市湿固体废物	低	中

建材生产阶段的固碳：具有减少生产阶段碳排放的建筑材料主要包括天然植物材料（如木材、竹子、稻草等）和利用 CO_2 合成或处理的化工材料（如混凝土、塑料等）。合理利用植物建材有两个重要前提：其一，必须配合同步进行的植木造林，不能使森林面积萎缩，破坏能够持续吸收二氧化碳的有生碳汇；其二，应尽可能就地取材，否则材料运输产生的能耗和碳排放也不容小觑。实际上，中国利用植物材料构造建筑的历史悠久，已经发展出高度成熟的技术体系，使得这种固碳方法的实用性很强。然而，植物较长的生长周期和旺盛的建材需求之间的矛盾，决定了植物材料能够替代工业材料的比例有限；同时，目前仍然存在对植物材料在耐腐蚀、防火、抗断裂等性能方面的担忧。因此总体而言，相较于城市，植物建材更适宜于生物质丰富的农村，并且在小规模单体建筑上的适用性将高于大规模的现代化建筑。

另一种思路是通过碳捕集，回收化工材料生产中排放的 CO_2 并对其进行再利用。例如，CO_2 能与水泥中碱性金属矿物反应形成碳酸盐，利用这一过程，每立方米水泥的固碳量可达 41～69 kg CO_2；此外，CO_2 也可以作为生产聚碳酸酯、聚酯、聚氨酯等高分子材料的原料。这类技术的固碳量往往较高，已经相对成熟，但它的实际效果取决于具体的产品种类和生产过程，也存在多方面的问题。首先是成本，利用 CO_2 处理的混凝土比常规用蒸汽处理的价格高出许多，并且这种方式也比利用类似的化学反应将 CO_2 封存在地质沉积中成本更高；另外，这类技术的应用必须结合碳捕集，如果无法使用从生产场地空气中回收的 CO_2，反而需要从外部获取原料，就完全与初衷背道而驰了；最后，在以 CO_2 为原料合成高分子材料时，通常需要消耗较高的能源才能创造反应条件，因此全生命周期评估中往往发现 CO_2 塑料产品减少碳排放的效果较差。

建筑运行阶段的固碳：建筑运行阶段，植物光合作用以及土壤微生物活动是最主要也最可靠的固碳途径，应当尽可能通过多种途径扩大自然碳汇的体量。然而随着我国城市的现代化进程的推进，城市人口和建筑密度不断上升，土地资源日益紧张。单纯依靠平面绿化已经难以满足未来发展的需求，因此，结合建筑物的垂直绿化成为突破困境的重要手段。

《成都市屋顶绿化及垂直绿化技术导则（试行）》（2005）将垂直绿化定义为："利用植

物材料沿建筑立面或其他构筑物表面攀扶、固定、贴植、垂吊形成垂直面的绿化。"传统的垂直绿化技术可根据种植基盘分为地栽、建筑预制种植槽、容器盆栽三种（图 1-9）。这些方式简单易行，初期投资较低，但对植物生长特性要求较高，可选种类比较局限，并且缺少专门的灌溉系统，增加了后期的维护工作量。

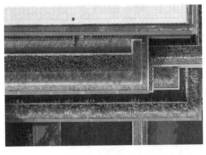

（a）地栽式　　　　　　　（b）建筑预制种植槽式　　　　　（c）容器盆栽式

图 1-9　不同种植基盘的传统垂直绿化技术

新一代的垂直绿化技术通过架设支撑构件，拓宽了可选绿植的谱系，具备可控的灌溉系统，能够精准供给水分和营养（图 1-10）。常见的新技术有如下几类：

（a）直壁容器式　　　　　　　（b）垂直模块式　　　　　　　（c）无纺布式

图 1-10　现代垂直绿化形式

（1）直壁容器式绿化系统：每株植物均分植于与地面基本平行的独立容器内，容器以放置或悬挂的方式与支撑构架相结合，形成采用滴灌或喷雾进行养护的"绿墙"。这类系统符合植物生长方向，便于安装拆卸，但由于独立容器放置的间隔，绿化密度较低，可能破坏立面美观。

（2）垂直模块式绿化系统：植物统一生长在种植面板上形成各个绿化模块，绿化模块通过支撑框架与墙体连接，并且在模块间有滴灌管网输送水分营养。这类系统可灵活组合形成多样的图案景观，绿植覆盖度高且寿命长，其应用广泛，已实现较高程度的产业化。

（3）无纺布营养液式绿化系统：在与墙面连接的金属格架上依次铺设 PVC 防水层和

两层无纺布，植物根系将通过表层无纺布的切口附着生长于两层无纺布之间。系统顶部有自动灌溉设备，营养液将沿无纺布向下扩散，被无纺布夹层间的植物根吸收。这类系统造型自由，装饰性强，但植物根系在整面"绿墙"中交错生长，无法进行局部检修，并且容易出现营养液布液不均的现象。

总体而言，在产能端和制造端采用碳捕集技术和生产低碳新材料，在建筑用能端加强绿化，是现阶段可行度较高的固碳技术方案。然而，各类固碳技术的效果仍然缺乏准确的量化数据，而同种技术的实际固碳能力也可能因环境产生巨大的差异。固碳技术是节流技术和开源技术必不可少的补充，但不能指望通过固碳降低对节能和可再生能源利用的要求。[①]

1.2.3 四川省建筑领域碳排放市场预测

全球气候变暖的节奏加快，CO_2 排放量增加导致温室气体效应恶化，全球范围内的各经济体不断发展完善碳市场来实现温室气体减排。在这一大背景下，发展碳市场具有很强的必要性，全球范围内的各经济体也在不断发展完善碳市场来实现温室气体减排。当全国各行各业都在为"双碳"努力的时候，隐藏的碳排放大户建筑行业也展开了行动。建筑业碳排放考虑的主要因素包括：建筑业施工面积、施工过程的能源利用效率、施工设备的电气化水平以及综合能源排放因子。构建 KAYA 公式：

建筑业碳排放=建筑业施工面积×单位施工面积能耗×综合能源排放因子

其中：综合能源排放因子=2.66×煤消费比例+1.73×油消费比例+1.56×天然气消费比例+电力排放因子×电气化比例。

对相关参数开展预测，建筑业碳排放预测结果见图 1-11 和表 1-4。

根据预测结果，四川省建筑业碳排放将于 2028 年达峰，峰值为 1 370 万吨 CO_2。四川省建筑业直接碳排放达峰年份同为 2028 年，峰值为 1 275 万吨 CO_2，比 2018 年增加 462 万吨 CO_2；由于未来施工机械和设备电气化进程将加速，柴油机械设备将逐渐被电能替代，所以建筑业电力碳排放达峰时间晚于直接碳排放，达峰时间为 2031 年，峰值为 106 万吨 CO_2。四川省建筑领域碳排放总量合计将于 2028 年达峰，峰值为 5 644 万吨 CO_2；直接碳排放 2027 年达峰，峰值为 4 252 万吨 CO_2，比 2018 年增加 1 209 万吨 CO_2；间接碳排放 2031 年达峰，峰值为 1 464 万吨。

总体来讲，在碳达峰和碳中和的目标上，建筑行业任重道远。提升建筑能效、降低建筑能源消耗成为建筑行业参与城市低碳转型发展的核心任务。未来需要进一步完善政策体系和管理制度，通过政策引导逐步推进建筑领域走向零排放。

---

① 1.2.1～1.2.2 章节引用朱晓玥，高波，于忠，等. 四川省民用建筑碳中和技术路径研究[J]. 四川建筑科学研究，2021，47（6）：1-14.DOI：10.19794/j.cnki.1008-1933.2021.0066.

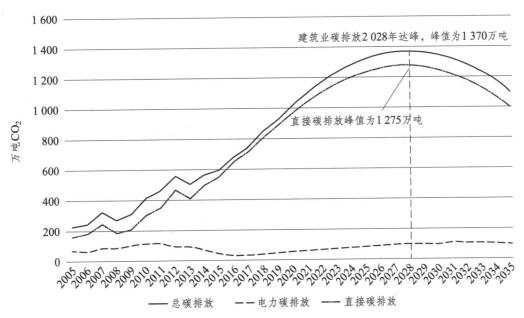

图 1-11 建筑业碳排放预测结果

表 1-4 建筑业碳排放预测　　　　　　　　单位: 万吨 CO_2

年份	合计	直接排放	间接排放
2005	226	160	66
2006	241	181	60
2007	325	240	85
2008	267	184	83
2009	310	208	102
2010	414	302	112
2011	463	348	115
2012	557	468	89
2013	501	408	93
2014	566	499	67
2015	596	551	45
2016	678	649	29
2017	744	715	28
2018	853	813	40
2019	923	877	45
2020	1 016	963	52
2021	1 098	1 039	59
2022	1 169	1 103	66

续表

年份	合计	直接排放	间接排放
2023	1 230	1 158	72
2024	1 280	1 202	78
2025	1 319	1 236	83
2026	1 347	1 259	88
2027	1 364	1 272	91
2028	1 370	1 275	95
2029	1 364	1 267	97
2030	1 347	1 249	98
2031	1 327	1 220	106
2032	1 287	1 181	105
2033	1 236	1 132	104
2034	1 173	1 072	101
2035	1 100	1 002	98

1.2.4 四川省建筑领域碳排放政策建议

1. 构建建筑全过程的低碳路径

从建筑全寿命周期视角出发，构建涵盖建筑设计、施工、运行和拆除全过程低碳化路径。其中：可从推行被动式建筑设计、发展低碳建筑结构体系、提升建筑标准来实现建筑设计减碳化；从推动智能建造、建筑工业化和绿色施工协同发展，加快新能源机械设备的创新研发来实现建筑施工绿色化；从依靠数字化技术、推动既有建筑节能改造等方面来实现建筑运行低碳化；以及通过合理的建筑设计和新型建造方式，建立完善建筑垃圾再生产品相关标准体系来实现建筑拆除资源化。

2. 实施全领域的重点工程

在绿色建筑高质量发展工程方面，结合四川省气候特点、资源禀赋、建筑风貌和居民生活习惯等因素，完善绿色建筑相关标准，推动星级绿色建筑、绿色生态住宅小区建设。坚持"隔热、通风、采光、遮阳、除湿"的技术路线，扩大绿色建筑标准执行范围，率先在政府投资项目、地标性项目中推行更高要求的绿色建筑标准，着力打造一批高星级标志性绿色建筑，并适时从成都市向周边城市逐步扩展，着力打造绿色发展典型示范的标杆。

在绿色低碳建造工程方面，坚持以绿色建筑为终端产品，大力推行绿色化、工业化、信息化、集约化和产业化的新型绿色建造方式，通过推广建筑材料绿色化、推行建造活动绿色化、推行建造方式工业化、推行建造手段信息化、打造绿色产业集群五大方式朝着建筑绿色化、低碳化、工业化、智能化的方向，引领四川省绿色建筑由单体的安全耐久、健康舒适、生活便利、资源节约、环境宜居放大到区域的绿色、生态、宜居、低碳、集约发展，提升绿色建筑综合发展水平，大力培育西南地区碳中和产业生态圈。

在既有建筑改造与功能提升工程方面，可推动既有公共建筑由单一型的节能改造向综合型的绿色化改造转变，探索利用绿色金融及其他多元化融资支持政策推动公共建筑绿色化改造的市场化机制。推动建立公共建筑运行调适制度。在尊重民意的基础上，积极开展既有居住建筑节能改造，提高用能效率和室内舒适度。在城镇老旧小区改造中，探索节能改造与小区公共环境整治、适老设施改造、基础设施和建筑使用功能提升改造统筹推进的节能宜居综合改造模式，探索经济适用、绿色环保的技术路线，结合海绵城市建设等工作，统筹推动既有居住建筑节水改造。

在建筑用能清洁化工程方面，因地制宜推进可再生能源的深度及复合应用，探索在具备资源利用条件的区域强制推广可再生能源建筑应用技术的措施。强化可再生能源建筑应用项目实施质量，促进可再生能源建筑规模化应用。充分利用省内水电优势，发挥电力在建筑终端的消费清洁性、可获得性、便利性优势，在城市大型商场、办公楼、酒店、机场航站楼等建筑中推广应用热泵、电蓄冷空调、蓄热电锅炉等。围绕建筑能源清洁、低碳、高效利用目标，在建筑空调、生活热水、炊事等用能领域推广高效电气化应用技术与设备。

在建筑低碳运行提升工程方面，加强绿色建筑运行管理，建立绿色建筑用户评价和反馈机制。同时，推动建筑能源需求环节与能源供应及输配环节进行响应、互动，提升能源链条整体效率。

在近零能耗、低碳（零碳）建筑示范工程方面，完善建筑规划、设计、建设、运行、改造过程中碳排放控制标准、技术及产业支撑体系，研究建筑活动碳排放清单编制方法，探索实施建筑碳排放评价标识制度，以及结合气候条件和资源禀赋情况，探索近零能耗、低碳（零碳）建筑的适宜技术路径。

在建筑立体绿化工程方面，因地制宜，开展建筑屋顶绿化、立体绿化。统筹布局可再生能源与屋顶绿化，鼓励采用屋顶绿化、垂直绿化等生态节能手段加强既有建筑立面改造，充分利用各种边角土地和空间发展棚架绿化、悬挂绿化、檐口绿化、装饰绿化等立体绿化，发展口袋公园，以及合理增加城市绿地面积。

3. 建立全要素的保障体系

通过健全建筑节能与绿色建筑工作协调机制，加强政府部门之间、政府与企业及公众之间多层次、多渠道的沟通交流与良好机制来加强组织领导。通过构建绿色建筑、建筑节能和碳排放"强制标准+推荐性标准+团体标准"地方标准体系，制定建筑用能和碳排放相关管理办法来完善相关标准及法规制度。加强标准体系、法规制度的宣贯和执行力度检查，开展建筑碳排放专项核查制度，提升建筑运行性能。加大财政支持力度，制定税收优惠政策，强化绿色金融支持等手段落实激励政策。通过依托国家重点研发计划、四川省科技计划，组织科研攻关和项目研发来加强科技创新驱动。通过定期组织开展多层次交流活动，动员社会各方力量，开展形式多样的绿色建筑宣传活动，组织协调各方面力量共同参与绿色城乡建设等方式来加强宣传及提高公众参与度。

第 2 章

政　策

2.1　川内主要政策解读

2.1.1　四川省建筑业"十四五"规划

1. 背景分析

2021 年 3 月,《中华人民共和国国民经济和社会发展第十四个五年规划和 2035 年远景目标纲要》(以下简称《国家纲要》)出炉,共 19 篇 65 章。同月《四川省国民经济和社会发展第十四个五年规划和 2035 年远景目标纲要》(以下简称《四川纲要》)发布,共 16 篇 61 章。《国家纲要》对"十四五"时期经济发展没有明确指标,保持在合理区间、视情况提出即可(表 2-1),《四川纲要》中要求经济发展年均增速达到 6%(表 2-2)。进一步量化指标,未来五年两份纲要数值变动前五位对比见表 2-3。

表 2-1　"十四五"时期我国经济社会发展主要指标

类别	指标	2020 年	2025 年	年均/累计	属性
经济发展	1. 国内生产总值(GDP)增长 /%	2.3	—	保持在合理区间、各年度视情提出	预期性
	2. 全员劳动生产率增长 /%	2.5	—	高于 GDP 增长	预期性
	3. 常住人口城镇化率 /%	60.6*	65	—	预期性
创新驱动	4. 全社会研发经费投入增长 /%	—	—	>7、力争投入强度高于"十三五"时期实际	预期性
	5. 每万人口高价值发明专利拥有量 /件	6.3	12	—	预期性
	6. 数字经济核心产业增加值占 GDP 比重 /%	7.8	10	—	预期性
民生福祉	7. 居民人均可支配收入增长 /%	2.1	—	与 GDP 增长基本同步	预期性
	8. 城镇调查失业率 /%	5.2	—	<5.5	预期性
	9. 劳动年龄人口平均受教育年限 /年	10.8	11.3		约束性
	10. 每千人口拥有执业(助理)医师数 /人	2.9	3.2		预期性
	11. 基本养老保险参保率 /%	91	95		预期性
	12. 每千人口拥有 3 岁以下婴幼儿托位数 /个	1.8	4.5		预期性
	13. 人均预期寿命 /岁	77.3*	—	(1)	预期性

续表

类别	指标	2020 年	2025 年	年均/累计	属性
绿色生态	14. 单位 GDP 能源消耗降低/%	—	—	（13.5）	约束性
	15. 单位 GDP 二氧化碳排放降低/%	—	—	（18）	约束性
	16. 地级及以上城市空气质量优良天数比率/%	87	87.5	—	约束性
	17. 地表水达到或好于Ⅲ类水体比例/%	83.4	85	—	约束性
	18. 森林覆盖率/%	23.2*	24.1	—	约束性
安全保障	19. 粮食综合生产能力/亿吨	—	>6.5	—	约束性
	20. 能源综合生产能力/亿吨标准煤	—	>46	—	约束性

注：①（）内为 5 年累计数。②带*的为 2019 年数据。③能源综合生产能力指煤炭、石油、天然气、非化石能源生产能力之和。④2020 年地级及以上城市空气质量优良天数比率和地表水达到或好于Ⅲ类水体比例指标值受新冠肺炎疫情等因素影响，明显高于正常年份。⑤2020 年全员劳动生产率增长 2.5%预计数。

表 2-2 "十四五"时期四川省经济社会发展主要指标

类别	指标	2020 年	2025 年	年均增速或[累计数]	属性
经济发展	1. 地区生产总值增长/%	3.8	—	6	预期性
	2. 全员劳动生产率增长/%	—	—	6	预期性
	3. 常住人口城镇化率/%	55*	60	—	预期性
创新驱动	4. 研发经费投入增长/%	—	—	>10	预期性
	5. 研发经费投入强度/%	2.0*	2.4	—	预期性
	6. 每万人口高价值发明专利拥有量/件	2.94	5.67	—	预期性
	7. 数字经济核心产业增加值占 GDP 比重/%	—	达到全国平均水平	—	预期性
民生福祉	8. 居民人均可支配收入增长/%	7.4	—	>6	预期性
	9. 城镇调查失业率/%	5.8	—	<6	预期性
	10. 劳动年龄人口平均受教育年限/年	10.16	10.51	—	约束性
	11. 每千人口拥有执业（助理）医师数/人	2.75	2.85	—	预期性
	12. 基本养老保险参保率/%	90	95	—	预期性
	13. 每千人口拥有 3 岁以下婴幼儿托位数/个	1.5	3	—	预期性
	14. 人均预期寿命/岁	77.3**	—	[0.9]	预期性
绿色生态	15. 单位 GDP 能源消耗降低/%	—	—	完成国家下达目标任务	约束性
	16. 单位 GDP 二氧化碳排放降低/%	—	—	完成国家下达目标任务	约束性
	17. 地级及以上城市空气质量优良天数比率/%	—	完成国家考核目标		约束性

续表

类别	指标	2020 年	2025 年	年均增速或 [累计数]	属性
绿色 生态	18. 地表水达到或好于Ⅲ类水体比例/%	—	完成国家 考核目标		约束性
	19. 森林覆盖率/%	40	41		约束性
安全 保障	20. 粮食综合生产能力/亿吨	3 500	3 500		约束性
	21. 能源综合生产能力/亿吨标准煤	—	2.57		约束性

注：①[]内为 5 年累计数；②带*的为 2020 年预计数，带**的为 2019 年数据；③能源综合
　　生产能力指煤炭、石油、天然气、非化石能源生产能力之和。

表 2-3　《国家纲要》与《四川纲要》十四五规划数值变动前五位对比

序号	国家	变化率 /%	四川	变化率 /%	关注 领域
1	每千人口拥有 3 岁以下婴幼儿托位数由 1.8 增长到 4.5 个	150	每千人口拥有 3 岁以下婴幼儿托位数由 1.5 增长到 3.0 个	100	人口
2	每万人口高价值发明专利拥有量由 6.3 件增长到 12	90	每万人口高价值发明专利拥有量由 2.94 件增长到 5.67 件	93	科技
3	数字经济核心产业增加值占 GDP 比重由 7.8%增长到 10%	28	研发经费投入强度由 2.0%增长到 2.4%	20	科技
4	单位 GDP 二氧化碳排放降低 18%	18	单位 GDP 二氧化碳排放降低 18%	18	绿色
5	单位 GDP 能源消耗降低 13.5%	13.5	单位 GDP 能源消耗降低 13.5%	13.5	绿色

由两份纲要的主要变化指标可以判断未来五年推动社会变革的 3 个最受关注的领域分别是人口、科技、绿色（表 2-4）。

表 2-4　建筑业在 3 个重点领域体现

重点领域	建筑业
人口	一老一小配套； 城镇棚户区住房改造； 儿童友好城市建设
科技	未来 5 年新兴产业增加值占 GDP 比重要超过 17%，聚焦新一代信息技术、生物技术、新能源、新材料、高端装备、新能源汽车、绿色环保以及航空航天、海洋装备等战略性新兴产业； 科技前沿领域攻关—先进存储技术升级—光储直柔
绿色	环境保护和资源节约工程—资源节约利用—实施重大节能低碳技术产业化示范工程，开展近零能耗建筑、近零碳排放、碳捕集利用与封存（CCUS）等重大项目示范； 发展智能建造，推广绿色建材、装配式建筑和钢结构住宅，建设低碳城市

以上只是建筑业体现在两份《纲要》中的冰山一角，在"十四五"规划中，低碳建筑、

智慧建筑、建筑运营、既有建筑改造、城市更新都是被提及的要点。而人口、科技、绿色这 3 个重点发展领域不仅助力"十四五"规划及 2035 远景目标的实现，也为国家 2060 碳中和打下基础。

《国家纲要》经济发展没有明确指标，表示国家正在从数量时代迈向质量时代；而《四川纲要》经济发展年均增速达到 6%，表示"十四五"时期四川发展数量与质量并驾齐驱，稳中求进，将实现由数量时代迈向质量时代。

2. 行业趋势

2021 年 9 月，四川省住建厅发布《四川省"十四五"建筑业发展规划》（以下简称《建筑业规划》），新规划的诞生为四川建筑行业未来五年发展奠定了基调——人才培养是基础、科技发展是动力、绿色转型是目标。

四川省"十三五"发展情况与"十四五"目标对照表如表 2-5 所示。

表 2-5　四川省"十三五"发展情况与"十四五"目标对照表

序号	分类	目标任务	2020 年	2025 年	属性
1	产业发展	全省建筑业总产值	15 612.7 亿元	20 000 亿元	预期性
2		省外建筑业总产值占比	19.5%	25%	预期性
3		新开工装配式建筑占新建建筑比例	22%	40%	约束性
4	园区建设	省级建筑产业总部园区	—	初步建成	预期性
5		区域建筑产业综合园区	—	建设 5 个	预期性
6	企业培育	特级施工总承包企业	30 家	35 家	预期性
7		工程设计综合甲级企业	5 家	7 家	预期性
8		年产值 1 000 亿元以上企业	—	3 家	预期性
9		培育工程总承包骨干企业	—	100 家	预期性
10		培育全过程工程咨询骨干企业	—	50 家	预期性
11	绿色建筑创建	当年城镇新建民用建筑中绿色建筑面积比例	67.7%	100%	预期性
12	人才培养	建筑产业工人培训基地	5 个	8 个	预期性
13		建筑类执业注册人员总人数	29 万人	35 万人	预期性
14	科技与信息化	建筑产业互联网平台	—	2 个	预期性
15		甲级（一级以上）建筑设计（施工）单位具备 BIM 应用能力的比例		100%	预期性
16		当年认定工程建设省级工法	513 项	500 项（每年）	预期性
17		建筑业新技术应用示范工程	39 项	50 项（每年）	预期性
18	质量安全	安全生产事故起数和死亡人数	逐年下降	逐年下降	预期性
19		累计创建鲁班奖、国家优质工程奖、天府杯奖	494 项	540 项	预期性

目前，我省建筑业发展存在同质化竞争严重、核心竞争力弱、产业现代化水平较低、工程总承包和全过程咨询断节、科技成果转化率低、缺少专业技术与复合型管理人才、人民对高质量建筑获得感低等问题，《建筑业规划》对此提出"一个中心、两个目标、三个方向"总体思路。

首先，以绿色低碳循环发展为向导，建立健全包含科研、设计、施工、咨询、服务等并行的产业链条。其次，围绕双碳目标，尤其应当着力开展建筑领域碳达峰体系科学研究，建立低碳发展体系，推广低碳建筑技术。最后，要促进低碳建筑成体系发展，包括建筑产业规划发展、总承包服务、团队培育等，使得整个产业链环环相扣。

重要的是，促进传统建筑业向可持续发展的绿色建筑业转变，应当开源节流，推动可再生能源在建筑领域的规模化应用，促进能源消费多元化发展，鼓励不同气候区建立建筑节能体系，在重点地区、重点项目中开展零能耗、近零能耗一体化设计建设。四川省建筑业发展内涵简析如表 2-6 所示。

表 2-6　四川省建筑业发展内涵简析

四川省建筑发展内容			成效	体现
总体要求	建筑业总产值将突破 20 000 亿		人民幸福感提升	人口
总体思路	一个中心	转变建筑业发展方式		
	两个目标	产业基础高级化、产业链现代化		
	三个方向	建筑工业化、数字化、智能化		
建筑业发展要点	建立绿色建材采信应用数据库		建筑节能率提高	绿色
	提高绿色建材应用比例			
	推广《绿色住宅购房人验房指南》（新房交付）			
	创建设计、采购、技术创新、工人互联互通共享网络平台			
	增加装配式建筑比例			
	加强建筑能耗监测范围及管控能力			
	鼓励采用合同能源管理模式			
	推动 BIM 技术在建筑全生命周期中的应用			
	推动绿色建造关键核心技术攻关及产业化应用			
	城镇新建建筑全面执行绿色建筑标准			
	降低既有建筑碳排放（老旧小区改造、城市更新、既有建筑节能改造）		产业一体化形成	科技
	提高政府投资重点新建建筑中星级绿色建筑比例			
	制定财政补贴、绿色金融、容积率奖励、评奖优先等政策			
绿色建筑领域发展方向	既有建筑综合改造产业体系	绿色低碳改造体系		
		抗震、加固、消防改造体系		
		既有建筑综合改造服务产业		

续表

四川省建筑发展内容		成效	体现
绿色建筑领域发展方向	新建建筑绿色零碳产业体系	绿色零碳建筑产业发展规划		
		指标体系、技术体系、标准体系		
		供应体系及服务团队培育		
		绿色零碳建筑总承包服务产业		
	建筑一体化智慧运营产业体系	智慧应用场景和运行策略研发		
		智慧应用供应产业链建设		
		一体化智慧运营管理和展示平台开发		
		智慧园区建设全过程服务产业		

总之，四川省未来五年建筑业重点考虑以下四个方向的发展：

绿色低碳（城市更新、建筑改造、装配式建筑）；

能源利用（太阳能、浅层地能、生物质能、能源监测与管控）；

质量保障（施工、住房、建筑室内外环境安全）；

人才培养（装配式、智能化、低碳相关）。

3. 如何应对"十四五"发展机遇

1）企业管理者

支持综合、甲级资质总承包骨干建筑企业参加"建筑强企"培育活动，形成行业生态产业链，一体化服务，建设现代化产业体系，综合设计、科研、施工人员；【形成绿色循环产业生态链】

施工总承包骨干企业鼓励向工程总承包转型；【总承包服务】

中小型企业走专业化发展道路，深入专项技术研究。【联合高校、科研机构，注重绿色低碳成果转化，专精特新】

2）技术工人

建筑产业工人培训基地达到 8 个，使工人获得更多培训机会，建筑类执业注册人员总人数新增 6 万人；【技能提升，如专项施工（被动房气密性）】

加大对装配式建筑、建筑信息模型（BIM）等新兴紧缺职业工种建筑工人的培养；【就业方向】

支持工人享受企业员工待遇。【提高福利】

3）科研人员

加大绿色建筑技术研发，提高节能标准，扩大可再生能源建筑应用规模，特别是公建能耗检测管理；【改造、节能】

推进建筑业绿色低碳产业链建设,开展建筑领域碳达峰体系研究,建立低碳发展体系,

推广低碳建筑技术,促进低碳建筑发展;【低碳】

探索建筑规划、设计、建设、运行、改造过程中碳排放控制标准、技术及产业支撑体系,推动建筑行业低碳发展的制度创新、技术创新和工程创新;【集中研究建筑低碳发展模式】

加强成果转化应用,推动建筑工业化、数字化、智能化升级,完成建筑业新技术应用示范工程 50 项以上。【成果产业化】

4)设计人员

在民用建筑工程中试点推行建筑师负责制,发挥建筑师对建筑品质管控作用。【建筑设计师趋于成为建筑全方位复合人才,不仅是方案概念,也要注重人民的获得感】

我们站在"十四五"开局之年的浪头,看向未来五年,建筑行业的机遇与挑战并存。政策红利、创新驱动、质量转型为四川建筑发展的高歌开路,作为建筑从业者,推动行业在量增的同时完成质的跨越意义重大,使命光荣。总之,立足个人技能,创新技术手段,于不变中寻求行业变革,迈向新的五年!

2.1.2 四川省"十四五"公共机构节约能源资源工作规划

四川省"十四五"公共机构节约能源资源工作主要指标如表 2-7 所示。

表 2-7 四川省"十四五"公共机构节约能源资源工作主要指标

任务类型	项目内容	数量
公共机构能源消费总量	具体目标	≤180 万吨标准煤,≤5.1 亿立方米用水总量,二氧化碳排放总量控制在国家下达的目标值内
公共机构单位面积能耗量	以 2020 年数据为基数,单位面积下降率(2025 年)	4%(建筑),5%(人均综合),7%(人均用水量),碳排放下降值以国家下达目标值为准
绿色建筑行动	全省公共机构开展既有建筑节能改造	≥150 万平方米
绿色数据中心行动	牵头制定公共机构绿色数据中心建设和运行规范	
	创建绿色数据中心	20 个
能效提升工程主要任务	重点用能单位能源审计项目和节能诊断	150 个
	重点用能单位通过能源管理系统直报数据	≥95%
	重点用能单位综合能效提升改造项目	50 个
	合同能源管理项目	15 个
	锅炉、中央空调等能效提升改造	100 个

续表

任务类型	项目内容	数量
能源供给侧创新工程主要任务	在太阳能较为丰富的地区,利用公共机构闲置屋顶、车棚和空地等开展太阳能发电、热电联供、热水等项目	100 个
	开展锅炉、空调系统等余热余能回收利用,加装电梯回馈装置等项目	50 个
低碳管理工程主要任务	重点用能单位完成碳排放核查与信息披露	≥50%
	完善公共机构低碳管理评价指标,编制公共机构低碳发展指南	
	开展碳中和大型活动或会议	≥5 次

2.1.3 成都市能源结构调整十条政策措施

成都市能源结构调整十条政策措施如表 2-8 所示。

表 2-8 成都市能源结构调整十条政策措施

责任单位	领域属性	项目内容	补贴费用
市经信局、市财政局、市生态环境局、市市场监管局	能源消费	燃气锅炉替换为电锅炉	改造成本的 50%,最高 500 万元
		工业窑炉、燃气空调等设备电能替代改造	最高 200 万元
		电能替代改造用户增容工程	按红线内费用的 10% 给予补助
市经信局、市住建局、市机关事务局、市财政局		综合能源站改造	200 元/kW·h
		既有居民小区规模化增设充电设施	3 000 元/桩
市经信局、市财政局	能源利用	规上工业企业节能改造	最高 200 万元
		数字化车间、智能工厂、智慧园区创建	最高 500 万元
		落后产能淘汰	最高 200 万元
市住建局、市商务局、市交通运输局、市口岸物流办、市发改委、市生态环境局、市经信局、市金融监管局、市财政局		公共建筑节能改造	最高 100 万元
市经信局、市财政局、国网成都供电公司、国网天府供电公司	能源保障	城市主网架建设和配电网改造	110 kV、220 kV 及以上变电站分别给予每座 50 万元、100 万元
市经信局、市城管委、市财政局、相关区(市)县政府、国网成都供电公司、国网天府供电公司		分布式光伏试点示范	按装机容量最高 300 万元、按发电量最高 1 000 万元
		引进电解水制氢龙头企业	0.15～0.2 元/kW·h
		加氢站规划建设	最高 1 500 万元

续表

责任单位	领域属性	项目内容	补贴费用
市经信局、市发改委、市生态环境局、市财政局		电源、电网、用户侧配套建设储能示范建设	200元/kW
		储能电池全生命周期管理平台建设运营	最高100万元
		建设燃气储气调峰库	最高1 000万元贷款贴息

2.1.4　成都市能源结构调整行动方案（2021—2025年）

成都市能源结构调整行动方案（2021—2025年）如表2-9所示。

表2-9　成都市能源结构调整行动方案（2021—2025年）

能源结构调整工作目标		2025年，非化石能源消费占比达到50%以上，单位地区生产总值能耗持续降低	
重点任务	牵头单位	责任单位	主要内容
推进能源消费低碳化	市经信局、市发改委	各区（市）县政府	严控"两高"行业产能，冶金、建材、石化等高耗能产业占工业比重下降1.6个百分点
	市经信局	市市场监管局、市生态环境局，各区（市）县政府	实施工业节能服务行动，推广使用工业电锅炉、电窑炉、电热釜及生产用电加热工艺。支持有条件的企业实施锅炉"气改电"，绕城高速内新上锅炉全面使用电锅炉
	市经信局	市发改委、各区（市）县政府	实施智能制造和工业互联网三年行动，加快工业互联网、智能制造、数字赋能等先进生产技术、装备推广应用，支持数字化车间、智能工厂、智慧园区建设，新建200家国家和省级绿色工厂，打造一批绿色供应链管理企业和绿色产品
	市住建局、市交通运输局	各区（市）县政府	构建绿色智慧交通网络，到2025年新增轨道交通运行里程200 km以上，中心城区绿色交通分担率达到70%
	市住建局	市发改委、市经信局、市规划和自然资源局、市商务局、市文广旅局、市机关事务管理局、市统计局，各区（市）县政府	加快建筑绿色低碳发展。出台《成都市绿色建筑促进条例》，发布《成都市民用建筑节能设计导则》，强化公共建筑能耗监测和统计分析，提高建筑节能运行管理
	市商务局、市市场监管局	市文广旅局、市教育局、市经信局，国网成都供电公司、国网天府供电公司，各区（市）县政府	推进商业、居民电气化
推进能源供应清洁化	市经信局	市发改委、市住建局、市规划和自然资源局、市城管委，各区（市）县政府	推进可再生能源试点示范。有序推动光伏与公共建筑、商业综合体等融合创新发展，实现光伏发电装机量1GW以上，建成垃圾环保发电厂2座

续表

重点任务	牵头单位	责任单位	主要内容
推进能源利用高效化	市经信局	各区（市）县政府	推进智慧能源管理。打造"智慧能源云平台"，推进多能互补、分时互补、区域联动，提升城市能源综合利用智慧化水平
	市经信局	各区（市）县政府	深化重点行业节能降碳。聚焦年综合能耗 5 000 吨标准煤以上的工业企业，实施节能技术改造，推动高耗能行业对标升级
	市经信局	市发改委，各区（市）县政府	推动综合能源利用。在园区、医院、大型商超等能源负荷中心建设区域化、楼宇型分布式综合能源服务系统，推广应用热泵技术、蓄冷技术、先进节能技术，提高建筑能源利用效率。2025 年，全市投运分布式综合能源服务项目 10 个以上
提升能源安全保障能力	市经信局	市发改委、市住建局、市交通运输局、市规划和自然资源局，国网成都供电公司、国网天府供电公司，各区（市）县政府	加快充（换）电设施布局。新建建筑按 15%～25% 分类配建，既有机关及企事业单位按不低于 20% 配建，推动小区个人充电设施"应装能装"。到 2025 年，全市充（换）电站 3 000 座、充电桩 16 万个以上，车桩比例达到 4∶1

注：本章只节选《成都市能源结构调整行动方案》（2021—2025 年）关于建筑业的内容。

2.1.5 四川省发展和改革委员会关于进一步完善我省分时电价机制的通知

四川省发展和改革委员会关于进一步完善我省分时电价机制的通知内容如表 2-10 所示。

表 2-10 四川省发展和改革委员会关于进一步完善我省分时电价机制的通知内容

参考通知	具体内容		
《四川省发展和改革委员会关于进一步完善我省分时电价机制的通知》	峰平谷时段划分	高峰时段	11:00—12:00
			14:00—21:00
		平段	7:00—11:00
			12:00—14:00
			21:00—23:00
		低谷时段	23:00—次日 7:00
	执行范围、方式及浮动比例	执行	受电变压器容量在 315 kV·A 及以上的大工业用户，专用变压器在 50 kV·A 及以上、公用变压器在 50 kW 及以上的一般工商业用户
		自愿选择执行	商业用户、污水处理厂
		默认不执行	党政机关、事业单位、学校、医院、民政福利单位和城市公用路灯

续表

参考通知	具体内容		
《四川省发展和改革委员会关于进一步完善我省分时电价机制的通知》	执行范围、方式及浮动比例	执行方式	市场主体签订中长期合同时约定用电曲线，未约定用电曲线结算时购电价格（含交易电价和输配电价）应按本通知规定的峰谷时段及浮动比例执行
		浮动比例	高峰时段电价在平段电价基础上上浮 60%，低谷时段电价在平段电价基础上下浮 60%，峰平谷价差比为 1.6：1：0.4，政府性基金及附加、基本电费不参与浮动
	建立尖峰电价机制	尖峰时段	夏季 7 月 26 日—8 月 25 日　尖峰时段：15:00—17:00
			冬季 12 月 26 日—1 月 25 日　尖峰时段：19:00—21:00
		执行范围	执行分时电价的大工业用户
		浮动比例	尖峰时段电价在高峰时段电价基础上上浮 20%

2.2　川内外"十四五"规划对比

重庆市毗邻四川省，具有相似气候条件，区域经济发展相互影响；上海市在国内较早开展了绿色建筑研究和推广应用工作；江苏、浙江、广东作为国内经济较发达省份，是我国绿色建筑发展初期的重点省份，也是现阶段转型绿色建筑高质量发展的重点省份；湖北、河北、陕西等中、西部省份是近年来我国绿色建筑发展提速的主要省份。因此，本报告将四川省"十四五"规划与上述省、直辖市进行对比。

2.2.1　四川省与其他各省、直辖市绿色低碳建筑重点发展方向

四川省与其他各省、直辖市绿色低碳建筑重点发展方向对比如表 2-11 所示。

表 2-11　四川省与其他各省、直辖市绿色低碳建筑重点发展方向对比

省、直辖市	重点发展方向
四川省	1. 提升绿色建筑发展质量 2. 提升新建居住建筑节能标准 3. 推行绿色建造体系 4. 优化民用建筑能源结构 5. 降低既有建筑碳排放 6. 开展建筑领域碳达峰体系研究
重庆市	1. 全面推进新建建筑绿色化 2. 加强星级绿色建筑标识管理 3. 提升建筑能源资源利用水平

续表

省、直辖市	重点发展方向
重庆市	4. 提高建筑健康性能 5. 大力实施装配式建筑 6. 加大绿色建材应用力度 7. 加强技术研发推广 8. 落实绿色住宅使用者监督机制
陕西省	1. 创新管理机制 2. 发展绿色建筑 3. 提升建筑能效 4. 加强技术创新 5. 加强运行管理
上海市	1. 全面升级绿色建筑制度与理念 2. 持续推进城市区域绿色发展 3. 切实推动新建建筑实效节能 4. 大力引导既有建筑绿色更新 5. 深入拓展建筑用能监管服务 6. 加强科技创新与绿色产业引导
江苏省	1. 提升新建建筑绿色性能 2. 改善既有建筑绿色品质 3. 扩大示范工作综合效益 4. 推进新型建筑工业化创新发展 5. 突出科技创新引领
湖北省	1. 推动绿色建筑高质量发展 2. 提高新建建筑节能低碳水平 3. 扩大可再生能源建筑应用规模 4. 改善既有建筑绿色品质 5. 促进绿色建材推广应用
河北省	1. 全力推进绿色建筑发展 2. 完善绿色建筑标准体系 3. 大力发展被动式超低能耗建筑 4. 加强绿色建筑评价标识管理 5. 整合资源提升建筑能效水平 6. 提高住宅健康性能 7. 推进装配式建筑发展 8. 推动绿色建材应用 9. 加强技术研发推广 10. 探索绿色住宅使用者监督机制 11. 加强绿色建筑过程监督管理 12. 建立新建绿色建筑信息共享机制

续表

省、直辖市	重点发展方向
广东省	1. 提升建筑节能降碳水平 2. 推进绿色建筑高质量发展 3. 推动装配式建筑提质扩面 4. 促进建筑工程材料绿色发展应用 5. 统筹区域能源协同与绿色城市发展
福建省	1. 全面推广绿色建筑 2. 健全绿色建筑标准体系 3. 规范绿色建筑标识管理 4. 提升建筑能效水效水平 5. 推广装配化建造方式 6. 推动绿色建材应用 7. 加强技术研发推广 8. 建立绿色住宅使用者监督机制
浙江省	1. 大力发展装配式建筑 2. 加快发展工程咨询服务 3. 提高新建建筑节能要求 4. 建立健全绿色施工政策法规和技术标准体系。 5. 规范绿色建筑标识管理 6. 推进既有建筑绿色节能改造 7. 加大可再生能源建筑应用 8. 推进绿色建筑与建材协同发展

从上述各省、直辖市绿色低碳建筑重点发展方向对比中发现,各省、直辖市较为一致的发展方向主要有:加强既有建筑节能绿色改造,其中包括城镇老旧小区改造、既有公共建筑节能改造、旧工业区及城中村改造等;推动可再生能源应用,其中包括太阳能、浅层、中深层地热能、空气能等可再生能源的应用;推广新型绿色建造方式、绿色建材,其中包括装配式建造方式及绿色建材的应用、相关市场的规范化、制度的形成和政策的完善等。

2.2.2 四川省与其他各省、直辖市绿色低碳建筑实施措施

四川省与其他各省、直辖市绿色低碳建筑实施措施对比如表 2-12 所示。

表 2-12 四川省与其他各省、直辖市绿色低碳建筑实施措施对比

省、直辖市	发展方向	实施措施
四川省	推动绿色建筑高质量发展	1. 完善法规标准体系 2. 全面推进城镇绿色建筑发展 3. 规范绿色建筑标识管理

续表

省、直辖市	发展方向	实施措施
四川省	推动居住建筑品质提升	1. 提高新建建筑宜居品质 2. 推动城镇老旧小区改造 3. 建立绿色住宅使用者监督机制
	推动建筑业转型升级	1. 推广装配化建造方式 2. 培育企业新型竞争力 3. 加强专业人才培养
	推动能源资源高效利用	1. 提升新建居住建筑节能标准 2. 加强公共建筑节能监管 3. 优化民用建筑能源结构
	推动建设科技创新	1. 完善科技创新管理体系 2. 推动信息技术融合发展 3. 开展试点示范
重庆市	全面推进新建建筑绿色化	1. 完善绿色建筑地方标准体系 2. 推动绿色建筑强制标准实施 3. 提高绿色建筑的星级水平 4. 打造绿色建筑典型示范
	加强星级绿色建筑标识管理	1. 完善星级绿色建筑标识制度 2. 强化竣工阶段的监督管理 3. 加强事中事后监管
	提升建筑能源资源利用水平	1. 提升新建建筑能效水平 2. 积极构建绿色能源体系 3. 推动既有居住建筑节能节水改造 4. 推动公共建筑绿色化改造 5. 加强水资源综合利用
	提高建筑健康性能	1. 完善建筑健康性能标准 2. 强化绿色建筑健康内涵
	大力实施装配式建筑	1. 扩大装配式建筑实施规模 2. 提高装配式建筑标准化水平 3. 打造装配式建筑产业基地
	加大绿色建材应用力度	1. 加快推动绿色建材评价认证 2. 严格落实绿色建材采信机制 3. 强化绿色建材推广应用
	加强技术研发推广	1. 强化科技创新 2. 推动融合发展
	落实绿色住宅使用者监督机制	1. 引导使用者验房 2. 强化信息公示制度

续表

省、直辖市	发展方向	实施措施
陕西省	创新管理机制	1. 强化目标管理，推动标准实施 2. 完善绿色建筑评价认定制度 3. 建立绿色建筑标识撤销机制 4. 建立绿色建筑管理平台
	发展绿色建筑	1. 推广绿色建筑技术 2. 全面执行绿色建筑标准 3. 持续开展绿色住宅小区、绿色生态城区建设
	提升建筑能效	1. 城镇新建居住建筑全面实施建筑节能75%标准 2. 推进既有居住建筑节能节水改造 3. 推广绿色农房建筑适用技术 4. 开展低能耗建筑建设试点示范
	加强技术创新	1. 健全完善技术目录管理机制 2. 推广可再生能源建筑应用 3. 推进地热资源供热保护性开发利用 4. 提升装配化建造水平
	加强运行管理	1. 建立和规范绿色住宅验房交付工作 2. 定期开展运行评估 3. 加强公共建筑能耗动态监测平台建设管理
上海市	全面升级绿色建筑制度与理念	1. 推动绿色建筑管理法治化 2. 升级绿色建筑核心理念 3. 提升绿色建筑全过程管理 4. 提高绿色住宅健康性能
	持续推进城市区域绿色发展	1. 扩大区域绿色生态辐射范围 2. 完善绿色生态城区建设监管机制 3. 推进既有城区绿色更新
	切实推动新建建筑实效节能	1. 推进建筑领域碳达峰行动 2. 建立建筑设计用能限额体系 3. 推广应用超低能耗建筑 4. 推动可再生能源建筑规模化发展 5. 推广应用绿色高效制冷产品
	大力引导既有建筑绿色更新	1. 协同推进既有建筑节能改造 2. 完善既有建筑绿色化改造推进体系 3. 引导既有建筑能效提升新机制
	深入拓展建筑用能监管服务	1. 健全建筑节能监管法律法规 2. 拓展能耗监测平台内容与范围 3. 深化建筑能耗数据应用与服务

续表

省、直辖市	发展方向	实施措施
上海市	加强科技创新与绿色产业引导	1. 加强建设科技创新融合 2. 加快绿色建材产品推广应用 3. 增强产业引导与支撑
江苏省	提升新建建筑绿色性能	1. 发挥绿色设计引领作用 2. 推动建筑环境品质改善 3. 提升建筑节能水平 4. 提升可再生能源建筑应用水平 5. 研究建立绿色住宅使用者监督机制
	改善既有建筑绿色品质	1. 加强建筑用能管理 2. 推动既有公共建筑能效提升 3. 推进既有居住建筑节能改造 4. 提升绿色运营水平
	扩大示范工作综合效益	1. 继续扩大示范工作内涵 2. 不断提升绿色城区示范效益 3. 鼓励管理机制模式创新
	推进新型建筑工业化创新发展	1. 加大装配式建造技术应用 2. 积极推广装配化装修 3. 提升装配式建筑品质 4. 严格质量安全管理
	突出科技创新引领	1. 发挥建设科技带动作用 2. 推动绿色建材应用 3. 加强产业技术创新
湖北省	推动绿色建筑高质量发展	1. 推进绿色建筑规模化发展 2. 提升绿色建筑品质 3. 完善绿色建筑运行管理制度
	提高新建建筑节能低碳水平	1. 提升新建建筑能效水平 2. 优化建筑用能结构 3. 强化建筑用能监管
	扩大可再生能源建筑应用规模	1. 推动可再生能源应用多元化发展 2. 加强可再生能源建筑应用项目建设管理
	改善既有建筑绿色品质	1. 提高既有居住建筑节能水平 2. 推动既有公共建筑节能绿色化改造
	促进绿色建材推广应用	1. 推动绿色建材产业发展 2. 推广新型墙材建材应用 3. 提高绿色建材应用比例
河北省	全力推进绿色建筑发展	1. 加快编制绿色建筑专项规划 2. 严格执行绿色建筑标准

续表

省、直辖市	发展方向	实施措施
河北省	完善绿色建筑标准体系	1. 将绿色建筑控制项要求列为强制性条款 2. 完善工程建设定额标准 3. 支持制定绿色建筑相关团体标准和企业标准
	大力发展被动式超低能耗建筑	政府投资被动式超低能耗建筑示范项目
	加强绿色建筑评价标识管理	1. 规范绿色建筑标识管理 2. 建立标识撤销机制 3. 完善绿色建筑评价系统
	整合资源提升建筑能效水平	1. 实施既有居住建筑节能改造 2. 公共建筑开展能耗统计、能源审计、能效公示 3. 探索公共建筑能耗（电耗）限额管理
	提高住宅健康性能	1. 探索健康住宅建设试点示范 2. 制定健康住宅相关技术标准 3. 推动绿色健康技术应用
	推进装配式建筑发展	1. 发展装配式钢结构建筑 2. 推进装配式混凝土建筑发展 3. 推动部品部件生产标准化
	推动绿色建材应用	1. 推进全省绿色建材评价认证工作 2. 加快绿色建材和绿色建筑产业化融合发展
	加强技术研发推广	1. 鼓励相关部门开展绿色建筑技术研发与应用示范 2. 加强新一代信息技术与建筑工业化技术的结合 3. 探索数字化设计体系建设
	探索绿色住宅使用者监督机制	1. 落实绿色住宅购房人验房要求 2. 引导绿色住宅开发建设单位配合购房人做好验房工作
	加强绿色建筑过程监督管理	1. 细化绿色建筑管理内容 2. 严格开展监督检查 3. 加强住房城乡建设行业信用体系建设
	建立新建绿色建筑信息共享机制	1. 建立信息统一平台 2. 加强绿色建筑数据分析和应用
广东省	提升建筑节能降碳水平	1. 提高新建建筑节能要求 2. 提升既有建筑能效和绿色品质 3. 加强可再生能源建筑推广应用 4. 实施建筑电气化工程
	推进绿色建筑高质量发展	1. 加强规划建设全流程管控 2. 强化绿色建筑运行管理 3. 提高绿色建筑品质

续表

省、直辖市	发展方向	实施措施
广东省	推动装配式建筑提质扩面	1. 完善政策体系 2. 加大推广力度 3. 提升装配式建筑品质
	促进建筑工程材料绿色发展应用	1. 完善政策标准体系 2. 提升搅拌站绿色化水平 3. 加强绿色建材推广应用
	统筹区域能源协同与绿色城市发展	1. 推进区域建筑能源协同发展 2. 推动绿色城市建设
福建省	全面推广绿色建筑	1. 全面执行绿色建筑标准 2. 鼓励相关建筑提高绿色建筑等级要求 3. 加快《福建省绿色建筑发展条例》立法
	健全绿色建筑标准体系	1. 修订完善相关地方标准 2. 加强绿色建筑地方标准体系化 3. 开展标准试点工程项目
	规范绿色建筑标识管理	提高绿色建筑标识工作效率和水平
	提升建筑能效水效水平	1. 推动既有居住建筑节能节水改造 2. 提升重点城市创建任务 3. 建立完善节能运行管理制度
	推广装配化建造方式	1. 大力发展钢结构等装配式建筑 2. 开展适合沿海地区特点的装配化建造关键技术研究 3. 打造装配式建筑产业基地
	推动绿色建材应用	1. 推进绿色建材认证和推广应用 2. 完善绿色建材推广政策措施 3. 鼓励开展海峡两岸绿色建材产品和技术应用研究
	加强技术研发推广	1. 推进5G、物联网、人工智能、建筑机器人等新技术在工程建设领域的应用 2. 建立建设科技创新成果库
	建立绿色住宅使用者监督机制	1. 逐步推行全装修商品住房，规范销售行为 2. 建立住宅绿色性能和全装修质量评价反馈机制

  从川内外绿色低碳建筑实施措施对比中可以看出，各省、直辖市有效采取相关措施，本着"绿色发展，和谐共生；聚焦达峰，降低排放；因地制宜，统筹兼顾；双轮驱动，两手发力；科技引领，创新驱动"的基本原则，迎来重要的市场发展机遇。

2.2.3 "十四五"各省、直辖市绿色建筑发展主要量化指标

"十四五"各省、直辖市绿色建筑发展主要量化指标如表 2-13 所示。

表 2-13 "十四五"各省、直辖市绿色建筑发展主要量化指标

省、直辖市	2025 年目标项
四川省	1. 全省新开工装配式建筑占新建建筑的 40% 2. 城镇新建建筑全面执行绿色建筑标准 3. 建筑业总产值突破 2 万亿元，省外完成建筑业总产值占比达到 25%，新开工装配式建筑占新建建筑的 40% 4. 建设省级建筑产业总部园区和 5 个区域建筑产业园区 5. 培育 100 家工程总承包骨干企业、50 家全过程工程咨询骨干企业、年产值超千亿元以上企业 3 家，培育一批智能建造龙头企业 6. 建设建筑产业工人培育基地 8 个，中级工建筑工人总人数达到 200 万，施工现场管理人员总人数达到 140 万，各类执业注册人员总人数达到 35 万 7. 打造 2 个以上建筑产业互联网平台，每年认定工程建设省级工法 500 项以上，完成建筑业新技术应用示范工程 50 项以上；甲级建筑设计单位以及特级、一级建筑施工企业基本具备 BIM 技术应用能力 8. 工程质量水平稳中有升，安全生产形势持续稳定向好，安全生产事故起数和死亡人数逐年实现双下降，创建鲁班奖、国家优质工程、天府杯 540 项以上
重庆市	1. 城镇绿色建筑占新建建筑比重达 70%，星级绿色建筑占城镇新增绿色建筑比例达到 30% 2. 绿色低碳示范区内实现新建绿色建筑面积比例达到 100%，其中一星级以上面积比例达到 90%，二星级以上面积比例达到 30%，三星级以上面积比例达到 5% 3. 城镇新建建筑中绿色建材应用比例达 70%，二星级及以上绿色建筑、绿色生态住宅小区应用二星级及以上绿色建材的比例不低于 60% 4. 累计实施既有建筑节能绿色化改造面积达 1 600 万平方米 5. 累计实施可再生能源建筑应用面积 2 000 万平方米 6. 可再生能源建筑应用面积新增 300 万平方米，其中，主城都市区完成 240 万平方米，渝东北三峡库区城镇群完成 45 万平方米，渝东南武陵山区城镇群完成 15 万平方米 7. 既有建筑绿色化改造面积新增 500 万平方米，其中，主城都市区完成 400 万平方米，渝东北三峡库区城镇群完成 75 万平方米，渝东南武陵山区城镇群完成 25 万平方米 8. 建设近零能耗、低碳（零碳）建筑示范项目 60 万平方米
陕西省	1. 城镇新建建筑全面执行绿色建筑标准 2. 发展超低能耗建筑 100 万平方米 3. 老旧小区节能改造 100 万户 4. 城镇新建绿色建筑占新建建筑比例 100% 5. 装配式建筑占城镇新建建筑比例达 30%

续表

省、直辖市	2025 年目标项
上海市	1. 新建民用建筑应当按照绿色建筑基本级以上标准建设 2. 创建绿色生态城区项目 25 项以上，其中更新城区 5 项以上 3. 建成 2 个绿色生态城区示范项目 4. 建筑领域碳排放量控制在 4 500 万吨左右 5. 累计落实超低能耗建筑示范项目 500 万平方米以上 6. 居住建筑和工业厂房全部使用一种或多种可再生能源 7. 完成 2 000 万平方米以上的既有建筑节能改造示范项目 8. 完成 50 万平方米以上的建筑调适示范项目 9. 纳入市级能耗监测平台的公共建筑面积不少于 1 亿平方米
江苏省	1. 新建高品质绿色建筑面积 2 000 万平方米 2. 城镇新建建筑能效水平提升 30% 3. 既有建筑绿色节能改造面积 3 000 万平方米 4. 新建超低能耗建筑面积 500 万平方米 5. 全省新增太阳能光电建筑一体化应用装机容量达 500 兆瓦 6. 新增太阳能光热建筑应用面积 5 000 万平方米 7. 新增地热能建筑应用面积 300 万平方米 8. 可再生能源替代常规建筑能源比例达到 8% 9. 装配化装修建筑占同期新开工成品住房面积比例 30%
湖北省	1. 新增建筑节能能力达 496 万吨标准煤 2. 城镇新建建筑执行绿色标准比例 100% 3. 城镇新建建筑能效水平提升 15% 4. 当年星级绿色建筑占比 20% 5. 城镇新建建筑绿色建材应用比例 50% 6. 可再生能源应用建筑达 1.75 亿平方米 7. 太阳能光伏建筑应用 300 兆瓦 8. 既有建筑节能改造 2 000 万平方米 9. 预拌混凝土供应量 3.45 亿立方米
河北省	1. 城镇新建绿色建筑占当年新建建筑面积比例达 100% 2. 全省新建星级绿色建筑占当年新建绿色建筑面积 50%以上 3. 全面实行绿色建筑统一标识制度 4. 累计建设近零能耗建筑面积约 1 340 万平方米 5. 城镇新建装配式建筑占当年新建建筑比例达到 30% 6. 新建建筑施工现场建筑垃圾排放量不高于 300 吨/万平方米 7. 装配式建筑施工现场建筑垃圾排放量每万平方米不高于 200 吨

续表

省、直辖市	2025 年目标项
广东省	1. 建设超低能耗、近零能耗建筑 300 万平方米 2. 累计完成既有建筑节能绿色改造 3 000 万平方米以上 3. 建筑能耗中电力消费比例大于 80% 4. 建筑运行一次二次能源消费总量达 1.12 亿吨标准煤 5. 城镇新建居住建筑能效水平提升 30% 6. 城镇新建公共建筑能效水平提升 20% 7. 城镇绿色建筑占新建建筑比重 100% 8. 新增太阳能光伏装机容量 200 万千瓦 9. 城镇建筑可再生能源替代率达 8% 10. 全省城镇新增绿色建筑中星级绿色建筑占比超 30%（全省）、45%（粤港澳大湾区珠三角九市） 11. 城镇新建建筑中装配式建筑比例达 30%（全省）、35%（重点推进地区）、30%（积极推进地区）、20%（鼓励推进地区） 12. 城镇新建政府投资工程中装配式建筑比例达 70%（重点推进地区）、50%（积极推进地区、鼓励推进地区） 13. 水泥散装率达 75%
福建省	1. 城镇新建建筑中绿色建筑面积占比达到 98% 2. 新建建筑绿色建材应用比例达到 65% 3. 新建装配式建筑 100% 达到绿色建筑标准 4. 建造过程中建筑垃圾减少 20% 以上 5. 新建建筑施工现场建筑垃圾排放量不高于 300 吨/万平方米 6. 装配式建筑施工现场建筑垃圾排放量不高于 200 吨/万平方米
浙江省	1. 城镇新建商品住宅绿色建筑比例 100% 2. 全省装配式建筑占新建建筑比例 35% 以上 3. 累计创建国家装配式建筑产业基地 35 个

从上述"十四五"各省、直辖市绿色建筑发展主要量化指标中可以看到，各地对于加强既有建筑节能绿色改造、推动可再生能源应用、推广新型绿色建造方式及绿色建材都明确提出了符合当地绿色建筑市场发展能力和趋势的指标，同时也根据各省当地情况因地制宜制定了符合自身发展特征的个性化指标，以期到 2025 年基本形成绿色、低碳、循环的建设发展方式，为城乡建设领域 2030 年前碳达峰奠定坚实基础。

2.2.4　川内外绿色建筑补贴相关政策对比

川内外绿色建筑补贴相关政策对比如表 2-14 所示。

表 2-14　四川省与各省、直辖市绿色建筑补贴相关政策对比

省、直辖市	绿色建筑补贴相关政策
四川省	1. 通过绿色建筑认证的项目，有关部门在"鲁班奖""广厦奖""天府杯""全国绿色建筑创新奖"等评优活动及各类示范工程评选中，应优先推荐上报 2. 建立绿色建筑在财政、税收、国土及规划建设等方面的奖励制度，制定相应的管理办法，对绿色建筑项目进行奖励
重庆市	1. 对获得金级、铂金级绿色建筑标识的项目按项目建筑面积分别给予 25 元/m² 和 40 元/m² 的补助资金，不超过 400 万元 2. 对仅获得我市金级、铂金级绿色建筑竣工标识的项目分别给予 10 元/m² 和 15 元/m² 的补助资金，不超过 160 万元
陕西省	二星级绿色建筑 45 元/m²，三星级绿色建筑 80 元/m²。省财政对一星级、二星级、三星级的奖励标准为 10 元/m²、15 元/m²、20 元/m²
上海市	1. 运行标识项目：二星级 50 元/m²；三星级 100 元/m² 2. 装配整体式建筑示范项目 AA 等级 60 元/m²，AAA 等级 100 元/m² 等 财政补贴：符合相关要求的超低能耗建筑示范项目每平方米补贴 300 元。 容积率奖励：符合相关要求的超低能耗建筑项目外墙面积可不计入容积率，但其建筑面积最高不超过总计容建筑面积的 3%。 鼓励改建：已办理前期手续，尚未开工建设的项目，改建超低能耗建筑的，同等享受相关优惠政策，规划资源、建设管理等部门配合办理变更手续
江苏省	1. 一星级 15 元/m²，二星级、三星级项目按一定比例给予配套奖励 2. 运行标识项目，在设计标识奖励标准基础上增加 10 元/m²
湖北省	1. 将以奖励容积率的方式，鼓励房地产业转型 2. 一星级、二星级、三星级绿色建筑，按总面积的 0.5%、1%、1.5%给予容积率奖励 3. 装配式项目，给予容积率奖励；免征全装修部分对应产生的契税
河北省	1. 绿色建筑新技术、新材料和新设备等研发费用可享受税前加计扣除等优惠政策 2. 利用省级大气污染防治专项资金，对单个项目建筑面积不低于 2 万平方米的被动式超低能耗建筑示范项目给予资金补助
广东省	支持推广绿色建筑及建设绿色建筑示范项目二星级 25 元/m²，单位项目最高不超过 150 万元；三星级 45 元/m²，单位项目最高不超过 200 万元等
福建省	1. 对于二星级及以上建筑，给予省节能资金奖励；对于房地产开发企业开发星级绿色建筑住宅小区项目，按照一、二和三星级分别奖励容积率 1%、2%、3% 2. 对获得绿色建筑星级的项目，省级财政按建筑面积奖励 10 元/m²
浙江省	1. 开发绿色建筑的研发费用，可享受税前加计扣除等优惠 2. 使用住房公积金贷款购买二星级以上绿色建筑的，贷款额度最高可上浮 20%

　　为了提高建设绿色建筑的积极性，各省、直辖市出台了一系列绿色建筑激励政策，包括财政补贴、优先评奖、信贷金融支持、减免城市配套费用等，以期城镇新建建筑全面建成绿色建筑，建筑能源利用效率稳步提升，建筑用能结构逐步优化，建筑能耗和碳排放增长趋势得到有效控制。

第 3 章

科技研发

3.1　标准编制

修

编

标

准

《四川省工程建设标准体系 建筑节能与绿色建筑部分（2022 版）》修编情况

1 工作概况

1.1 主编、参编单位

主编单位：四川省建筑科学研究院有限公司

参编单位：四川省建筑工程质量检测中心有限公司

中国建筑西南设计研究院有限公司

西南交通大学

四川大学

蜀道投资集团有限责任公司

中铁二院工程集团有限责任公司

1.2 目前标准意义、背景介绍

为贯彻落实 2021 年《国家标准化发展纲要》精神，有力推进《四川省"十四五"住房城乡建设事业规划纲要》目标任务的实施，进一步完善我省工程建设标准体系，促进我省工程建设地方标准制定修订工作的高质量发展，2021 年 12 月 14 日，四川省住房和城乡建设厅下达了《四川省工程建设标准体系（2014 版）》修编工作，四川省建筑科学研究院有限公司承担了其中《四川省工程建设标准体系 建筑节能与绿色建筑部分（2014）》的修编工作。

1.3 修编原因

《四川省工程建设标准体系 建筑节能与绿色建筑部分（2014 版）》标准发布至今，有大量的标准已更新，需要进行修编；同时，建筑节能与绿色建筑有较多新标准需录入，相关增加零碳低碳建筑要求标准需要加入。

2 修编的主要内容及框架

（1）《四川省工程建设标准体系 建筑节能与绿色建筑部分（2022 版）》将在 2014 版的基础上对建筑节能专业及绿色建筑部分体系进行更新。

（2）2022 版标准将调整体系框图，与省内及国内相关体系框图保持一致，第一层为基础标准，第二层及第三层统一名称为通用标准、专用标准；增加建筑节能-节能产品及系统、绿色建筑-零碳低碳相关内容。

3 结语

《四川省工程建设标准体系 建筑节能与绿色建筑部分》是我省从事建筑节能与绿色建筑工程建设活动的重要技术依据和准则，编制《四川省工程建设标准体系 建筑节能与绿色建筑部分（2022 版）》工作是完成《四川省"十四五"住房城乡建设事业规划纲要》目标的任务之一。《四川省工程建设标准体系 建筑节能与绿色建筑部分（2014 版）》发布距今已有 7 年，这期间，大量的标准已更新，同时也有很多新的标准出现，建筑节能与绿色建筑也要响应国家"碳达峰，碳中和"的发展目标，2014 版的标准体系已不具备现行标准指导价值，缺失现行建筑节能与绿色建筑的发展状况与发展前瞻，故需要本次修订活动，来促进我省建筑节能与绿色建筑发展，有序推进标准化工作。

《四川省绿色建筑评价标准》修编情况

1 工作概况

1.1 主编、参编单位

主编单位：四川省建筑科学研究院有限公司

四川省建设工程消防和勘察设计技术中心

参编单位：成都市建筑设计研究院有限公司

中国建筑西南设计研究院有限公司

西南交通大学

四川天府新区建设工程质量安全监督站

深圳华森建筑与工程设计顾问有限公司

四川省西格林科技有限公司

北京构力科技有限公司

深圳市骏业建筑科技有限公司

四川省建业检验检测股份有限公司

1.2 目前标准意义、背景介绍

我国绿色建筑历经 10 余年的发展，已实现从无到有、从少到多、从个别城市到全国范围，从单体到城区、到城市规模化的发展，直辖市、省会城市及计划单列市保障性安居工程已全面强制执行绿色建筑标准。绿色建筑实践工作稳步推进、绿色建筑发展效益明显，从国家到地方、从政府到公众，全社会对绿色建筑的理念、认识和需求逐步提高，绿色建筑蓬勃开展。《住房城乡建设事业"十三五"规划纲要》不仅提出到 2020 年城镇新建建筑中绿色建筑推广比例超过 50% 的目标，还部署了进一步推进绿色建筑发展的重点任务和重大举措。

自我省《四川省绿色建筑评价标准》DBJ51/T 009—2012 发布实施至今，其间经历一次修订（《四川省绿色建筑评价标准》DBJ51/T 009—2018，以下简称"2018 版"），总结了我省前期绿色建筑方面的诸多研究成果和实践经验，不断更新我省绿色建筑的发展理念和评价体系，为规范和引导我省绿色建筑健康发展发挥了重要作用。然而，随着我国生态文明建设和建筑科技的快速发展，我国绿色建筑在实施和发展过程中遇到了新的问题、机遇和挑战。建筑科技发展迅速，建筑工业化、海绵城市、建筑信息模型（BIM）、健康建筑等高新建筑技术和理念不断涌现并投入应用，而这些新领域方向和新技术发展并未在本标准 2018 年版中充分体现。党的十九大报告指出，中国特色社会主义进入新时代，我国社会主要矛盾已经转化为人民日益增长的美好生活需要和不平衡不充分的发展之间的矛盾；指出增进民生福祉是发展的根本目的，要坚持以人民为中心，坚持在发展中保障和改

善民生，不断满足人民日益增长的美好生活需要，使人民获得感、幸福感、安全感更加充实；提出推进绿色发展，建立健全绿色低碳循环发展的经济体系，构建市场导向的绿色技术创新体系，推进资源全面节约和循环利用，实施国家节水行动，降低能耗、物耗，实现生产系统和生活系统循环链接，倡导简约适度、绿色低碳的生活方式，开展创建节约型机关、绿色家庭、绿色学校、绿色社区和绿色出行等行动。

1.3　修编原因

综上，随着"绿色建筑"内涵不断拓展，建筑行业实践绿色建筑的理念不断更新，特别是国家标准《绿色建筑评价标准》GB/T 50378—2019 修订实施后，本标准 2018 版已不能完全适应现阶段绿色建筑实践及评价工作的需求。目前，国家颁布的《绿色建筑评价标准》GB/T 50378—2019 为绿色建筑的评价和认定提出了更新的原则与技术框架，在传统内涵"四节一环保"的基础上，还应关注怎样提高绿色建筑性能，推进绿色建筑高质量发展，满足人民日益增长的美好生活需要，更应该强调"人与自然和谐共生"，从安全耐久、健康舒适、生活便利、资源节约、环境宜居等方面提升建筑综合绿色性能。

本标准的修编可结合地方特色建立适应四川地区的绿色建筑评价体系，能更好地推动我省绿色建筑业的发展。

1.4　当前进展

目前《四川省绿色建筑评价标准》DBJ51/T 009—2021 已正式发布，并于 2022 年 3 月 1 日实施。

2　修编的主要内容及框架

本标准的主要技术内容是：1 总则；2 术语；3 基本规定；4 安全耐久；5 健康舒适；6 生活便利；7 资源节约；8 环境宜居；9 提高与创新。

本次修编的主要技术内容是：

（1）重新构建了绿色建筑评价技术指标体系。

（2）调整了绿色建筑的评价时间节点。

（3）增加了绿色建筑等级。

（4）拓展了绿色建筑内涵。

（5）提高了绿色建筑性能要求。

3　结语

（1）更新评价指标体系，落实以人民为中心的发展理念。

（2）重新定义绿色建筑术语，更加强调人与自然和谐共生和高质量。

（3）重新设定评价时间节点，保证绿色技术措施的落地实施。

（4）新增绿色建筑等级，与强制性规范协调并兼顾发展不平衡。

（5）优化计分评价方式，兼顾科学性和简便易用性。

（6）要求星级绿色建筑全装修，减少污染和浪费，保护环境。

（7）强化健康、智慧、宜居、全龄友好等内容，顺应技术发展趋势。

（8）多层级设置性能要求，提升绿色建筑的性能和质量。

（9）鼓励绿色金融支持绿色建筑发展、提升建筑安全性、提升建筑耐久性、提高生活便利水平、鼓励创新（传承地域建筑文化）。

（10）根据我省绿色建筑发展情况，丰富了提高与创新项的内容。

《四川省建筑节能门窗应用技术规程》修编情况

1　工作概况

1.1　主编、参编单位

主编单位：四川省建筑科学研究院有限公司

参编单位：四川省建设工程质量检测中心有限公司

四川皇家蓝卡铝业有限公司

四川航鑫新型建材有限公司

四川良木道门窗集团有限公司

四川大地阳光门窗工程有限责任公司

广东贝克洛幕墙门窗系统有限公司

四川国强特种门业有限责任公司

四川省川源塑胶有限公司

成都川路塑胶集团有限公司

海瑞高昕科技发展（成都）有限公司

四川零能昊科技有限公司

绵阳天阳建材加工有限公司

1.2　目前标准意义、背景介绍

建筑门窗是建筑物热交换、热传导最活跃、最敏感的部位。我国建筑门窗的面积占建筑面积的比例超过 25%，而门窗的能耗约占建筑能耗的 50%。随着建筑节能门窗技术的快速发展，以及响应国家"双碳"的号召，四川省建筑设计标准不断提高对门窗的节能要求，特别是随着装配式建筑和绿色建筑的蓬勃发展，对于能直接应用于装配式建筑及绿色建筑的节能门窗也提出了新的要求，建筑门窗已完成多次升级换代。

1.3　修编原因

2015 年发布的《四川省建筑节能门窗应用技术规程》DBJ/T 041—2015 已不能适应现阶段我省建筑节能的设计和应用等方面的需求。为了更好地推动我省建筑节能门窗的发展，结合地方特色建立适应四川地区的建筑节能门窗应用技术体系，四川省住房和城乡建设厅于 2021 年 12 月下达了该标准修订计划。2022 年初，本标准的修订工作已正式启动。本标准适用于新建、改建和扩建的民用建筑，标准的修订对进一步规范并提高我省建筑节能门窗的产品性能及保证工程质量具有重要的意义。

2　修编的主要内容及框架

本标准框架修订后共为 8 章及附录，主要章节包括：1 总则；2 术语与符号；3 基本规定；4 材料与性能要求；5 设计；6 加工制作；7 安装施工；8 工程验收；附录。

本次修订的主要内容包括：

（1）增加门窗性能涉及的常用符号。

（2）增加建筑标准化外窗相关内容。

（3）增加标准化附框的材料要求和安装方法内容。

（4）增加铝木复合门窗、铝塑复合门窗、门窗耐火极限及材料相关性能要求。

（5）增改建筑节能、低能耗及绿色低碳设计相关内容。

（6）增加外门窗加工制作中半成品和成品维护与保养内容。

（7）附录部分增加典型标准化外窗物理性能表，增加典型外窗热工性能与配置表。

（8）修改门窗性能以及型材、玻璃、胶条、五金件等主要材料性能。

（9）修改其他所有现行国家行业和地方标准涉及内容。

3　结语

本标准在修订工作启动前，主编单位已经对节能门窗行业进行了调查研究，并对主要性能进行了测试，总结了我省节能门窗及主要组成材料的实际性能水平及使用情况。在修订过程中，编制组广泛收集我省各地的不同类型产品的应用情况，并与近年来修订的国家和行业标准以及其他省、自治区、直辖市制定的地方标准进行对标比较，按我省气候区进行分类比较，形成了适用于我省特有的标准规范内容及指标要求。修订中编制组将广泛充分地征求意见，以保证本标准达到预期的目标。

此次修订将对本标准中的不同型材产品的热工性能、隔声性能、耐火极限等分项进行了更加细化的调整，如增加铝合金窗、塑料窗、铝木、塑铝复合窗等门窗用型材的性能，以及为保证主型材"传热系数"的隔热条性能及槽口尺寸具体参数等内容。另外，附录部分还将增加典型标准化外窗物理性能表、典型外窗热工性能与配置，更有利于生产、设计的产品选择以及验收工作的顺利进行。本标准条文后面的条文说明中，对各项主要条文进行辅助说明，以保证更加明确地理解各条文的要求。经上述调整后，本标准的先进性和适用性进一步提高，有利于设计、咨询、业主等单位掌握，也更有利于我省门窗行业应用水平的提高和市场推广。

新编标准

《四川省绿色建筑工程专项验收标准》编制情况

1　编制背景

1.1　编制意义

近年来，我国大力推广绿色建筑的发展，绿色建筑设计评价标识项目的数量急剧攀升，但是绿色建筑理念在施工及运营当中的落实情况却难以把控，先进的理念及设计常由于各种原因未能完全贯彻到实际应用。施工阶段是建筑物或构筑物全寿命周期中的关键阶段，同时也是资源消耗量最大、环境破坏程度最大的阶段，所以加强施工阶段的环境保护和资源保护，以及减少环境污染是实现建筑节能减排、建筑绿色化、建筑可持续发展的关键环节。

在绿色建筑发展迅速的同时，也面临着巨大的挑战和问题。绿色建筑的评价分为设计阶段和运营阶段，目前绝大部分绿色建筑标识项目全部为设计阶段的评价，保证绿色建筑实际运营实效的绿色度，才真正体现绿色建筑的本质，这与绿色建筑施工质量的好坏密切相关。从国内的绿色建筑来看，还是有很多项目在施工阶段对某些绿色技术的落实度不高，主要是以下几个原因：

（1）绿色度较高、增量成本较高的技术手段未落实或减量落实。

由于一些绿色建筑技术在设计中较容易实现并取得相应分数，但由于绿色度较高，增量成本较高，或在施工过程中实施难度较大，某些绿色建筑技术在施工过程中被取消或减量落实。

（2）非常用、功能性较强的技术手段无验收要求。

有些绿色建筑技术由于竣工无技术性验收要求，导致某项绿色技术不能正常使用，如雨水收集利用系统使用效果不佳、分级计量表具无法正常工作等问题。

（3）施工质量不到位使绿色建筑使用质量欠佳。

由于施工质量不到位影响绿色建筑使用质量的情况较为普遍，如由于施工中热桥部位的保温做法不到位导致地下一层部分房间墙面出现结露现象，空调冷水机组施工期间的设备调试不到位导致实际运行的机组 COP 偏低。

（4）二次装修监管不到位使绿色建筑使用质量欠佳。

如由于二次装修监管不到位导致业主二次装修私自拆卸二氧化碳传感器。

从以上一些问题可以看出，应从绿色建筑技术环节考虑进行优化和改进。现阶段绿色建筑设计的技术标准、指南、规范等相对较完善，而对施工环节的把控仍有技术引导上的空缺，相关的技术规程和标准规范仍不完善。

为进一步规范、指导和促进四川省绿色建筑有序发展，使绿色建筑设计标识的建筑真正落地，保证绿色建筑工程质量，展现绿色建筑对使用舒适、节约资源、保护环境等方面的大幅提升，制定相关标准规范是非常必要和迫切的。

1.2　编制目的

目前，绿色建筑发展已由初期的政策鼓励逐步向强制推广迈进，2020 年 12 月四川省住房和城乡建设厅联合四川省发展和改革委员会、四川省经济和信息化厅等 9 部门联合发布《四川省绿色建筑创建行动实施方案》，文中提出创建目标，到 2022 年，当年城镇新建建筑中绿色建筑面积占比达到 70%。

同时，绿色建筑设计阶段的技术措施在项目实施过程中，为更好地落实绿色建筑设计目标，有必要进行绿色建筑工程专项竣工验收，保证绿色建筑工程质量。

为了加强四川省绿色建筑工程施工质量管理，规范绿色建筑施工质量验收，落实绿色建筑设计目标，保证绿色性能，制定《四川省绿色建筑工程专项验收标准》（以下简称《验收标准》）。

2　主要内容及框架

《验收标准》编制，共分为 10 章，主要技术内容为：总则、术语、基本规定、建筑工程、结构工程、给排水工程、暖通工程、电气工程、景观工程、绿色建筑专项验收。标准符合国家、四川省绿色建筑评价标准相应要求，对应四川省绿色建筑审查要点条文内容进行验收，验收阶段明确了"按照绿色建筑要求设计并施工的民用建筑工程，应在单位工程竣工后备案前进行专项验收"；标准针对每个条文分专业明确了验收方法，首次提出绿色性能抽样检查数量。该标准的发布为规范我省绿色建筑工程质量管理或验收，推进绿色建筑高质量发展，确保建筑绿色性能落地具有重大意义。

3　工作概况

3.1　主编、参编单位

主编单位：四川省建筑科学研究院有限公司

参编单位：四川省建设工程消防和勘察设计技术中心

　　　　　四川华西集团有限公司第十二建筑工程公司

　　　　　成都市绿色建筑监督服务站

　　　　　成都市天府新区质量安全监督站

　　　　　四川省建筑设计研究院有限公司

　　　　　成都市建筑设计研究院有限公司

　　　　　西南交通大学

　　　　　中建二局第三建筑工程有限公司

　　　　　科顺防水科技股份有限公司

　　　　　上海朗诗投资管理有限公司成都分公司

参加单位：四川联合环境交易所有限公司

3.2　目前进展

《验收标准》于 2016 年 10 月立项，第一次工作会议于 2017 年 3 月 3 日上午在成都举行。于 2017 年 11 月完成了征求意见稿，按计划于 2017 年底提交送审稿，由于绿色建筑工程施工质量验收的依据是《四川省绿色建筑评价标准》、《四川省绿色建筑施工图审查要点》以及国家《绿色建筑评价标准》，以上三个标准均处于修订或者变化的关键时期，导致《验收标准》征求意见稿中诸多具体关键指标未能确定，因此审查会议暂缓。

随着相关标准规范的发布，《验收标准》的所有关键指标全部明确，编制组成员开始进行调整。于 2021 年 11 月 20 日完成征求意见稿，并于 26 日对《验收标准》重新征求意见，向省内相关行业单位 30 位专家发送征求意见稿，包括高校、科研单位、建筑设计单位、施工单位、建筑科技管理部门，编制组共收到反馈意见 110 条。编制组对征求意见进行逐条讨论，形成送审稿。

2022 年 11 月 15 日，四川省住房和城乡建设厅发布 6 项四川省工程建设推荐性地方标准，其中《四川省绿色建筑工程专项验收标准》DBJ51/T 208—2022，将于 2023 年 3 月 1 日施行。

4　主要特点

4.1　对象

四川省行政区域内新建绿色民用建筑工程专项验收。

4.2　适用范围

《验收标准》适用于符合现行国家标准《绿色建筑评价标准》GB/T 50378、四川省工程建设地方标准《四川省绿色建筑评价标准》DBJ51/T 009 并通过绿色建筑施工图审查的民用建筑工程，依据《既有建筑绿色改造评价标准》GB/T 51141 评价的绿色既有建筑以及依据《绿色工业建筑评价标准》GB/T 50878 评价的绿色工业建筑工程专项验收参照执行。

5　结语

标准的发布标志着我省绿色建筑标准体系建立初步完成，与同是四川建科院主编的《四川省绿色建筑评价标准》DBJ51/T 009—2021、《四川省绿色建筑检测技术标准》T/SSACE 014—2021、《四川省既有公共建筑绿色改造技术标准》T/SSACE 013—2021、《四川省绿色建筑运行维护标准》DBJ51/T 092—2018 形成闭环管理。

《四川省民用建筑围护结构保温隔声工程应用技术标准》编制情况

1　编制背景

1.1　编制意义

住房和城乡建设部、国家发展改革委员会、教育部、工业和信息化部、人民银行、国家机关事务管理局、银行保险监督管理委员会印发的《绿色建筑创建行动方案》（建标〔2020〕65 号）重点任务中明确了"提高建筑室内空气、水质、隔声等健康性能指标，提升建筑视觉和心理舒适性"；中共四川省委、省政府出台的《四川省开展质量提升行动实施方案》（川委发〔2018〕6 号）要求开展质量提升行动，提升人民质量满意度。本标准以上述国家及地方政府相关文件精神为指导，明确围护结构，包括外墙、外窗、隔墙、楼板、组合墙等的保温隔声系统的材料组成及构造、设计中的热工和隔声性能指标、施工过程中注意的施工工艺和施工要点、工程验收中主控项和一般项的检查数量和检查方法，对提高室内热环境和声环境，强化建筑健康性能设计要求，严格竣工验收管理，推动绿色健康技术应用起到关键作用。同时本标准促进了相关产业在设计、技术、结构上的升级，使设计有依据可寻，使施工更加便捷可靠，提高了施工效率和工程质量，通过管理与技术的创新与进步，推进更多企业研发相关技术体系和产品，更好地发挥产品的各项性能并满足相关标准规范，避免降低人们舒适性要求及后期整改带来的经济损失，引导资源节约、环境友好可持续发展，具有显著的经济、社会和环境效益。

1.2　编制目的

四川省自 2006 年全面启动建筑节能工作以来，建筑外墙、外窗、屋面保温隔热技术得到了全面、快速的发展，但墙体、外窗的隔声以及楼板的保温隔声技术往往被人忽略。随着绿色建筑、健康建筑的快速发展和人民生活水平的不断提高，对建筑环境品质的要求也越来越高。《四川省绿色建筑评价标准》DBJ51/T 009 自 2012 年发布以来，对建筑外窗、楼板等构件的隔声性能也提出了越来越高的要求，四川省 9 部门联合发布的《四川省绿色建筑创建行动方案》（川建行规〔2020〕17 号）要求自 2021 年 2 月 1 日起，全省城镇新建民用建筑应至少满足基本级要求。《四川省住宅设计标准》DBJ 51/168—2021 以及国家即将颁布实施的全文强制性标准《住宅项目规范》、《民用建筑隔声设计规范》GB 50118（修订）均将建筑隔声尤其是楼板的隔声提到了一个新的高度。同时与四川省气候区相近的上海、江苏、安徽、重庆等近年来分别颁布实施了《建筑浮筑楼板保温隔声系统应用技术标准》DG/TJ 08-2365—2021、《居住建筑浮筑楼板保温隔声工程技术规程》DB32/T 3921—2020、《民用建筑浮筑楼面保温隔声工程技术规程》DB34/T 3468—2019。由此可见，今后建筑围护结构同时满足保温、隔声设计标准要求是最基本要求。建筑围护结构的保温隔声尤其是楼板的保温隔声已成为国家相关标准的一项强制要求，从近年实际应用情况看，由于我省楼板保温隔声标准的缺乏，各种做法层出不穷，质量问题不断，已成为地方政府、开发商、设计单位等关注的焦点问题。

2 主要内容及框架

本标准的主要技术内容包括：

1 总则——阐明标准的总体技术要求和应用范围。

2 术语——列入本标准所用的专用术语及英文翻译，便于使用者理解和掌握本标准。

3 基本规定——对建筑围护结构保温隔声工程设计、施工和验收等环节作出基本规定。

4 性能指标——规定建筑围护结构保温隔声工程的性能指标，重点规定楼板保温隔声工程的各组成材料和系统的性能指标。

5 设计——对建筑围护结构保温隔声工程的设计作出一般规定，规定了楼板、墙体和外窗的构造设计。

6 施工——对建筑围护结构保温隔声工程的施工作出一般规定，规定了楼板和外窗保温隔声系统的施工工艺及施工要点。

7 验收——对建筑围护结构保温隔声工程的验收作出一般规定；提出保温隔声系统检验批应分为主控项目和一般项目验收，并对主控项目和一般项目的检查数量和检查方法作出了规定。

8 附录——楼板、墙体和外窗隔声性能实测数据参考表及常用楼板保温隔声材料导热系数表，供设计、施工与验收等人员参考。

主要技术内容是：明确围护结构，包括外墙、外窗、隔墙、楼板等的保温隔声系统的材料组成及构造、设计中的隔声性能指标、施工过程中注意的施工工艺和施工要点、工程竣工验收相关规定。

3 工作概况

3.1 主编、参编单位

主编单位：四川省建筑科学研究院有限公司

参编单位：清华大学

　　　　　四川省建筑设计研究院有限公司

　　　　　成都市建设工程质量监督站

　　　　　基准方中建筑设计股份有限公司

　　　　　西南交通大学

　　　　　四川清诺天健信息科技有限公司

　　　　　四川世茂新材料有限公司

　　　　　四川三元环境治理股份有限公司

　　　　　重庆科文绿建新材料科技有限公司

　　　　　四川赛尔科美新材料科技有限公司

参加单位：成都城投远大建筑科技有限公司

　　　　　成都市建筑设计研究院有限公司

　　　　　成都中泰新材料有限公司

　　　　　成都优筑良品建材科技有限公司

　　　　　四川良木道门窗型材有限公司

　　　　　四川齐能新型材料有限公司

　　　　　中建二局第三建筑工程有限公司

3.2　目前进度

2022 年 11 月 15 日，四川省住房和城乡建设厅发布 6 项四川省工程建设推荐性地方标准，其中《四川省民用建筑围护结构保温隔声工程应用技术标准》DBJ51/T 211—2022，将于 2023 年 3 月 1 日施行。

4　主要特点

4.1　对象

本标准是绿色建筑标准体系的延伸与深化，它的发布规定了围护结构热工、隔声、力学性能及保温隔声材料性能指标，规范了我省楼板保温隔声系统的构造做法、验收方法与数量等，减少了楼板面层开裂、保温或隔声性能落地效果达不到设计要求的风险，并且标准附录首次创新性提出楼板、墙体、外窗的隔声构造做法及对应隔声实测数据供设计参考。

4.2　适用范围

本标准适用于四川省新建、改建与扩建的民用建筑围护结构保温隔声工程的设计、施工和验收。

5　结语

本标准的编制将整合国内保温隔声性能优良的材料产品，统一指标要求，规范民用建筑保温隔声系统一体化的设计、施工、检测及验收，着力为建筑行业解决"如何做"的问题，填补我省民用建筑保温隔声系统一体化方面的技术空白，具有重要的实用价值和社会效益。

《攀西地区民用建筑节能应用技术标准》编制情况

1 编制背景

1.1 编制意义

目前，我国虽然有夏热冬暖地区的建筑节能设计标准，但尚无专门针对夏热冬暖 B 区的建筑节能设计标准，基于夏热冬暖 B 区气候的独特性，有必要因地制宜，以求真务实的态度编制适宜攀西地区建筑节能的设计、施工、验收技术标准。攀西建筑节能应用技术标准的制定，一是将进一步完善我省建筑节能体系建设，填补我省在夏热冬暖 B 地区建筑节能尚无技术体系和标准的空白，有力地推动我省的建筑节能工作；二是大幅降低攀西地区建筑节能措施费用并为住户节约减少能耗费用，带动攀西地区建筑节能相关产业的发展和产品研发，从而促进攀西地区建筑节能体系水平提升和经济发展，对完善、提高四川乃至全国建筑节能技术的应用与发展具有重要意义。

1.2 编制目的

我省自 2005 年底开始全面启动建筑节能工作以来，在建筑节能的各个领域均取得了卓有成效的成绩。由于现行标准划分中我省仅包括严寒、寒冷、夏热冬冷、温和 4 个气候地区，无夏热冬暖气候分区。2019 年，由四川省建筑科学研究院牵头，攀枝花市、凉山州住建局协助对攀西地区建筑节能进行过系统的调研工作，结论是攀西地区的攀枝花市、凉山州部分县市属于夏热冬暖地区。由于其特殊的气候特点，现行建筑节能标准体系不完全适合攀枝花市、凉山州。一是现有建筑节能体系在攀西地区应用遇到了技术瓶颈，当地建设行政主管部门严格按国家、省建筑节能标准执行，但取得的效果并不理想，反而怨声载道。在当地政府召开的开发企业座谈会上，企业集中反映的就是建筑节能问题。外墙内保温竣工验收后，90% 以上都被业主铲除了，阳台推拉节能门窗全部被拆除，造成极大浪费。二是建筑节能设计标准同测绘标准、规划要求相矛盾，存在外增内保温层占用房屋有效空间，外墙外保温层挤占建筑物容积率等问题。三是部分建筑节能构造措施不能实现与主体工程同寿命。

攀西地区位于四川省西南部，攀枝花市、西昌市、冕宁县、德昌县、米易县等位于攀西大裂谷的安宁河平原，行政上包括攀枝花市和凉山彝族自治州，共计 20 县、市，是中国西南地区大型钢铁、钒钛冶炼基地和水电基地，攀西城镇群为四川省三大城市群之一。该地区年温差小，气候适宜，空调采暖能耗不明显，对建筑隔热保温、室内热环境要求与我国其他气候区有较大差异，但其可再生能源（如太阳能）非常丰富，因此其气候特点非常具有独特性，应因地制宜，结合当地的气候、人文、自然资源等特点，建立适合攀西地区的围护结构、采暖与制冷、可再生能源应用的技术体系及应用技术标准。

2 主要内容及框架

本标准主要技术内容包括：1 总则；2 术语；3 基本规定；4 建筑气候分区与热环境设计参数；5 建筑与建筑热工设计；6 太阳能建筑一体化设计；7 施工及验收；及附录。

3 工作概况

3.1 主编、参编单位

主编单位：四川省建筑科学研究院有限公司

参编单位：攀枝花市建筑节能和绿色建筑发展中心

四川远建建筑工程设计有限公司

西昌市建筑勘测设计院有限公司

攀枝花学院

参加单位：攀枝花市润泽建材有限公司

攀枝花实佳俊建材有限公司

立邦涂料（中国）有限公司

攀枝花文欣工贸有限责任公司

华坪县花椒坪建材有限责任公司

攀枝花仁和宏达砖厂

攀枝花市宏利达工贸有限公司

攀枝花市光祥建筑工程有限公司

3.2 目前进展

目前该标准已出版，于 2022 年 9 月 1 日正式实施。

4 主要特点

4.1 对象

本标准针对攀西地区的气候、人文、自然资源等特点，因地制宜地提出了一套适宜于攀西地区的围护结构热工参数和具体节能措施，重点对攀枝花夏温冬暖地区提出了一套新的节能体系要求。

4.2 适用范围

本标准适用于四川省攀枝花市及凉山彝族自治州辖区内，建筑气候区划属于夏温冬暖及温和气候区的新建、改建、扩建的民用建筑节能的设计、施工、验收。

5 结语

该标准结合攀西地域、气候特点，在总结节能实践经验的基础上编制而成，可操作性强，对规范和指导四川攀西地区建筑节能工作具有推动作用。

《四川省建筑垃圾处置及资源化利用工程项目建设标准》编制情况

1 编制背景

1.1 编制意义

我国建筑产业和基础设施建设正处于快速发展时期，但建筑垃圾资源化利用推进滞后，大部分建筑垃圾用于沟壑或基坑回填、占地堆存，除有价金属回收外，旧建筑物的拆除垃圾和装修垃圾并未得到大量分类回收应用，特别是大量废弃的混凝土和砖块制品早些时候并未被业内认为是可利用的"资源"，同时相关的政策激励措施也不充分，产品附加值不高，建材企业产品的开发积极性并不高，市场对建筑垃圾制品的接受度低等因素，一定程度上限制了该类资源的工程应用。但近年来，随着我国工程建设领域量最大的混凝土原材料资源的匮乏和原材料不断涨价，废弃的混凝土和砖块制品经破碎分级筛选后可作为混凝土、砂浆、水泥等原材料，逐渐赢得市场的认可。

我省区域辽阔，基础工程建设量大，建筑垃圾的产生量也大，但建筑垃圾的综合利用与沿海等发达省份还存在不小差距。为了全面推进我省的建筑垃圾资源化利用工作，2019年2月—6月，四川省住房和城乡建设厅勘察设计与科学技术处、建筑管理处、城市管理处、标准定额处、省建科院等单位组成调研组，对我省建筑垃圾资源化利用情况进行了较为全面的调研，调研结果表明，我省仅成都、广安、内江等少部分地区启动了建筑垃圾处置和治理工作，制定并出台了相关管理措施。总体而言，与我国大部分省份尤其是江浙沿海一带发达省份比较，我省还存在政策、相关技术标准、推广应用等方面存在滞后问题，特别是由于我省建筑垃圾工作起步较晚，仍存在政策法规不健全、市场潜能挖掘不足、建筑垃圾分类收集程度不高、回收利用率低、资源化利用技术水平落后、从业企业少等问题。

通过前期对我省开展的建筑垃圾处置及资源化利用情况调研，我省目前建筑垃圾的总量和规模随着我省建筑业规模的不断增长，呈逐渐递增模式，但主要的建筑垃圾的处理方式还是堆存和填埋；建筑垃圾规范处置及再生利用产品生产企业数量少、规模小、分布分散，再生产品市场接受认可度低，建筑垃圾资源化利用的长远规划目前还未形成。

建立规范化的建筑垃圾处置及资源化利用项目是推动建筑垃圾资源化使用的重要环节，是保证建筑垃圾资源化利用目标实施的重要抓手。因此，制定《四川省建筑垃圾处置及资源化利用工程项目建设标准》具有重要的意义。

1.2 编制目的

制定《四川省建筑垃圾处置及资源化利用工程项目建设标准》旨在规范建筑垃圾处置与资源化利用项目设施建设，为四川省建筑垃圾处置及资源化利用项目的项目决策和建设管理提供指导意见和科学依据。

2　主要内容及框架

本标准主要技术内容包括：总则、术语、基本规定、选址及总体设计、资源化利用工厂、填埋处置场、信息化与自动化、公用工程、环境保护、劳动安全和职业健康等。

3　工作概况

3.1　主编、参编单位

主编单位：四川省建筑科学研究院有限公司

参编单位：四川省建设工程消防和勘察设计技术中心

四川省建筑设计研究院有限公司

成都市绿色建筑监督服务站

四川省建材工业科学研究院有限公司

西南交通大学

四川大学

四川华西绿舍建材有限公司

成都建工预筑科技有限公司

中铁四局集团第二工程有限公司

3.2　目前进展

已于2022年4月完成《四川省建筑垃圾处置及资源化利用工程项目建设标准》（征求意见稿）的意见公开征求，目前编制组正对收集到的意见建议进行整理，拟于2022年6月提交标准评审。

4　主要特点

4.1　对象

本技术标准适用于四川省新建、改建和扩建建筑垃圾处置及资源化利用工程项目的选址、设计及建造。

4.2　适用范围

（1）确定建筑垃圾处置及资源化利用工程项目选址原则、总体规划及总图布置等要求。

（2）确定建筑垃圾处置及资源化利用工程项目建筑垃圾处置工艺设计内容及工艺流程要求。

（3）确定建筑垃圾处置及资源化利用工程项目再生产品生产内容及工艺设计要求。

5　结语

本技术标准发布实施后，将对建筑垃圾处置及资源化利用工程项目的建设提供明确可行的技术指引，对提高四川省建筑垃圾减量化、资源化、无害化和安全处置水平具有重要的推动作用。

《四川省智慧工地建设技术标准》编制情况

1 编制背景

1.1 编制意义

随着互联网、物联网、传感技术、人工智能等科学技术的不断发展，智能化方法、技术及应用的研究成为当前世界各国发展的重点和热点。2020 年，13 部门联合印发了《关于推动智能建造与建筑工业化协同发展的指导意见》（建市〔2020〕60 号），指出要以大力发展建筑工业化为载体，以数字化、智能化升级为动力，创新突破相关核心技术，加大智能建造在工程建设各环节应用，形成涵盖科研、设计、生产加工、施工装配、运营等全产业链融合一体的智能建造产业体系。而智慧工地作为智能建造关键环节之一，是信息化、智能化理念在工程领域的具体表现。

智慧工地的发展为我国目前建筑施工现场中出现的生产管理方式粗放，生产效率低下，现场人、机、料、环等管理手段落后等问题提供了一条新的方向和思路。智慧工地作为一种崭新的工程现场一体化管理模式，在将信息化技术与传统建筑行业深度融合的同时，也可根据政府和企业的需求对工程项目进行全方位、全过程、一体化的高效管理。然而，由于缺乏对工地管理需求的深度认知，对监管系统边界的设定以及相关标准的指导，导致我省智慧工地的发展处于一个鱼龙混杂的阶段。施工各阶段智能化设备如何界定，工程大数据如何收集并高效使用，包括人、机、料的使用情况以及质量和安全的监控统计，都缺乏统一的标准。

1.2 编制目的

由于智慧工地目前尚无国家、行业标准，其概念和特征在目前还处于探索和实践阶段，为了规范和指导我省智慧工地的建设，推动建设工程高质量发展，提高现场管理水平，2020年 4 月，四川省建筑科学研究院有限公司、成都建工集团有限公司联合华西集团等单位向省住建厅申报了该项标准的编制工作，经公示无异议，2020 年 6 月 11 日获得立项批复。智慧工地标准的制定将促进我省建筑项目建设全过程高效管理，对我省整个建筑行业的数字化发展也将起到积极的促进作用。

2 主要内容及框架

本标准共分 8 章和 2 个附录，主要技术内容包括：1 总则；2 术语；3 基本规定；4 业务功能模块；5 系统集成管理系统；6 数据管理、接口及安全；7 系统验收；8 系统运营维护。

3 工作概况

3.1 编制单位

主编单位：四川省建筑科学研究院有限公司

成都建工集团有限公司

参编单位：四川省住房和城乡建设厅信息中心

　　　　　成都市建设工程质量监督站

　　　　　成都市建设工程施工安全监督站

　　　　　四川华西集团有限公司

　　　　　成都鹏业软件股份有限公司

　　　　　烽火祥云网络科技有限公司

　　　　　杭州品茗安控信息技术股份有限公司

　　　　　中建易通科技股份有限公司

　　　　　广联达科技股份有限公司成都分公司

　　　　　成都磊数科技有限公司

参加单位：中国计量大学

　　　　　金钱猫科技股份有限公司

　　　　　北京忆芯科技有限公司

　　　　　四川省第一建筑工程有限公司

　　　　　四川省第六建筑有限公司

　　　　　中国华西企业股份有限公司十二公司

3.2　本标准编制情况

在本标准编制工作开展前，四川省建筑科学研究院有限公司和成都建工集团有限公司据国家及地方相关文件要求和既有标准，对四川省智慧工地建设情况开展了调查研究，有了一定的工作基础，情况如下：

3.2.1　收集相关资料及标准

（1）四川省建筑科学研究院有限公司对四川省各市（州）、华西集团、成都建工、中国五冶等地方和企业的智慧工地建设进行了调研，梳理了目前四川省在智慧工地建设过程中存在的问题，并形成了《四川省智慧工地建设情况调研报告》。

（2）住房和城乡建设部信息中心主编的《建筑工程施工现场监管信息系统技术标准》JGJ/T 434—2018。

（3）四川省生态环境科学研究院编制的《四川省施工场地扬尘排放标准》DB 51/2682—2020。

（4）住房城乡建设部办公厅印发的《全国建筑施工安全监管信息系统共享交换数据标准（试行）》（建办质〔2018〕5号）。

（5）北京城建集团有限责任公司主导编制的《智慧工地技术规程》DB11/T 1710—2019。

3.2.2　本标准的编制过程

（1）2020年6月11日，根据四川省住房和城乡建设厅《关于下达工程建设地方标准

〈四川省智慧工地建设技术标准〉计划的通知》（川建标发〔2020〕157号），标准正式立项。

（2）2020年9月4日，编制组全体人员在成都召开了编制组成立暨第一次工作会议，确定了编制大纲、编制原则、主要编制内容、编制进度计划和编制组分工并形成会议纪要。

（3）2020年9月4日—2021年4月7日，各参编单位完成了相应部分的标准编制，并交主编单位汇总形成了初稿。

（4）2021年4月8日—2021年9月1日，主编单位根据形成的初稿进行部分内容修改，并形成标准的第二版。

（5）2021年9月7日，编制组全体人员通过线上会议方式召开第二次工作会，会上，编制组对标准的第二版逐条进行讨论，对条文提出了修改、添加、删减的若干建议，2021年9月7日，标准形成了征求意见稿。

（6）2021年9月7日起，标准正式向设计、施工、科研院校等单位的知名专家征求意见。

（7）2021年10月8日，标准完成征求意见工作，共征求35位专家意见，其中30位专家反馈了共计217条有效意见，5位专家无意见，编制组在此基础上完成了《反馈意见汇总及处理表》。

（8）2021年10月18日，编制组已完成征求意见稿的所有修改工作，并形成送审稿，准备移交标准审查委员会审查。

（9）2021年11月30日，四川省住房和城乡建设厅组织专家评审组在成都召开标准审查会。审查专家对标准各章节内容进行了审查，并提出了修改意见和建议，审查专家一致同意《四川省智慧工地建设技术标准》通过审查。

（10）2021年11月30日—2022年3月5日，编制组根据审查专家意见和建议对标准进行修改，形成报批稿并提交四川省住房和城乡建设厅。

（11）2022年3月25日，四川省住房和城乡建设厅发布《关于发布〈四川省智慧工地建设技术标准〉等3项四川省工程建设地方标准的通知》（川建标发〔2022〕57号），标准正式批准发布。

4 主要特点

4.1 对象

智慧工地的建设将集成运用物联网、互联网、云计算、大数据、人工智能、建筑信息模型、区块链、计算机视觉、边缘计算、离网智能、激光雷达、射频识别等技术手段，围绕施工现场人员、机械设备、物料、环境、安全、质量、生产等要素进行工程项目施工过程中数据信息的全面采集、智能分析，实现泛在互联、全面感知、安全作业、智能生产、高效协同、智能决策、科学管理的施工过程智能化管理系统，包括项目级、企业级、政府级等管理层级。

4.2　适用范围

本标准为提高施工现场质量、安全、环境、文明施工和人员管理水平，规范了智慧工地的建设和管理，推进了我省建筑业信息化和建设工程高质量发展，适用于我省房屋建筑和市政基础设施工程的智慧工地信息化建设。

5　结语

本标准在编制发布实施后，将在智能建造领域形成突破，为今后四川地区大量开展智慧工地建设提供技术指导，确保智慧工地的建设质量，在优化建筑施工管理模式、提升建造施工效率等方面，具有重要的实用价值和社会效益。

《四川省工程建设项目建筑信息模型（BIM）应用评价标准》编制情况

1 编制背景

1.1 编制意义

由于现阶段国内缺乏针对 BIM 技术应用的综合性评价标准，使得 BIM 技术在工程项目中的应用效果、应用程度、技术水平无法得到合理评价，BIM 技术应用能力和服务水平参差不齐，导致各参与单位无法对 BIM 技术的应用价值进行客观评估，阻碍了 BIM 技术的进一步推广应用。为规范国内 BIM 技术的应用，填补 BIM 应用评价的空白，提高工程建设各参与方的积极性，促进 BIM 技术在四川省内的进一步应用，促进建筑行业信息化发展水平，提升建筑工程综合效益，编制《四川省工程建设项目建筑信息模型（BIM）应用评价标准》。

1.2 编制目的

建筑信息模型（以下简称 BIM）技术可以大幅提升建筑业的信息化水平以及建筑业全产业链和全生命周期的生产效益。随着中国经济社会的全面持续发展和数字城市建设的需要，采用 BIM 技术已成为业内共识。BIM 技术在国内发展已有 10 余年，在工程设计、施工和咨询中已经得到了广泛应用。然而，BIM 技术作为从国外引入的建筑行业新兴技术，在我国的本土化应用和推广中仍存在很多问题尚未解决，使得国内 BIM 技术应用还没有充分发挥出应有的价值。

一是目前我省的 BIM 应用大多还是单阶段应用，存在严重的设计和施工脱节，没有真正实现 BIM 全过程应用。二是从设计院、施工单位再到业主，在 BIM 技术研究和应用方面的投资少则过百万，多则数千万，但这些 BIM 技术的投资是否得到了应有的回报，没有一个可靠的评价准则，导致各参与单位投资热情降低。三是目前 BIM 应用市场混乱，各单位能力参差不齐，大量工程项目 BIM 应用只是应付政府和业主，在工程应用、数据共享、成果交付等方面均不满足 BIM 全过程应用要求。四是缺乏对 BIM 应用效果和应用程度的评价机制，导致大家不清楚自身的 BIM 应用的能力和效果在全国处于什么水平，不同工程建设项目 BIM 应用的效果难以横向比较。以上问题均指向一个各方共同关注的话题：BIM 在项目中的应用情况、应用程度、应用效果应如何评价？

针对该问题，国内外已经开展了多年的研究和实践。《美国国家建筑信息模型标准》（第三版）中便提出了 BIM CMM 评价方法，对工程项目的 BIM 应用程度进行评价；以英国为代表的欧洲国家提出了 BIM 成熟度模型，并广泛应用于工程项目评价。在此背景下，我国智能建筑及居住区数字化标准化技术委员会编制了《工程项目建筑信息模型（BIM）应用成熟度评价导则》，浙江省编制了《工程项目建筑信息模型（BIM）应用价值评估标准》，拉开了国内 BIM 应用评价的序幕。

我省也高度重视 BIM 技术相关标准的编制工作，已经编制完成了《四川省建筑工程设计信息模型交付标准》和《四川省装配式混凝土建筑 BIM 设计施工一体化标准》，正在编制《四川省建筑信息模型（BIM）技术施工应用标准》。同时，我省也有部分专家学者开展 BIM 技术应用评价的研究工作，如四川大学董娜教授开展了"装配式建筑施工建筑信息模型应用成熟度评价"研究工作，四川建科院江军博士开展了"建设工程质量安全管理中的 BIM 技术应用评价"研究工作。然而，上述工作主要局限于应用成熟度评价，而缺乏对 BIM 应用的效果评价和综合评价，尤其是缺乏多阶段全过程的综合性应用评价。

2 主要内容及框架

本标准共分 6 章，主要技术内容包括：总则、术语、基本规定、设计阶段 BIM 应用评价、施工阶段 BIM 应用评价、全过程阶段 BIM 应用评价

3 工作概况

3.1 本标准编制单位

主编单位：四川省建筑科学研究院有限公司

参编单位：中国建筑西南设计研究院有限公司

中国华西企业股份有限公司

四川大学

西南交通大学

四川省第六建筑有限公司

四川省建筑设计研究院有限公司

中国五冶集团有限公司

中国十九冶集团有限公司

中建海峡建设发展有限公司

四川良友建设咨询有限公司

参加单位：四川省工业设备安装集团有限公司

核工业西南勘察设计研究院有限公司

四川柏幕联创建筑科技有限公司

四川省第一建筑工程有限公司

成都雨云科技有限公司

筑智建科技（重庆）有限公司

中欧国际建工集团有限公司

3.2 本标准编制情况

在本标准立项前，四川省建筑科学研究院有限公司根据国家及地方相关文件要求和既有标准，对我省工程建设项目 BIM 技术的应用情况开展了调查研究，有了一定的工作基础。具体情况如下：

3.2.1 收集相关标准及文件

（1）中国科技产业化促进会发布的团体标准：《建筑信息模型（BIM）工程应用评价导则》T/CSPSTC 20—2019。

（2）全国智能建筑及居住区数字化标准化技术委员会主导编制的《工程项目建筑信息模型（BIM）应用成熟度评价导则》。

（3）中国数字工程认证联盟主导编制的《工程项目信息模型（BIM）认证：工程项目》DNQI 001—2020。

（4）浙江省建筑信息模型（BIM）服务中心主导编制的《工程项目建筑信息模型（BIM）应用成熟度评估标准》T/SC0244638L18ES2。

3.2.2 本标准的编制过程

（1）2020 年 12 月 8 日，根据四川省住房和城乡建设厅《关于下达工程建设地方标准计划的通知》（川建标发〔2020〕368 号），标准正式立项。

（2）2021 年 6 月 4 日，编制组全体人员在成都召开了编制组成立暨第一次工作会议，确定了编制大纲、编制原则、主要编制内容、编制进度计划和编制组分工并形成会议纪要。

（3）2021 年 6 月 4 日—2021 年 7 月 31 日，各参编单位完成了相应部分的标准编制，并交主编单位汇总形成了初稿。

（4）2021 年 8 月 18 日，编制组通过腾讯视频召开第一次合稿暨第二次工作会，讨论确定了评价范围、评价指标的颗粒度和建议基准、评价表格、评价流程和组织方式等关键问题。

（5）2021 年 8 月 31 日，编制组主要人员在四川省建筑科学研究院有限公司召开第三次工作会议。会上，编制组成员对标准内容进行了充分的讨论，对评价范围、评价维度、评价准则、评价指标等内容提出了详细的修改意见。省住建厅杨华平和龙立莅临会议。

（6）2021 年 9 月 15 日，标准形成了征求意见初稿，并在小范围内征集意见，进而调整评价分数与指标。随后，通过项目试评打分、讨论试评结果等过程，于 10 月 30 日形成征求意见稿。

（7）2021 年 11 月 1 日起，标准正式向设计、施工、科研院校等单位的 33 位专家征求意见。其中，29 位专家反馈了共计 202 条有效意见。编制组在此基础上完成了反馈意见汇总及处理表。并邀请 5 位业内专家开展第二次项目试评价，进一步验证评价标准的适用性和可操作性。

（8）2022 年 1 月，编制组已完成征求意见稿的所有修改工作，并形成送审稿，现已移交标准审查委员会，等待审查。

4 主要特点

4.1 对象

四川省工程建设项目建筑信息模型（BIM）应用评价在项目的设计阶段、施工阶段和全过程应用阶段使用 BIM 技术，且获得良好效益的房屋建筑工程、市政工程类项目为评价对象，包括但不限于建筑专业、结构专业、暖通专业、电气专业、给排水专业、风景园林专业、道路专业、桥梁专业、建筑室内设计专业、幕墙专业。

4.2 适用范围

本评价标准将项目在设计阶段、施工阶段、全过程应用阶段中采用了新技术、新设备或新的应用方式等创新措施，具有较好的推广和示范价值，且具有良好的经济效益、社会效益和环境效益的项目，从低到高分别评价为基础级、一星级、二星级、三星级，可直观地体现项目的应用效果及水平。

5 结语

本评价标准发布实施后，将为我省 BIM 全过程应用指明方向，使得 BIM 技术在工程项目中的应用效果、应用程度、技术水平得到合理客观评价，促进 BIM 技术的进一步推广应用及创新发展。

3.2 课题研究

四川省城乡建设领域碳达峰碳中和技术及政策体系研究

1 研究背景

建筑领域作为我国碳排放的重点领域，实现碳达峰和碳中和具有非常重要的意义。2021 年 3 月住建部将"建筑领域碳达峰碳中和实施路径研究课题"列入"住房和城乡建设部中长期研究项目"，整合科技与产业化发展中心、中国建筑节能协会、中国建筑科学研究院、清华大学等科研机构开展专题研究，目前已完成《建筑领域碳达峰碳中和行动方案》初稿。

四川省位于我国西南部，其地形条件复杂，横跨了我国的寒冷地区、夏热冬冷地区以及温暖地区，各地级市气候特点存在差异，其能源结构也存在着显著特色，四川省内河流年径流量约 3 000 亿立方米，水力发电比例达 80%，四川省如何实现碳达峰碳中和目标值得深刻思考。截至 2018 年，四川省建筑能耗为 3 929 万吨标准煤，碳排放为 7 678 万吨。距离我国实现碳达峰目标剩余不足 10 年，距离碳中和目标剩余不足 40 年，时间紧迫，四川省建筑领域亟须为实现我国建筑部门实现碳达峰碳中和作出贡献。

2 研究内容

（1）建筑零碳排放方法学和边界进行研究，其中测算方法分为直接碳排放和间接碳排放。

（2）对建筑领域碳排放数据测算与数据差异进行校核。

（3）通过对整体建筑业、公共建筑和居住建筑的碳排放达峰进行预测，加上对建筑领域的碳达峰目标进行设定，提出对四川省建筑领域碳排放达峰的预测。

3 关键研究路径

3.1 加强城市系统性建设

（1）以推动城市组团式发展，加强建筑密度和高度控制，系统布局城市燃气、供热、供电等设施，合理布局城市快速干线交通、常规公交和绿色慢行交通设施以及减少拆除量的路径来优化城市布局。

（2）以执行完整居住社区建设标准，构建 15 min 生活圈，全面推进城镇老旧小区改造，加快推进数字家庭建设的路径来加强居住社区的建设。

（3）以加强城市生态修复，构建生态廊道网络，增加城市绿化面积，科学配置植被类型的路径来提高生态环境质量。

（4）转变城镇基础设施建设方式，建设给水排水设施、垃圾处理设施、海绵城市、城镇照明设施以及韧性城市的路径来加强基础设施的建设。

3.2 统筹县城和乡村建设

（1）以严守建筑安全底线，建筑高度与消防救援能力匹配，小城镇建设要与自然环境相协调，大分散和小区域集中相结合的布局方式，推行"小街区、密路网、窄马路"，建设绿色低碳交通系统，合理确定居住规模，推进小城镇人居环境综合整治的路径来加强小城镇绿色低碳建设。

（2）以农房和村庄建设选址要安全合理可靠，营造自然低碳、紧凑有序的农房群落，加强传统村落和传统民居保护与利用，因地制宜推进农村生活污水处理，进一步完善农村生活垃圾收运处置体系的路径来加快农房和村庄建设现代化。

3.3 推动住房建设低碳转型

（1）以优化住房供应结构，完善住房保障制度，促使房地产企业低碳转型，建设智慧物业管理平台的路径来健全住房保障体系。

（2）以大力推广绿色装修，建立使用者监督机制，加大绿色建材采购力度，提高住宅规划设计水平和建立住宅品质评价体系的路径来提高住宅品质。

3.4 强化建筑节能

（1）以大力发展绿色建筑，提升城镇新建建筑节能标准，加强农村房屋建设管理，推广超低能耗建筑、近零能耗建筑和零碳建筑的路径来提高新建建筑节能水平。

（2）以加强节能改造鉴定评估，确定城镇既有建筑改造技术路径，居住建筑应改尽改，推进公共建筑能效提升重点城市建设，推进农房节能改造的路径来加强既有建筑节能改造。

（3）以完善能效提升监管体系，推动制定公共建筑能耗限额指标，推动省市公共建筑节能监管平台建设，加强精细管理，建立建筑用户评价和反馈机制的路径来加强建筑运行管理。

3.5 优化能源消费结构

在设计和营造中，通过被动化技术减少建筑对机电系统提供的冷、热、光的需求；再通过供能系统的优化技术提高其供能效率；再通过建筑全面电气化使建筑运行直接碳排放降为零；剩余由化石类燃料燃烧输入建筑的电力和热力通过固碳技术，最终实现建筑行业运行过程的脱碳。

4 创新性及研究成果

构建全过程的减排路径：

（1）建筑设计：低碳化。推行被动式建筑设计、发展低碳结构体系、优化建筑机电系统设计、延长建筑设计年限。

（2）建筑施工：工业化。节约建材，降低施工能耗，提高施工质量，确保绿色性能。

（3）建筑运行：智慧化。

（4）建筑拆除：资源化。

完善四川省建筑业双碳领域全要素支撑体系，包括制度支撑、产业支撑、技术支撑、资金支撑、数据支撑和能力支撑。

5 预期社会经济效益分析及推广应用价值分析

四川省建筑领域碳排放基数大，刚性增长趋势明显，本课题研究开展了建筑领域 2030 年前碳达峰和 2060 年碳中和实现路径研究，为建筑领域实现碳达峰及碳中和提供更加具有可操作性的技术支撑，意义重大，责任重大。

绿色建筑运行性能提升关键技术及应用研究

1　研究背景

当前时期,我国全社会生态文明理念还未形成,高耗低效的增长方式还未发生根本性改变。2019 年,中国的城镇化率已达 60.6%,预计至 2025 年,这一数据将达到 65%;而且,当前我国建筑行业运行碳排放已达 21 亿吨二氧化碳,占全国总排放量的 22% 左右。可以预见的是,城镇化率的进一步增加,将使得人口大量聚集,城镇建筑体量进一步扩大,建筑能耗日益增加,环境污染加剧,进而加剧能源危机和气候变化危机。建筑行业如何在不影响人居环境品质的改善和人民群众幸福感、获得感增加的情况下,早日实现"碳达峰"和"碳中和"是我国在应对气候变化危机中的重要议题。

我国绿色建筑发展至今,可以说在各方面均取得了相当大的成就。据相关统计信息,截至 2019 年底,全国城镇新建建筑全面执行节能强制标准,累计建成节能建筑面积近 200 亿平方米,全国城镇新建绿色建筑占新建建筑比例达到 65%,累计完成绿色建筑面积超过 50 亿平方米。与此同时,既有建筑节能改造和可再生能源建筑应用力度不断加大,"十三五"期间完成公共建筑改造面积 1.6 亿平方米,全国城镇新增太阳能光热建筑应用面积 30 亿平方米,太阳能光电建筑装机容量 5 700 万千瓦,新增浅层地热能建筑应用面积 2 亿平方米,可再生能源替代民用建筑常规能源消耗比重超 6%。

但从标识项目发展来看,绿色建筑运行情况似乎不尽如人意。我国绿色建筑评价标识项目发展情况如图 3-1 所示。根据图示,截至 2016 年我国共评出 4 071 项绿色建筑标识项目,总建筑面积达到 4.72 亿平方米;其中设计标识 3 859 项,建筑面积 4.44 亿平方米,运行标识 212 项,建筑面积 0.28 亿平方米;绿色建筑运行标识项目面积比例仅为标识项目总面积的 6%。可以看出,绿色建筑发展面临比较典型的问题是绿色建筑项目运行质量不高,运行标识项目过少,绿色建筑性能不满足人民群众追求高品质生活的需求。

从上述发展情况和实际反馈中可以发现,尽管我们在建筑节能与绿色建筑发展方面取得了重大进展,但也必须承认还有很多问题亟须解决。首先,人民群众对绿色建筑的体验感和获得感较差,绿色建筑重设计轻运行、重技术轻落实等情况严重,绿色建筑发展难以满足人民群众对美好生活的追求,绿色建筑的市场需求驱动力尚未形成;其次,建筑能源利用效率仍然较低,我国建筑节能设计标准要求相对国外同气候区项目普遍偏低,建筑节能技术实施及运行情况不佳,工程建设和运行维护等质量问题突出;最后,绿色建筑与建筑节能高质量发展的市场和政策支撑不足,绿色生活氛围尚未形成,产品供给不足、质量不高,市场推动机制不完善。

针对目前绿色建筑运行性能提升方面研究不足的情况,本研究将从绿色建筑性能评价诊断入手,调研测试典型建筑运行情况,分析建筑能源与环境相关评价参数,研究建立绿色建筑运行性能评价指标体系；从运行调适角度出发，开展建筑运行性能提升技术研究，探索绿色建筑运行维护技术体系，并在示范项目中验证相关技术内容；最终，建立一套绿色建筑运行性能评价、诊断、调适、运维进而实现性能提升的技术体系，为推动绿色建筑高质量发展，提升绿色建筑运行性能提供技术支撑。

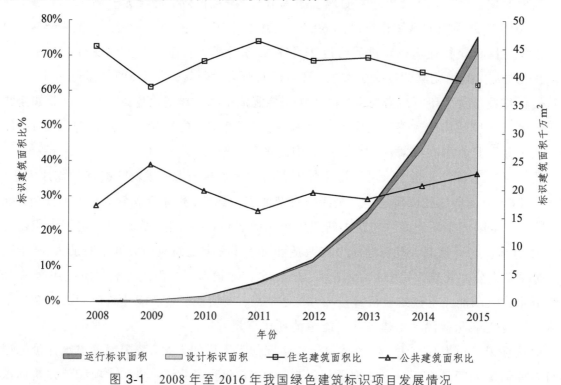

图 3-1　2008 年至 2016 年我国绿色建筑标识项目发展情况

2　研究内容

本研究以典型公共建筑运行数据为基础，按照"运行性能评价"→"运行性能调适"→"绿色运行维护制度"→"绿色技术评估"的顺序开展研究。

（1）基于运行性能评价指标开发建筑运行性能综合评价方法，明确建筑运行性能评价流程及各步骤实施方法，并在实际项目中实践和验证指标体系及评价方法的可靠性。

（2）建立基于层次化指标的绿色建筑运行性能调适技术，并在示范项目中验证相关技术的可行性。

（3）形成建筑运行问题及解决方案库。

（4）总结典型绿色建筑技术的关键参数、运行维护要点及经济性。

综合上述研究成果，最终形成一套绿色建筑运行性能提升关键技术体系，包括建筑性能诊断评价方法、建筑性能调适方法、绿色运维制度、绿色技术总结等内容。

3　关键研究路径

本文研究的技术路线如图 3-2 所示。研究以提升绿色公共建筑运行性能为基本目标，利用建筑调适思维，重点研究建筑运行性能的低成本提升技术，按照评价、诊断、验证、总结的研究路线来探索建筑调适的工作程序和方法，建立健全绿色建筑运行、维护技术及管理制度体系，并梳理总结出"适用、经济、绿色、美观"的绿色建筑技术。

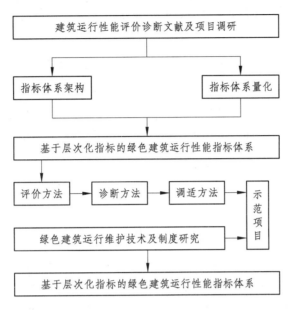

图 3-2 研究技术路线

研究将采用调研、测试、数理统计分析、数值模拟与示范验证等结合的研究方法，建立低成本的绿色建筑性能提升技术体系，用以指导绿色建筑运行性能提升，解决现有绿色建筑品质低下、人民满意度低等问题。

4 创新性及研究成果

本研究利用建筑调适思维，以提升绿色建筑实际运行性能为导向，采用调研、测试、数理统计、数值模拟与示范验证等结合的方法，按照指标体系、评价方法、诊断方法、调适方法、绿色运营的步骤建立了绿色建筑运行性能提升技术体系，并梳理总结了四川省常用绿色建筑技术类型，通过研究可得出如下结论：

（1）研究建立了绿色建筑运行性能指标体系，该指标体系按照顶层评价、底层诊断，顶层建筑、底层设备的层次进行架构，从而实现了建筑性能评价与诊断指标的区分和相互指引，能够有效引导和全面反映建筑能源与环境系统运行性能。

（2）研究确定了各评价指标与诊断指标的量化评价值，特别针对空调系统典型工况和全年工况下的能源效率，研究了其量化评价值相对现行国标的提升幅度和合理性。

（3）研究提出了以底层诊断指标为性能提升具体措施，从诊断指标至评价指标实现建筑性能提升调适的思路，详细阐述了建筑性能调适流程，构建了建筑性能诊断和调适的方法。

（4）研究梳理了绿色建筑典型运行问题，针对能源与环境系统，构建了典型问题和对应解决方案的策略库。

（5）研究总结了四川省绿色建筑发展情况，并从设计和运营两个阶段对比分析了常用典型绿色建筑技术类型，结合标准对比总结了常用和不常用的技术，并对比分析了典型绿色建筑技术的特点。

5 预期社会经济效益分析及推广应用价值分析

5.1 经济效益

案例项目实践情况表明，研究建立的建筑性能调适技术体系切实有效，相对调适前，实现建筑运行能耗降低了 24.1%，达到了课题要求的能耗降低 20% 的目标。若本项目成果应用于我省 50% 的公共建筑，按建筑能耗降低 20% 计算，则每年可节约建筑能耗 66 亿千瓦时，折合年标准煤减排量 211.2 万吨，年 CO_2 减排量 546.4 万吨，年 SO_2 减排量 42.2 万吨，年粉尘减排量 21.1 万吨，节约建筑能耗运行费用约 60 亿元。

5.2 社会效益

（1）提升建筑能效，节约能源，缓解资源短缺。节约资源是我国国民经济的长期战略方针，是国民经济可持续发展的重要措施，但随着人民生活水平的提高，必然带动建筑能耗的增加，课题成果将显著降低建筑能耗，对推动建筑节能和资源保护意义重大。

（2）提升建筑品质，改善人居环境，打造大众可感知、共认可的绿色建筑。改变绿色建筑一直由政府主导，而非消费市场主导的局面，推动绿色建筑的市场化发展。

（3）推进建筑业可持续发展，绿色建筑的本质是可持续发展理念引入建筑领域的成果，绿色建筑质量提升必将引导市场的可持续发展，同时引导绿色建筑设计、施工、运营市场的技术服务能力提升，促进绿色建筑行业向高性能、可持续方向发展。

川西北高原藏区装配式农村住宅创新模型适宜性研究

1 研究背景

川西北高原位于中国四川省西北部的甘孜藏族自治州、阿坝藏族羌族自治州境内。四川藏族总人口达到140万，被誉为第二大藏区，主要包括嘉绒藏族（主要分布于红原县、马尔康市、黑水县、金川县、理县、丹巴县、小金县、汶川县、道孚县、康定市、宝兴县、天全县、木里藏族自治县等）和安多藏族。其民居的形态、建筑选材、建构技术和装饰装修等建筑元素，均彰显了民族特色，具有很强的地域属性和非复制性，成为当地的重要地方文化景观，研究价值十分突出。

该地区年均气温低，太阳能资源丰富。在当地严寒的气候背景下，建筑冬季室内气温低，居民舒适度差，室内热环境状况亟待提升。目前，已有众多学者开展了对川西北高原地区传统藏式民居室内热环境的研究工作，总结了该地区民居室内热环境存在的问题，并积极探索该地区传统建筑冬季室内热环境的优化手段。

本文基于川西北藏区的文化研究价值，综合分析嘉绒藏族和安多藏族民居的传统民居特点，充分利用可再生资源改善室内热环境，运用适宜气候的生态建筑技术来营造舒适的室内热环境是民居保护和更新发展中不可或缺的一环，同时也是农村建筑节能减排的重要课题之一。

2 研究内容

川西北高原是仅次于西藏地区的第二大藏族聚居区，属寒带气候。对该地区的研究有限，主要集中在聚落规划、村落结构、宗教文化建筑、服饰特色、建筑形态、建设模式等方面。

2.1 川西北高原传统藏式民居建筑现状研究

结合相关文献和前期的调研分析，川西北嘉绒藏式村落类型各具特色，按照平面布局形态可分类为：网格型村落、带型村落、向心型村落和组团型村落（图3-3）。本文选择了四川省甘孜州丹巴县巴底镇的邛山二村（图3-4）和川西北高原阿坝县阿坝镇的安多藏区四洼乡（图3-5）的典型传统民居进行了相应的调研和测绘研究。

西索民居——带型

松岗村——聚居型

直波村——山腰缓坡型　　　　　　　　　　甲居村——组团型

图 3-3　平面布局形态

图 3-4　甘孜州丹巴县巴底镇邛山二村航拍图

图 3-5　阿坝州阿坝县四洼乡四洼村实景图

川西北高原传统藏式民居建筑形态特征包括功能布局特征、建筑风貌特征等。

2.1.1　功能布局特征

川西北高原地区的传统藏式民居多分为地上和地下两部分。从空间使用的角度看，地下部分一般仅一层，通常用于饲养牲畜及储藏；地上部分多为 3 层，第一层常为会客厅、起居室等主要功能区，第二层会设置卧室、储藏间等，第三层一般设置一间与一般房间大小相同的瞭望塔。此外，每家基本都会划分一定的空间设置为经堂。

2.1.2　建筑风貌特征

当地多选用石材、木材、黏土作为主要建筑建造材料。其外墙多饰为白色或黄色。建筑屋顶四边砌有阳角。除院落大门外，建筑内外门基本采用木门。南向窗户数量较多，北墙、东墙和西墙立面窗户数量少（图 3-6）。

图 3-6　邛山二村与四洼村传统民居风貌

2.1.3　建筑朝向

建筑朝向与太阳辐射得热息息相关。通过调研得知当地民居是依自然地形建造而成，或以农田环绕四周，或建在缓坡之上，或以藏碉和寺庙为中心（图 3-7）。

图 3-7　川西北高原藏式民居布局

　　根据 Weather Tool 软件分析，甘孜州建筑的最佳朝向为南偏西 10°，阿坝地区建筑的最佳朝向为南偏东 20°（图 3-8）。

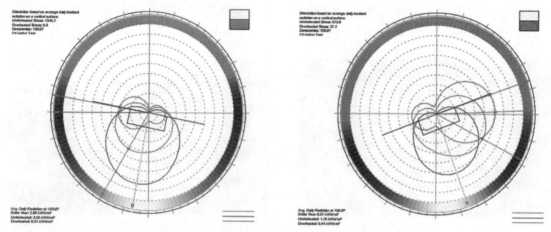

图 3-8　甘孜州、阿坝州建筑最佳朝向（Weather Tool）

　　川西北嘉绒藏式民居多为 3 ~ 4 层，其平面造型包括了一字形、L 形、凹形和回形四种，如图 3-9 所示。安多藏式民居多为集中式布置，层数为 3 ~ 4 层。

<table>
<tr><td>西索一形</td><td>直波村 L 形</td></tr>
<tr><td>甲居村凹形</td><td>甲居村回形</td></tr>
</table>

图 3-9　建筑平面造型

2.1.4　建筑围护结构及热工性能

川西北嘉绒藏式民居多为石木结构，外墙则采用石材和黄土砌墙，基本无保温材料，石材的导热系数也大，保温效果较差，主要靠增加墙体的厚度来保温，墙厚 0.5 ~ 1 m。安多藏区民居围护结构多为夯土墙，墙厚 0.5 ~ 1 m。同时，传统藏式民居的外窗采用单层木框窗，通过窗户部分的室内热损失量过大。

2.1.5 建筑采暖

川西北藏式民居，冬季常见的是烧柴薪取暖（图 3-10），经济条件稍好的则使用电炉采暖。根据相关研究表明：尽管 63.03% 的用户仍在使用烧柴炉子取暖，但这种采暖措施已不能完全满足热舒适性的要求，同时也会破坏环境。

图 3-10　川西北传统藏式民居常见采暖方式

2.2 川西北高原传统藏式民居冬季室内热环境现状研究

本项目分别在 2017 年和 2018 年的最冷月对川西北高原藏式村落邛山二村和阿坝县四洼乡四洼村进行了实地调研和实测。

2.2.1 邛山二村冬季热感受问卷调查分析：

问卷调研时间为 2018 年 1 月 17 日，问卷内容包含受访者着装情况统计、当前热感受、热期望等内容。调查问卷结果主要利用 SPSS 软件进行统计和分析（图 3-11 ~ 图 3-15）。

1. 受访者基本情况

受访人群中女性与男性比例在 3：2 左右。受访人群中中老年人占 8 成以上。其中，老年人（60 岁以上）占 46.94%，中年人（45 ~ 59 岁）占 44.9%，青年人（19 ~ 44 岁）和青少年（15 ~ 18 岁）所占比例均为 4.08%。受访者基本信息分析如图 3-11 所示。

2. 受访者冬季着装特征

通过走访，发现当地中老年女性居民偏好穿民族服饰，男性和年轻人则普遍穿着羽绒服、棉衣等常规冬季服装，老年居民多会戴帽子。居民上装多为 3 ~ 4 件，下装多为 3 件。该地区居民冬季着重的服装热阻较高，加厚着装是其应对当地寒冷气候的重要方式。

3. 受访者冬季主动热适应行为

通过走访和问卷调查，了解到当地居民在冬季普遍通过增减衣物以适应气温变化，而在主动采暖方式的选取上，居民基本都会采用电火炉取暖，部分居民会使用电热毯，少数老年人还会选择使用热水瓶取暖（图 3-12）。

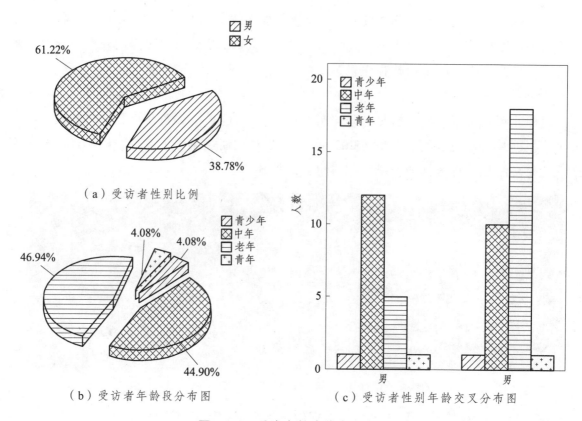

（a）受访者性别比例

（b）受访者年龄段分布图

（c）受访者性别年龄交叉分布图

图 3-11　受访者基本信息分析

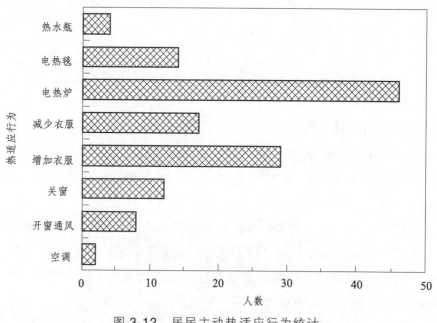

图 3-12　居民主动热适应行为统计

居民室内热环境统计和分析见表 3-1 ～ 表 3-4、图 3-13 ～ 图 3-15。

表 3-1 居民室内热感受统计参数

当前热感受					
温度		湿度		风速	
很热	+3	很潮湿	+3	风很大	+3
温暖	+2	潮湿	+2	有风	+2
稍暖	+1	有点潮湿	+1	有点风	+1
一般	0	一般	0	一般	0
稍冷	−1	有点干燥	−1	有点闷	−1
冷	−2	干燥	−2	闷	−2
非常冷	−3	非常干燥	−3	非常闷	−3

表 3-2 居民当前热感受描述统计值

	样本数量	最小值	最大值	平均值	标准差
温度	49	−3	2	−0.08	0.862
湿度	49	−1	1	0	0.204
风速	49	0	3	0.16	0.514

表 3-3 居民热期望统计参数

当前热感受					
温度		湿度		气流	
更热一点	+1	更潮湿一点	+1	风再大一点	+1
维持现状	0	维持现状	0	维持现状	0
更冷一点	−1	更干燥一点	−1	风再小一点	−1

表 3-4 居民热环境期待描述统计值

项目	样本数量	最小值	最大值	平均值	标准差
温度	49	−1	1	0.59	0.537
湿度	49	−1	1	−0.04	0.286
气流	49	−1	0	−0.31	0.466

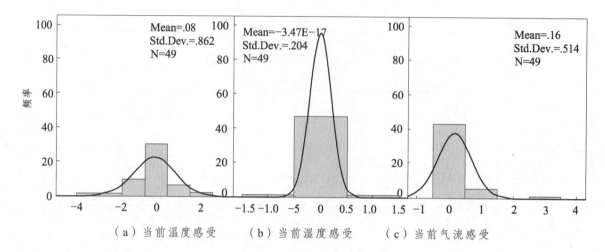

（a）当前温度感受　　（b）当前湿度感受　　（c）当前气流感受

图 3-13　居民热感受直方图

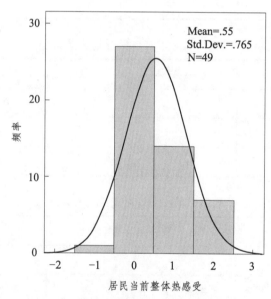

图 3-14　居民当前热环境总体满意度

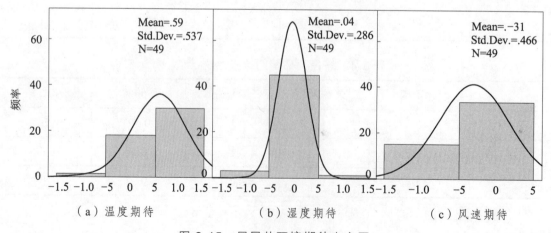

（a）温度期待　　　　（b）湿度期待　　　　（c）风速期待

图 3-15　居民热环境期待直方图

2.2.2 川西北高原藏式村落邛山二村实测分析

实测的客厅平均气温较室外高约 4.2℃，而相较于未采取采暖措施的卧室，客厅整体温度更高，其平均值高约 3.1℃。相较于室外气温，客厅温度波动更低，其最高气温出现在空调开启时段，但在早晨空调关闭后，其降温速度快，室温稳定在 8 ~ 10 ℃（表 3-5、图 3-16 ~ 图 3-19）。

表 3-5 实测设备参数

设备名称	测量参数	有效范围	精度	间隔	记录方式
Testo175 数据记录仪	空气温度	−20 ~ 50 ℃	±0.4 ℃	10 min	自动
	空气湿度	0 ~ 100%	±2%RH	10 min	自动
Testo830 红外线测温仪	壁面温度	0.1 ~ 400 ℃ −30 ~ 0 ℃	±1.5 ℃ ±2 ℃	30 min	手动
JTNT-A/C 多通道温度热流测试仪	壁面温度	−20 ~ 85 ℃	±0.5 ℃	15 min	自动
JTDL-四通道热环境测试仪	太阳辐射	0 ~ 10 kW/m²	0.1 W/m²	15 min	手动

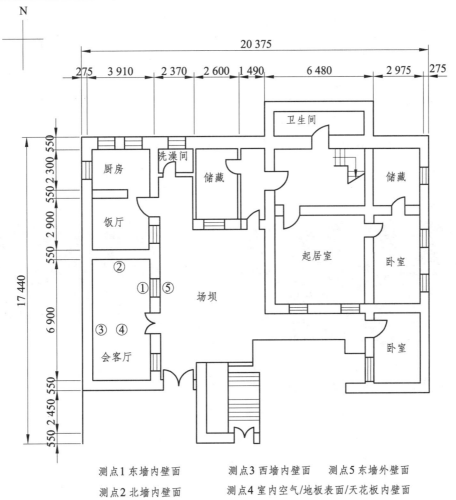

测点1 东墙内壁面　　　　测点3 西墙内壁面　　　测点5 东墙外壁面

测点2 北墙内壁面　　　　测点4 室内空气/地板表面/天花板内壁面

（a）一层平面图

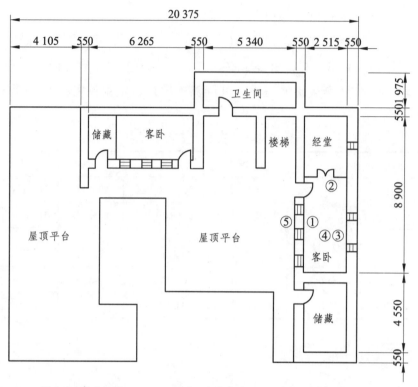

测点1 西墙内壁面　　　测点3 东墙内壁面　　测点5 西墙外壁面

测点2 北墙内壁面　　　测点4 室内空气/地板表面/天花板内壁面

（b）二层平面图

图 3-16　案例建筑平面图及测点布置（单位：mm）

（a）JTNT-A/C 多通道温度热流测试仪　　　（b）JTDL-四通道热环境测试仪及建筑测绘

图 3-17　邛山二村实地调研工作照片

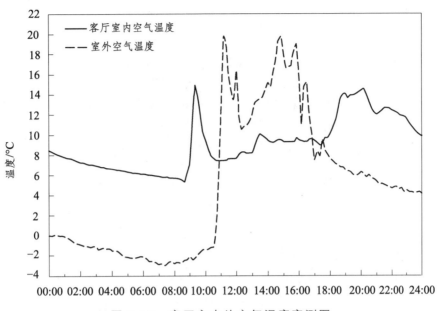

图 3-18　客厅室内外空气温度实测图

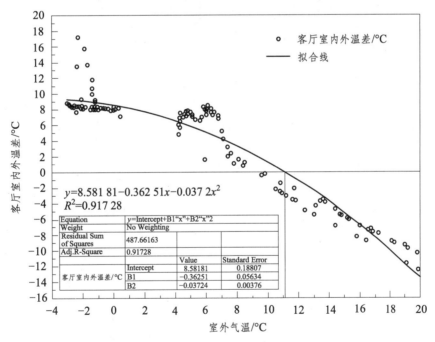

图 3-19　客厅室内外温差与室外气温关系图

2.2.3　川西北高原藏式村落四洼乡四洼村实测分析

室外空气温度越低，室内外温差越大，说明在外部极低温的环境下，厚重的夯土墙作为建筑外墙具有较好的保温隔热性能，有效地抑制了室内空气温度的波动，但室内空气温度仍旧较低，人体的热舒适感受较差（图 3-20 ~ 图 3-23）。

图 3-20　案例建筑实景图

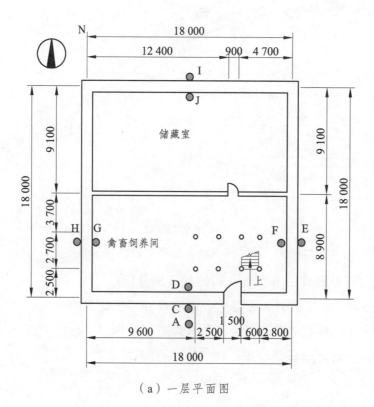

（a）一层平面图

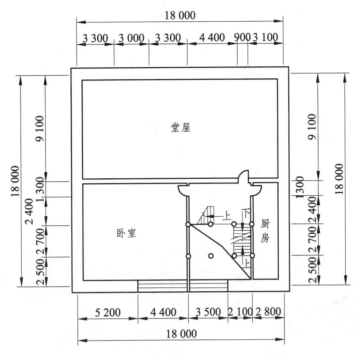

（b）二层平面图

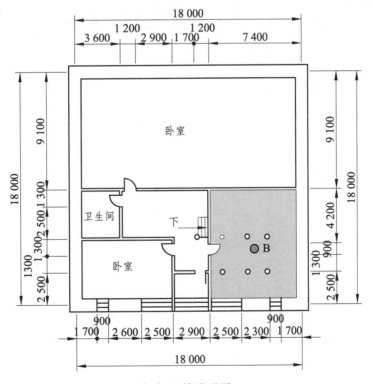

（c）三层平面图

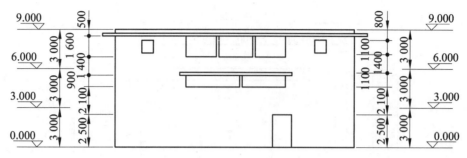

（d）正立面图

图 3-21　案例建筑测绘图及测点布置（单位：mm；标高单位：m）

A/B：室内外测点；C-J：壁面测点。

图 3-22　实地调研工作照片

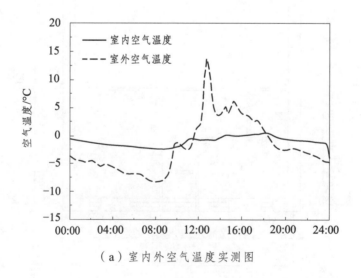

（a）室内外空气温度实测图

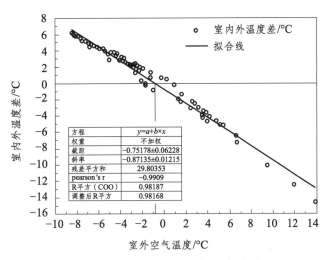

（b）室内外温差与室外空气温度关系图

图 3-23　经堂室内外空气温度实测数据对比分析

2.3　川西北高原传统藏式民居优化策略数值模拟研究

本文选择 EnergyPlus 作为能源模拟软件进行数值模拟，选取实测房间的实测数据与模拟数据进行对比分析。数值模拟结果是理想条件下的数据，实测值和模拟值的趋势一致，误差在可接受范围内，如表 3-6 和表 3-7、图 3-24 ~ 图 3-26 所示。

表 3-6　建筑构造材料热工参数

构造名称	构造材料	厚度 d/mm	干密度 ρ_0/（kg/m³）	导热系数 λ/（W/m·K）	比热容 C/（kJ/kg·K）
外墙	黏土	1 000	1 800	0.93	1.01
内墙 1	木板	200	500	0.14	2.51
内墙 2	水泥砂浆抹灰	20	1 800	0.93	1.05
	黏土	160	1 200	0.47	1.01
	水泥砂浆抹灰	20	1 800	0.93	1.05
屋顶	黏土	160	1 200	0.47	1.01
	木板	100	500	0.14	2.51
楼板	木板	200	500	0.14	2.51

表 3-7　建筑构造材料热物理属性

构造名称	构造材料及厚度	计算参数		
		导热系数 λ/（W/m·K）	比热容 C/（kJ/kg·K）	干密度 ρ_0/（kg/m³）
外墙	20 mm 水泥砂浆抹灰	0.93	1.05	1 800
	500 mm 石材	3.49	0.92	2 800
	20 mm 石灰水泥砂浆抹灰	0.87	1.05	1 700

续表

构造名称	构造材料及厚度	计算参数		
		导热系数 λ/（W/m·K）	比热容 C/（kJ/kg·K）	干密度 ρ_0/（kg/m³）
内隔墙	20 mm 石灰水泥砂浆抹灰	0.87	1.05	1 700
	500 mm 黏土墙	0.47	1.01	1 200
	20 mm 石灰水泥砂浆抹灰	0.87	1.05	1 700
屋面	160 mm 黏土板	0.47	1.01	1 200
	20 mm 水泥砂浆抹灰	0.93	1.05	1 800
楼面	20 mm 石灰水泥砂浆抹灰	0.87	1.05	1 700
	吊顶	0.33	1.05	1 050
	空气间层	热阻 0.18 m²·K/W		
	160 mm 黏土板	0.47	1.01	1 200
	20 mm 水泥砂浆抹灰	0.93	1.05	1 800

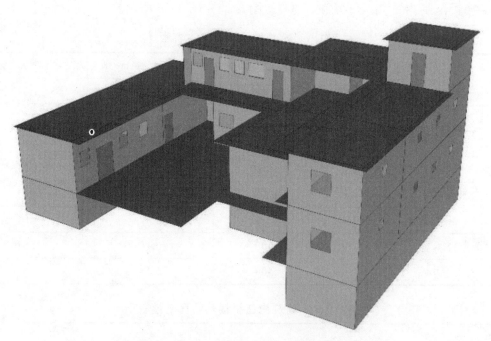

图 3-24　邛山二村建筑模型示意图（自绘）

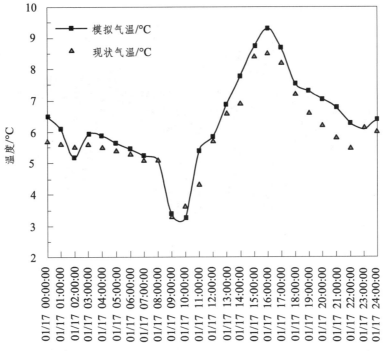

图 3-25　邛山二村客卧室模拟结果与实测值对比（自绘）

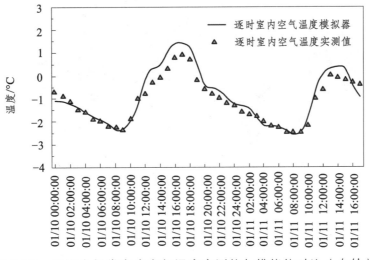

图 3-26　四洼乡经堂室内空气温度实测值与模拟值对比（自绘）

2.4　川西北嘉绒藏式民居的室内热环境优化策略研究

2.4.1　川西北高原藏式村落邛山二村

本部分探讨了两种太阳房的设置方式对建筑室内热环境的影响。工况 1（图 3-27）是在起居室的外走廊设置附加日光间，并在起居室南向墙设置通风口，根据走廊宽度，附加日光间宽度设置为 1.2 m。工况 2（图 3-28）则是在工况 1 的基础上，在客卧西侧晒坝设置附加日光间，附加日光间宽度为 1.2 m。

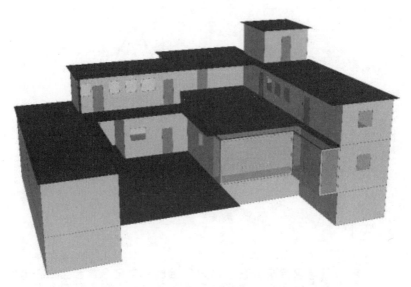

图 3-27　附加日光间示意图（工况 1）

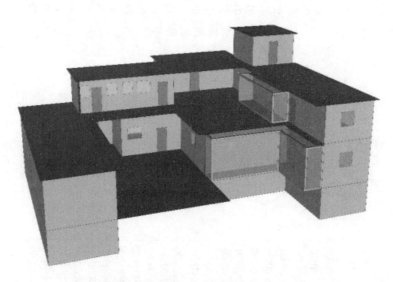

图 3-28　附加日光间示意图（工况 2）

利用数值模拟手段，采用建筑能源仿真软件 EnergyPlus 分析，主要结论如下：被动式太阳房的利用是提高建筑室内气温的有效手段。设置附加日光间，相邻房间室内气温可提升 4 ~ 10 ℃（图 3-29）。

2.4.2　川西北高原藏式村落四洼乡四洼村

本文选择案例建筑的南壁面设置特朗勃墙（表 3-8），由 EnergyPlus 构建现有建筑和特朗勃墙的计算模型（图 3-30），根据案例建筑中南向房间的使用功能和使用频率，结合特朗勃墙的安装位置，选择了二楼南向的主卧室作为研究对象。

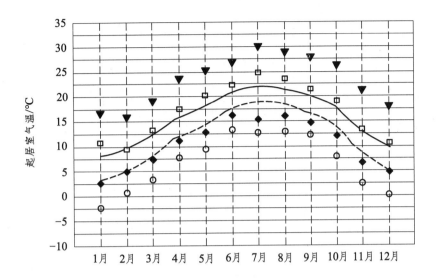

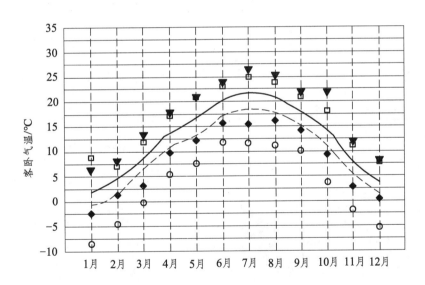

图 3-29 附加日光间对典型房间室内气温的影响

表 3-8　特朗勃墙材料特性

材料特性	双层玻璃	空腔间隙 $R=0.21$ m²·K/W	蓄热墙面黑色涂层
密度 / (kg/m³)	—	—	600
比热容 / (J/kg·K)	—	—	100
导热系数 / (W/m·K)	1.07	28.5	0.16
太阳能得热系数	0.739	—	—
可见光透过率	0.752	—	—
厚度 /mm	6		10
U 值 / (W/m²·k)	1.77	4.75	0.16

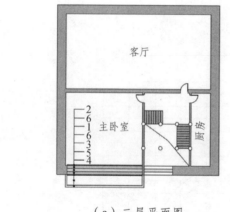

（a）二层平面图

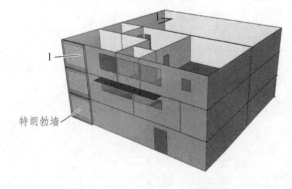

（b）EnergyPlus 建立的数值模型

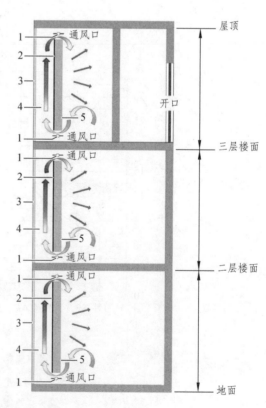

（c）1—1 剖面图

1—通风口；2—黑色涂层；3—玻璃；4—空腔间隙；5—蓄热墙。

图 3-30　带有特朗勃墙的 EnergyPlus 数值模型

利用 EnergyPlus 软件结合正交试验进行分析，主要结论如下：

根据正交试验结果得到最优参数组合，即特朗勃墙南向面积比、通风口高度、特朗勃墙玻璃与垂直墙面的夹角、蓄热墙厚度、蓄热墙材料、空腔间隙厚度分别为 55%、500 mm、0°、400 mm、夯土墙、100 mm，而在 6 个因素中，只有特朗勃墙南向面积比及特朗勃墙玻璃与垂直墙面的夹角对室内热环境的影响非常显著。

3　关键研究路径

研究技术路线如图 3-31 所示。嘉绒藏区及安多藏区民居室内热环境优化策略技术路线如图 3-32 所示。

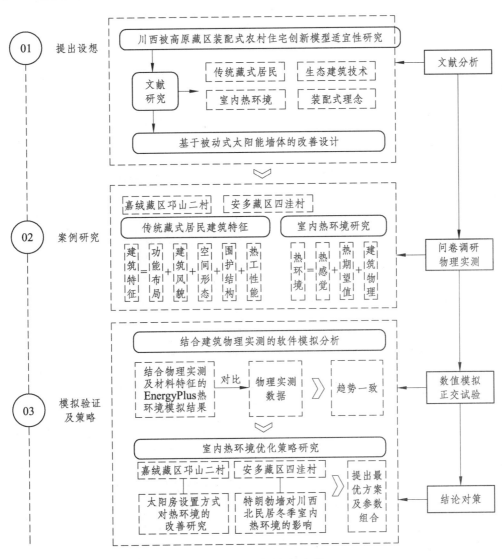

图 3-31　研究技术路线

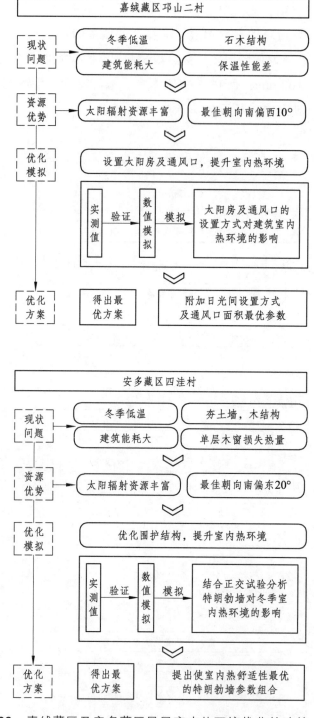

图 3-32　嘉绒藏区及安多藏区民居室内热环境优化策略技术路线

4　创新性及研究成果

4.1　创新性

（1）结合川西北藏区气候条件，首次提出了本地区太阳能特朗勃墙应用最优解和各参数影响因素权重排序，为指导本地区传统藏式民居的设计提供了理论支撑。

（2）把装配式理念融入民居建设，提出了一种装配式抗震节能藏式民居体系，为本地区的乡村振兴建设提供了理论和技术参考。

4.2　研究成果

4.2.1　发表论文（3 篇）

① L. Zhang, Y. Hou, Z. Liu, J. Du, L. Xu, G. Zhang, L. Shi, Trombe wall for a residential building in Sichuan-Tibet alpine valley – A case study, Renew. Energy. 156 (2020)31–46. https://doi.org/10.1016/j.renene.2020.04.067. SCI/EI, TOP 期刊.

② Lili Zhang, Yan Yu, Jiawen Hou, Xi Meng, Qian Wang. Field Research on The Summer Thermal Environment of Traditional Folk Tibetan-style Houses in Northwest Sichuan Plateau, Procedia Engineering, 205(2017)438–445. EI 收录.

③ Lili Zhang, Jiawen Hou, YanYu, Junfei Du, Xi Meng, Qin He. Numerical simulation of outdoor wind environment of typical traditional village in the northeastern Sichuan Basin. Procedia Engineering, 205(2017)923–929. EI 收录.

4.2.2　专利（6 项）

① 一种适用于藏式民居的采光通风一体化结构，ZL202120278933.2，实用新型，张丽丽，第一完成人，授权日期：2021-11-09。

② 一种适用于民居的屋顶采光结构，ZL202120278929.6，实用新型，张丽丽，第一完成人，授权日期：2021-11-05。

③ 一种玻璃可拆卸的特朗勃墙窗框结构以及窗户，ZL201921859338.7，实用新型，张丽丽，第一完成人，授权日期：2020-07-17。

④ 一种装配式抗震节能藏式民居体系，ZL201720805611.2，实用新型，张丽丽，第一完成人，授权日期：2018-03-02。

⑤ 一种双面墙块及其用于墙面绿化的方法，ZL201510030868.0，发明专利，张丽丽，第一完成人，授权日期：2017-03-15。

⑥ 一种太阳能辅热式卵石床蓄热装置，ZL201620078408.5，实用新型，张丽丽，第一完成人，授权日期：2016-06-15。

5　预期社会经济效益分析及推广应用价值分析

本项目研究可为当地藏族村民提供可供选择的围护结构以及新型低碳环保结构材料选择、太阳能的使用，进而减少能源的消耗带来直接的经济效益，为农宅的造价控制提供参考依据，节约资源，节约财力、人力和物力，具有直接经济效益。

通过充分利用太阳能，采用保温隔热的建筑围护结构，增加采光及通风面积等措施以减少采暖和空调的使用，以降低建筑能耗，具有较高的环境效益。

项目实施后，将极大地凝练川西北高原藏式农村住宅建筑创新模型设计理念，有针对性地提高藏式农村居住建筑的设计水平，改善居民居住生活水平，提高当地藏民参与建造、管理的能力，极大地促进社会安全和民族团结。改善区域内的生态环境及藏族的生活和发展环境，促进藏式新型建筑模型的推广建设，对四川乃至全国绿色农房建设均有较好的示范作用，其社会效益显著。

川西地区现代绿色藏式民居建筑成套建造技术研究

1 研究背景

根据《四川省人民政府"十三五"藏区新居规划》《甘孜州"十三五"易地扶贫搬迁规划》，2018—2020 年，仅甘孜州就需实施藏区新居（农村危房改造）24 796 户、易地扶贫搬迁 25 761 户。其中，易地扶贫搬迁以建档立卡贫困农户人均住房面积不超过 25 m² 测算，需新建总建筑面积 64.4 万平方米，若继续采用传统木结构建筑建造方式，将消耗本地木材资源 45.08 万 ~ 77.28 万立方米；藏区新居以每户住房面积 300 m² 测算，需新建总建筑面积 743.88 万平方米，若继续采用传统木结构建筑建造方式，将消耗本土木材 520.72 万 ~ 892.66 万立方米，需砍伐 360 万 ~ 620 万棵直径 500 mm 的成年老树。由此可见，推广现代绿色藏式民居建筑，能有效化解传统木结构建筑耗费大量本土木材资源与生态保护之间的矛盾问题，力促川西地区绿色节能新型建筑推广，最终实现生态与经济双赢。

目前，仍沿用的传统木结构建筑建造模式，其固有缺陷成为当地建筑业发展瓶颈，且不符合节能型社会要求。现代绿色藏式民居建筑可以实现建造工厂化、生产标准化、现场装配化，引进和实施新型结构体系、新型建材生产，努力培育成当地建筑行业新的增长点，不但有助于解决传统木结构建筑普遍存在的热桥、防火、防腐、抗震性能差等通病，而且能满足藏区人民对居住品质日益增长的需求，有利于保护环境和节约能源，对川西地区同步全面建成小康社会具有重大意义。

针对川西地区城镇化进程所面临的土地资源匮乏、建筑能耗剧增、建筑趋同性日益明显和传统建筑文化失传等问题，重点研究川西地区现代绿色藏式民居建筑成套建造技术，开展生态地质环境及民族文化影响下的绿色建筑成套建造技术的集成与示范，探索适应川西地区特殊生态地质环境以及传统文化氛围的绿色建筑发展技术，为我省绿色建筑技术开发应用提供科技支撑。本项目的顺利实施将有效推动新型建材替代传统木结构的建房改革工作顺利进行。在提升川西藏区居民建筑建设质量的同时，为川西地区的生态环境保护及可持续发展提供技术支持，以到达良好的经济效益和社会效益。

2 研究内容

（1）新型装配式钢结构替代传统木结构承重体系应用技术研究。

（2）对新型藏式民居建筑的构件力学性能以及抗震性能进行理论分析及试验研究。

（3）对新型建材围护体系及改良传统材料围护体系的物理力学指标及热工性能进行研究。

（4）对现代绿色藏式民居建筑施工建造方式进行研究。

（5）研究新型藏式民居现场施工质量检测评定方法。

（6）将研究成果形成成套技术应用于川西地区现代绿色藏式民居建筑试点建设项目。

3 关键研究路径

遵循国际发展趋势，绿色化、工业化是建筑产业发展的必然，针对现代绿色藏式民居建筑，从绿色建材、抗震结构体系、绿色建造方式、清洁能源的利用等方面统筹考虑，研究其成套建造技术。

（1）采用实地调查及理论分析的方法，研究适合川西地区建设的现代绿色藏式民居建筑主体结构形式；以当地传统围护墙体系的材料及做法为基础，通过调查、试验、分析，研究适应高烈度高寒区的改良围护体系构造及施工技术。

（2）调研不同区域藏式建筑风貌特点，研究如何基于新型建材体现民族建筑风貌。

（3）采用理论分析及试验研究的方法，保障现代绿色藏式民居建筑具有良好的抗震性能及承载能力。

（4）基于现代检测技术，研究新型藏式民居现场施工质量检测评定方法分析，以保证现代绿色藏式民居建筑安全舒适。

（5）将研究成果提炼升华为成套建造技术，应用于川西地区现代绿色藏式民居建筑试点建设项目。

4 创新性及研究成果

（1）解决新型建筑材料在川西高寒地区的适应性问题。
（2）对传统藏式民居中生土墙及片石砌体围护进行技术改良。
（3）解决新型建材在藏式民居建设中建筑风貌保存问题。
（4）提出新型装配式钢结构替代传统木结构承重体系解决方案。
（5）提出新型建材围护体系及改良传统材料围护体系的物理力学及热工性能指标。
（6）提出新型藏式民居施工质量检测评定方法。

5 预期社会经济效益分析及推广应用价值分析

5.1 经济效益

本项目提出的各项研究内容涉及现代绿色藏式民居建筑成套建造技术，符合政策导向以及生态环保要求，所开发的成套建造新技术，集成了近年来建筑材料和建筑技术的最新成果，并且体现了未来绿色民族建筑的发展方向。科研成果可以成为提升川西地区民族建筑建设质量以及人居环境品质，推动川西建筑产业链的形成并逐步建立川西地区新的产业经济的增长点。本项目具有完整的自主知识产权，有很高的成果转化显示度，经济效益十分明显。

5.2 社会效益

长期的伐木建房造成了川西地区严重的水土流失、次生地质灾害等生态问题，本项目研究的现代绿色藏式民居建筑采用新型建材作为民居建造材料，有效地避免了多森林资源的过度需求，据初步测算将节约本土建房木材 520.7 万～892.66 万立方米，保护 360 万～

620 万棵直径 500 mm 的成年老树。由此可见，推广现代绿色藏式民居建筑，能有效化解传统木结构建筑耗费大量本土木材资源与生态保护之间的矛盾问题，力促川西地区绿色节能新型建筑推广，最终实现生态与经济双赢。

光伏建筑一体化（BIPV）产品

1　研究背景

追求绿色建筑零能耗是大势所趋，而节能建筑的最高形态是零耗能被动式建筑和正能源建筑，也就是建筑物的能耗能够靠自身生产的能量相抵消，甚至自身生产的能量多于建筑物的能耗。光伏建筑一体化（BIPV）产品是一种新型的建筑材料，它利用了建筑自身吸收光照产生电力，解决了建筑用电问题，且日照强时恰好是用电高峰期，具有极大的经济效益和社会效益，是我国重点支持的光伏应用方向。2020 年，国家发改委和工信部在多个指导性和方向性的文件中均明确地指出光伏建筑一体化是新能源发展的主要方向之一。

光伏建筑一体化（BIPV）是光伏方阵与建筑的集成，作为建筑的围护结构，能满足建筑的保温隔热、安全、采光、美观等要求，同时作为发电组件能吸收光照产生电能，解决建筑的能耗问题。

目前传统的光伏产品主要应用于地面电站，用在建筑上还存在很多问题。传统晶硅光伏组件用在 BIPV 产品上存在主要问题有：

（1）弱光效应差，在 BIPV 项目中，组件接收光照的角度往往不好，无法达到最佳的光照条件，组件的转换效率会相应降低。以我国南方某城市为例，晶硅光伏组件即使安装在建筑上正朝南的位置，光电转换效率也只有最佳效率的 59% 左右。

（2）不透光，不满足建筑采光需求。建筑物本身对自然光线都有必要的需求，自然而然地会提高对 BIPV 组件透光率的要求。晶硅电池的透光率低，想要改善组件的透光性只能通过降低电池片的排布密度，而降低电池片的排布密度势必会使得组件功率减小。

（3）不能满足建筑美学的要求。生产晶硅电池片过程中会产生色差，将其封装加工成 BIPV 组件后，晶硅电池的色差会严重影响 BIPV 组件的美观性。即使通过分选将颜色相近的电池片封装在同一块组件中，电池片的颜色决定晶硅组件主要是深蓝、浅蓝等蓝色系色彩，比较单调，无法满足 BIPV 建筑对色彩的多样化需求。

（4）温度系数大，单晶硅、多晶硅太阳能电池的输出特性的温度系数，随着温度而变化，应用在 BIPV 项目中，随着温度升高，开路电压变小而短路电流增大，导致电池转换效率降低。

而碲化镉发电玻璃具备以下优点：

（1）弱光性发电性能好，对安装角度的要求不强，因为碲化镉薄膜对漫反射光吸收利用良好，所以安装角度要求比晶硅低，立面安装相对最佳倾角安装发电量低 30% 左右。

（2）具备颜色可调整的优势，建筑一体化完美结合，可以根据建筑需要生产出相应颜色的组件，使建筑具有丰富的艺术表现力，同时适应于不同的建筑风格。

（3）发电量大，相对其他技术，在炎热、潮湿环境中发电性能优势突出。

（4）有更好的透光性，可以很好地满足对组件透光率的要求，根据建筑采光需求制作出不同透光率组件。

（5）温度系数低，高温下衰减低，因此更适合应用在 BIPV 项目上。

（6）安全性高，热斑效应小，产品使用更安全。

（7）使用寿命长，衰减低，根据美国能源部公布的碲化镉发电玻璃电站的实测数据，其 30 年衰减率≤12%。

碲化镉与晶硅性能对比如图 3-33～图 3-36 所示。

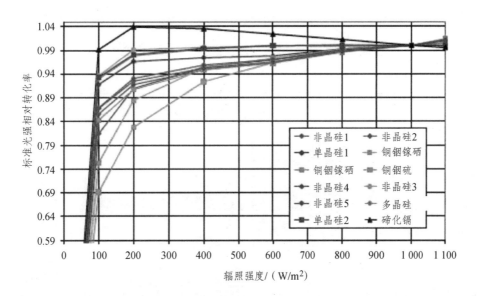

图 3-33 碲化镉弱光发电最强（引自德国莱茵 TUV 集团欧洲光伏大会学术报告）

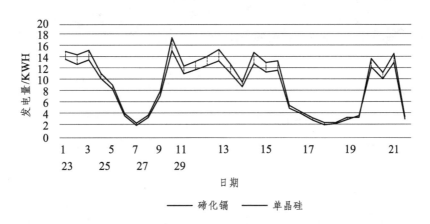

图 3-34 碲化镉与晶硅发电量对比（引自安徽皖能集团对比电站数据）

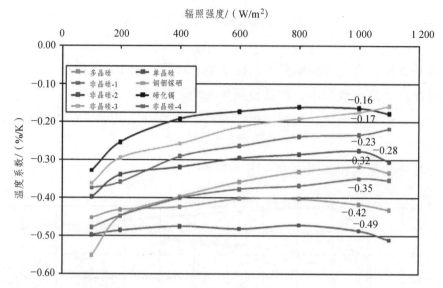

图 3-35 碲化镉温度损失最小（引自德国莱茵 TUV 集团欧洲光伏大会学术报告）

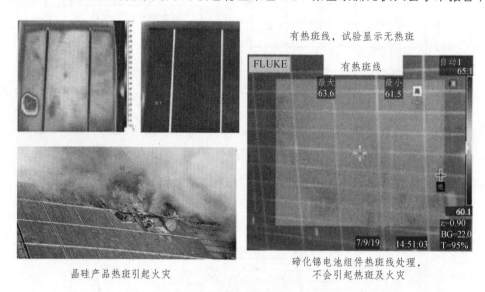

图 3-36 防火安全性能对比

碲化镉发电玻璃是一种典型的玻璃基发电产品，具有美观、节能、环保等优点，且双玻夹胶结构或三玻夹胶结构的强度可以达到较高安全标准，可替代传统建筑玻璃，同时隔热性、隔音性优异，防火等级高，可利用日常光照，产生电量，是一种十分有潜力的 BIPV 产品。

2 研究内容

碲化镉发电玻璃替代建筑材料，需要满足结构安全、电气安全、防火安全、节能等方面要求。

2.1 结构安全要求

碲化镉发电玻璃用作建筑材料，其结构必须满足 GB 29551—2013《建筑用太阳能光伏夹层玻璃》的相关规定。

2.2　电气、防火安全要求

碲化镉发电玻璃用作建筑材料，其结构必须符合 IEC 61730—1：2016《光伏（PV）组件安全认证　第1部分：结构要求》的相关规定，以保证在产品预期的使用期内提供安全的电气和机械运行。

2.3　节能环保要求

碲化镉发电玻璃用作建筑材料，需符合 GB 55015—2021《建筑节能与可再生能源利用通用规范》相关节能环保的要求。

本项目根据 BIPV 市场对发电玻璃产品提出的要求，开发了一种采用"三明治"结构的彩色三叠层碲化镉发电玻璃产品，保障其结构安全、电气防火等均满足相关要求。利用盖板玻璃的可变性，实现外观的变化，解决了双玻碲化镉发电玻璃结构安全性差、颜色外观单一、隔热隔音性能较差的问题；在工艺技术方面解决了大面积三叠层碲化镉发电玻璃夹胶过程易出现碎片，玻璃边缘、封装材料界面及引流铜带附近容易出现气泡的技术难题，极大提升产品良率。

3　关键研究路径

3.1　产品研发

本课题的产品研发技术难点主要有：

（1）产品的结构强度不足的问题。

（2）产品色彩单一问题。

（3）产品外观图案单一问题。

（4）高强度三叠层产品封装气泡多，玻璃易碎的问题。

针对以上的技术难题，项目团队运用"模拟—测试验证—产品试制—工业应用优化"的技术路线，攻克和解决了以下的技术和产品问题。

3.1.1　高强度碲化镉发电玻璃

关键技术一：提升碲化镉发电玻璃抗压性能；

关键技术二：提升发电玻璃的抗冲击性能。

3.1.2　面板玻璃与发电玻璃的美学设计

关键技术一：高温釉/UV 彩印产品的色彩表现；

关键技术二：高功率保持产品的设计。

3.1.3　三叠层碲化镉发电玻璃成套封装技术

关键技术一：PVB+丁基胶封装技术；

关键技术二：高质量三叠层单面加热层压技术。

3.2　产品配套工程项目

3.2.1　结构设计

碲化镉发电玻璃用作建筑材料，其结构设计须满足"2 研究内容"中的相关规定，本课题设计的产品结构为：一种三玻双夹胶的碲化镉发电玻璃，产品结构强度高，同时采用点图案印刷玻璃结合抗热斑设计的三叠层产品，使其兼具建筑美观需求和发电性能。

碲化镉发电玻璃应用在幕墙、车棚、采光顶、阳光房等建筑上，主要采用框式安装方式，如图 3-37 所示。采用副框发电玻璃，通过压块固定到钢构上，玻璃之间缝隙采用硅酮密封胶填充密封。

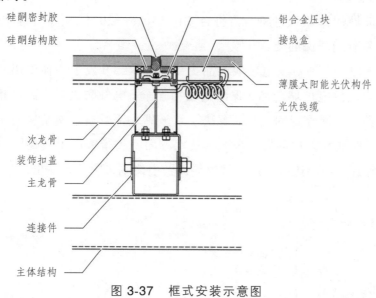

图 3-37　框式安装示意图

3.2.2　电气设计

碲化镉发电玻璃作为发电系统电气部件，不正确的接线可能会损坏产品，导致质保失效，甚至引发触电、火灾等事故。用在建筑上的接线设计应按照当地法规、标准，结合发电系统中逆变器、汇流箱（盒）、电缆等设备材料参数和当地辐照、气温等因素，由光伏新能源电气设计资质单位进行系统化设计，并由光伏新能源施工资质单位按照国家标准、设计文件进行电气施工。本产品按照《光伏发电站设计规定》GB 50797—2012 的相关规定设计电气。

4　创新性及研究成果

本项目开发的一种三玻双夹胶的彩色三叠层碲化镉发电玻璃，所取得的创新点主要有：

4.1　提高了产品结构强度

本项目研发的三玻双夹胶的彩色三叠层碲化镉发电玻璃，产品强度高，满足 GB 29551 标准的要求，如表 3-9 所示。

表 3-9　三玻双夹胶的彩色三叠层碲化镉发电玻璃测试结果

机械载荷测试	2 400 Pa	5 400 Pa	7 200 Pa
	通过	通过	通过
耐落球冲击	1 500 cm 破碎		
霰弹冲击	120 cm 10 次无破碎		
冰雹测试	通过		

4.2　电气、防火性能

本项目研发的三玻双夹胶的碲化镉发电玻璃，安全性能高、热斑效应小、使用安全，根据 IEC 61215—2 中所规定的测试导则，项目产品均可以通过紫外老化 60 h，高低温（-40 ℃ 至 85 ℃）200 次循环，湿热（85 ℃+相对湿度 85%）1 000 h 的测试。其电气、防火等性能均符合 IEC 61215 和 IEC 61730 的标准，并已通过了 CCC、CE、莱茵等认证。

4.3　节能环保性能

本项目设计的彩色三玻碲化镉发电玻璃，在兼具彩色美观的同时通过特殊工艺设计保留了产品发电能力，保证应用本产品的建筑符合《建筑节能与可再生能源利用通用规范》GB 55015—2021 相关节能环保的要求，使其充分利用可再生能源，降低建筑化石能源消耗。

5　预期社会经济效益分析及推广应用价值分析

5.1　经济效益分析

本项目相关技术已经在丽江水泥厂改造、张家口市民中心、上海凯胜机器人、甘肃张掖服务区、四川攀枝花石墨碳工业园、彭州航空科技博览园等项目中等得到了应用。

5.1.1　经济价值

1. 丽江水泥厂项目

该项目总装机容量 726 kW，按照 25 年使用寿命计算，可实现年均发电量 67.843 万千瓦时，年均电费收益约 54.27 万元（按商业电价 0.80 元/kW·h 计算），25 年累计电费收益约 1 356.75 万元。

2. 张家口市民中心项目

张家口帝达世博广场位于张家口高新区站前东大街，张家口市政府对此广场进行了改造，使用灰色丝印碲化镉发电玻璃（本技术产品）为墙面，共使用约 840 片，装机容量 126 kW，年平均发电量 10.38 万千瓦时，年均电费收益约 8.3 万元（按商业电价 0.80 元/kW·h 计算），25 年累计电费收益约 207.5 万元。

3. 彭州航空展览馆项目

该项目在屋顶创新采用了碲化镉发电玻璃，使整个建筑屋顶既能通过光电转化为建筑提供绿色的能源，又符合建筑安全规范要求，同时还能满足顶层采光、隔热保温需求，集绿色创能、低碳节能、安全美观等优势于一体。该项目屋顶共安装 620 片发电玻璃，装机容量为 50 kW（峰值功率），按照 25 年使用寿命计算，可实现年均发电量 3.74 万千瓦时，年均电费收益约 2.992 万元（按商业电价 0.80 元/kW·h 计算），25 年累计电费收益约 74.8 万元。

4. 上海凯盛机器人项目

中建材凯盛机器人（上海）有限公司是上海首个最大碲化镉发电玻璃综合集成项目。这座建筑东、西、南三个立面安装碲化镉发电玻璃幕墙，总面积 3 000 多平方米，装机容量约 400 kW（峰值功率）。以 25 年使用寿命计算，可实现年均发电量 23 万千瓦时，年均电费收益约 18.4 万元（按商业电价 0.80 元/kW·h 计算），25 年累计电费收益约 460 万元。

5.1.2　节能与环保数据

本产品应用项目节能减排效果如表 3-10 所示。

表 3-10　本产品应用项目节能减排效果

项目	张家口市民中心项目	上海凯盛机器人项目	丽江这家水泥厂项目	彭州航空展览馆项目
装机容量/kW	126	400	726	50
每年可节约标煤/t	33.98	94.83	206.9	12.28
每年可减少 CO_2（二氧化碳）排放量/t	87.78	246.3	552.2	37.32
每年可减少 SO_2（二氧化硫）排放量/t	0.24	2.616	4.2	1.03
每年可减少 NO_x（氮氧化物）排放量/t	0.28	0.654	1.4	0.51

5.2　市场分析

2021 年 11 月 16 日，国管局、国家发展改革委、财政部、生态环境部印发了《深入开展公共机构绿色低碳引领行动促进碳达峰实施方案》（以下简称《方案》）。《方案》坚持以习近平新时代中国特色社会主义思想为指引，深入贯彻党的十九大和十九届二中、三中、四中、五中、六中全会精神，坚决落实党中央、国务院关于碳达峰、碳中和决策部署，明确了公共机构节约能源资源绿色低碳发展的目标和任务。《方案》明确提出总体目标：到2025 年，全国公共机构用能结构持续优化，用能效率持续提升，年度能源消费总量控制在 1.89 亿吨标准煤以内，二氧化碳排放（以下简称碳排放）总量控制在 4 亿吨以内，在2020 年的基础上单位建筑面积能耗下降 5%、碳排放下降 7%，有条件的地区 2025 年前实现公共机构碳达峰，全国公共机构碳排放总量 2030 年前尽早达峰。同时，针对重点工作提出具体指标：到 2025 年，公共机构新建建筑可安装光伏屋顶面积力争实现光伏覆盖率达到 50%，实施合同能源管理项目 3 000 个以上，力争 80% 以上的县级及以上机关达到节约型机关创建要求，创建 300 家公共机构绿色低碳示范单位和 2 000 家节约型公共机构示范单位，遴选 200 家公共机构能效领跑者。

应用节能环保发电建筑材料势必是今后建筑行业的主流趋势，发展前景广阔。未来4～5 年，我国城市中光伏建筑一体化可应用面积将达 17.9 亿平方米，预计每年可发电约615 亿千瓦时，可减少二氧化碳排放量 5 200 万吨，相当于减少 1 600 万辆汽车的尾气排放或多种植 29 亿棵树。

本技术开发的产品适合应用在建筑上，适合所有节能建筑，市场规模巨大，同时持续发电所带来的效益将不断降低建筑成本。该技术能积极响应国家节能减排要求，高效、经济、环保，为我国 "3060" 双碳目标的实现贡献力量。

第 4 章

应用实践

4.1 示范项目

若尔盖暖巢项目

1 项目概况

若尔盖县阿西乡下热尔小学学生宿舍楼,由中国建筑西南设计研究院设计,中国扶贫基金会资助建设完成。项目位于青藏高原东北部的四川省阿坝州,为社会捐助结合政府拨款援建的小学学生宿舍。学校原有的学生宿舍建设于 20 世纪 80 年代,主要采用砖木结构,以教室改建而成,校舍建设时间久远,建筑周边化石能源匮乏,建筑的供暖和生活炊事燃料主要为牛粪,缺乏供暖设施。据调查,建筑使用者冬季需要裹着棉衣被入睡,经常半夜冻醒,整个冬天受冻疮的困扰和折磨。

项目建筑具体位于若尔盖县阿西乡,距县城 37 km,位于青藏高原东部,属于高原草甸地区,生态环境脆弱,常规能源匮乏。用地所在的中西部和南部为典型丘状高原,占全县总面积的 69%,平均海拔 3 515 m,属高原寒温带湿润季风气候,年平均气温 1.1 ℃,最低温度-20 ℃ 以下。最冷月平均温度为-10 ℃,夜间低达-28 ℃;最热月日间最高温度约 22 ℃,夜间最低温度低于 0 ℃,长冬无夏,无绝对无霜期。全年水平面辐照度 180～250 W/m² 之间,常年日照资地源丰富,日照时间长,最冷月日照率达 78%,是中国太阳能资源最富集的地区之一。项目建筑面积为 1 255 m²,为地上三层+屋顶阁楼结构,三楼及以下为宿舍空间,屋顶阁楼为昼间活动空间,采用天窗直接受益式集热方式,建筑高度13.72 m。项目共包括 21 间学生宿舍。

该项目建在资源匮乏、生态脆弱的高原严寒地区,以零供暖能耗被动式太阳能建筑的落地运行解决冬季供暖问题,对于保护脆弱生态环境,提出了新的可持续发展的途径,具有重要的意义。建筑效果图和鸟瞰图如图 4-1、图 4-2 所示。

2 主要技术措施

2.1 围护结构保温集热措施

屋顶层阁楼采用天窗直接受益式集热方式,南向窗户均采用夜间保温装置,窗户内侧安装活动保温板,保温板材料采用挤塑聚苯板 50 mm 厚 XPS,外墙、走廊内墙、屋顶、地面等均采取相关保温技术措施。楼顶活动室的地面保温层,以减少宿舍顶板的热损失。围护结构详情如图 4-3 所示,其技术措施如表 4-1 所示。

图 4-1　建筑效果图

图 4-2　建筑鸟瞰图

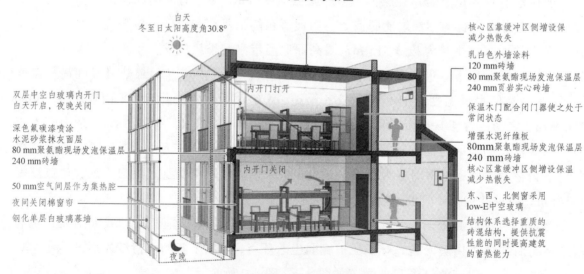

图 4-3　围护结构详解

表 4-1　围护结构技术措施

围护结构类型	技术措施
外墙保温	240 mm 页岩实心砖墙+80 mm 聚氨酯喷涂外保温+120 mm 砖墙+12 mm 砖墙+白浆甩浆饰面
走廊内墙保温	240 mm 页岩实心砖墙+50 mm XPS+12 mm 厚防火石膏板
屋顶保温	屋顶保温层设置于阁楼地板（三层顶板）上部，保温材料采用 100 mm 聚氨酯

续表

围护结构类型	技术措施
地面保温	地面保温采用 100 mm 厚聚氨酯喷涂
南向窗	南向采用单层超白玻璃幕墙作为第一层集热构件，距离 80 mm 为窗墙结构，墙体为 240 mm 页岩实心砖墙，墙体外表为深色，利于集热。窗户采用 1 500 mm 宽、中空玻璃保温节能落地窗，内侧窗户夜间关闭，昼间开启

设计将建筑空间分为核心功能空间和辅助功能空间，以辅助功能空间包裹核心功能空间，保温层尽量贴近核心功能空间区域。将主要的、需全天使用的房间作为核心功能空间，通过性的、仅白天使用的、驻留时间较短的区域作为辅助功能空间。通过对建筑功能得热优先级的区分，保证主要房间拥有最佳的热工性能，在建筑物的布局上，以辅助功能空间在东、西、北三个方向尽量包裹核心功能空间，起到温度缓冲区的作用。楼顶活动室以及位于东北角的跌落式直跑楼梯间等即为减少热损失的缓冲区，如图 4-4 ~ 图 4-6 所示。

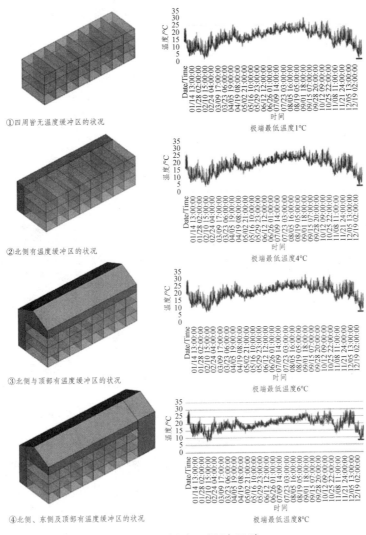

图 4-4 缓冲区设计思路

图 4-5　东北角外侧跌落式直跑楼梯　　　　　图 4-6　顶层阁楼效果图

　　空气对流热交换是建筑内热量散失的一个主要途径。设计过程中，通过对形体风场模拟，获得了建筑周边近零风压区的位置，将建筑的主要出入口布置在此类区域，并设置具有足够进深的门斗空间，防止室内热空气逸散，如图 4-7 所示。

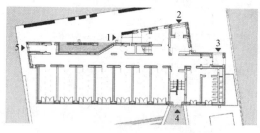

平面主要出入口均设有门斗

1—1号出入口设在较小负压区，设计由侧面进入，并采用"L"形门斗。尽量避免冬季冷风进入室内。
2—2号出入口处于较小负压区，但风压更小，冬季可作为辅助入口，平时关闭，紧急情况打开。
3—3号出入口设置在近零负压区，主要方便白天室外活动学生使用厕所。
4—4号出入口设置在南侧较小正压区，平时关闭，紧急情况作为疏散出入口打开。
5—5号出入口设置在西侧负压区，平时关闭，紧急情况作为疏散出入口打开。

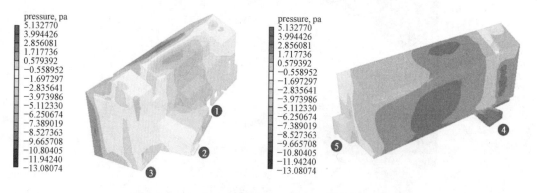

图 4-7　建筑风环境模拟结果及门斗设计思路

　　研究表明，在被动式太阳能建筑中，南向的窗墙比与室内温度呈现明显的正相关关系，即南向开窗比例越大，其室内全天平均温度越高。据此，项目在不同的朝向上采用了差异化的设计策略，即南向尽可能扩大开窗比例，并将非透明区域的窗间墙设置为集热墙，以最大限度地获取直接受益的太阳能；东、西、北三个方向则仅设满足采光和心理需求的洞口，并采用 Low-E 中空玻璃，减少热量散失，如图 4-8、图 4-9 所示。

图 4-8　北侧立面实景

图 4-9　南侧立面实景

对用地中无法稳定提供生活用水（尤其是冬季）的问题，设计者考虑了特殊的立体旱厕做法，使得即使在最冷月份无水、无电的最不利条件下，学生依然可以在室内如厕，改变了该地区原有外置露天厕所的现状。同时，预留了水系统管路，为后期的设施加装、改善提供了可能。拔风井道系统的设置使卫生间内处于负压状态，污浊空气随气流上升至屋顶排放，保证了室内的卫生品质，如图 4-10 所示。

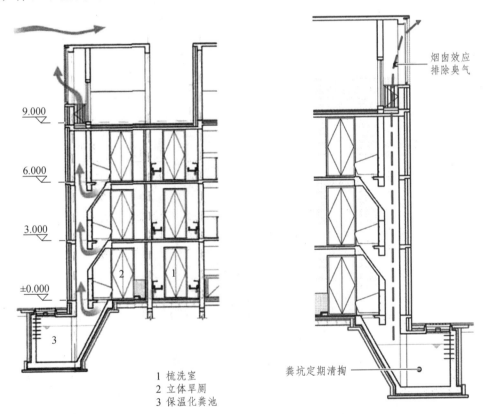

1　梳洗室
2　立体旱厕
3　保温化粪池

图 4-10　热压驱动通风结构及原理

2.2 分空间分时间的热环境被动控制策略

本项目在设计过程中,按空间功能需求与使用特点有区别地进行建筑热环境的被动式控制,采取相应的设计策略。在平面布局上按照对于热环境要求的差异进行功能分区的布置(图 4-11、图 4-12)。按使用功能、使用时间和对热环境功能需求,把建筑热环境的被动控制区域划分为 4 类:宿舍为被动采暖的夜间使用核心区,需要尽量多地获得热量并蓄积保存,使室内温度全年不低于 12 ℃;直跑楼梯间为短暂使用的快速通过区,位于北向,

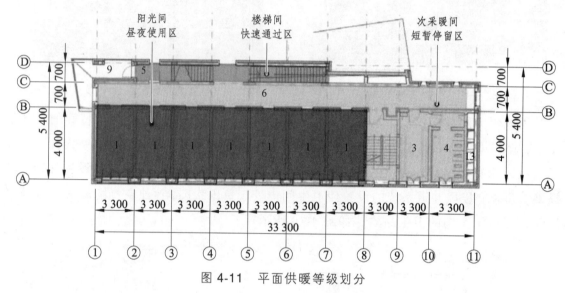

图 4-11　平面供暖等级划分

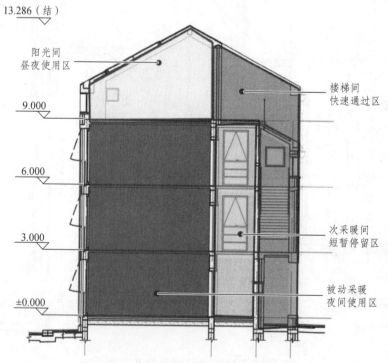

图 4-12　立面供暖等级划分

除进行保温外，无其他技术措施，只要保证冬季不结冰，高于 0 ℃ 即可；走廊、双跑楼梯间和洗漱间、卫生间，作为宿舍的缓冲空间，为次采暖区，主要靠宿舍的墙壁传热和空气交换进行采暖，温度介于宿舍与直跑楼梯间之间；楼顶活动室是一个直接受益的阳光间，只在白天太阳升起、房间温度升高以后使用，在夏季太阳辐射强烈时，可开启侧壁的竖向窗进行降温。楼顶活动室也是整栋楼中温度波动最大的房间，昼夜温差可达 30 ℃，但是昼间的热环境优良，是学生非常喜欢的公共活动场所。

集热墙由透明窗、空气间层和实心墙体三部分组成。白天，利用阳光照射到外有玻璃罩的深色蓄热墙体上，加热透明玻璃和墙体外表面之间的空气，通过热压作用使空气流入室内；夜间，关闭内外两层透明玻璃开启扇，同时关闭宿舍内棉窗帘，重质结构储存的热能缓慢释放到室内，形成温暖、稳定的室内小环境。

宿舍是建筑中对热环境要求最高的房间，为了最大限度引入太阳辐射，减少热损失，采用了系列技术措施的"组合拳"。南向的最外层为高透的单层玻璃幕墙，可以最大限度让太阳辐射热量进入室内。玻璃幕墙内是双层中空玻璃窗和集热蓄热墙体。昼间内侧中空玻璃窗开启，太阳辐射直接进入室内。照射到集热墙上的太阳辐射被涂刷了深色氟碳漆的保温墙体吸收，加热空腔内的空气，通过空气流动进入室内。空腔的空气层通过计算分析设置为较为合理的 50 mm，可使集热与换热效率最高。太阳落山后，内层中空玻璃窗关闭，并拉上夜间保温窗帘。通过一系列对比试验证明组合式直接受益窗采取合理的控制策略的重要性。合理的控制策略为室内温度的保障提供了有力支撑。在室外全天温差较大情况下，采取相应控制策略的房间温度波动非常小，整体维持在 7.7 ~ 10.9 ℃ 之间，室内平均温度可提升至少 4 ℃ 左右，如图 4-13 所示。

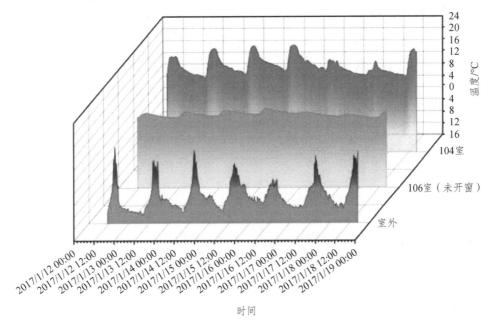

图 4-13　房间内侧窗是否开启对室内温度影响分析结果

2.3 以数据为导向被动式太阳能建筑设计

结合地域资源，项目整体采用零辅助热源的被动式太阳能建筑设计策略。为保证项目建成后实际运行的效果达到预期目标，在设计过程中采用了以建筑环境计算机模拟得到的数据为导向进行被动式太阳能建筑设计的策略。

设计前期开展了该项目朝向对室内热环境影响敏感性的研究，以数据为导向优化总平面布局，以期在场地既有规则下进行布置，找到对于此项目被动式太阳能建筑的最优朝向（图 4-14）。同时，以数据导向为策略选择本项目最佳体形设置，采用了体形系数较大的东西轴较长、北侧单走廊的平面布局，以实现南向建筑立面面积最大化，从而尽量多获得太阳辐射热，达到节能目的。以数据导向指导立面设计，按照建筑性能模拟得到的南向得热、北向失热的数据指引，设计了风格迥异的南北立面。南立面采用直接受益式、集热墙式组合的被动式太阳能利用方式；同时考虑北向墙是热损失最大的墙体，其中外窗是热损失的薄弱环节，在满足采光要求前提下，北向墙外窗面积尽量小，采光窗用高窗，在提高采光均匀度的同时考虑了壁面吹风感对热舒适的影响。

项目采取降低冷风渗透的首层平面设计策略，通过建筑平面实现避开迎风面、避风墙、门斗的方法，达到减少冷风渗透热损失的目的。另外通过在走廊外侧设置直跑楼梯，作为走道空间的缓冲层，进一步延长风渗透的通路，降低了冷风渗透。

3 项目效益

为检验该项目建成后是否达到设计目标，2017 年 1 月对该宿舍在室内无人、无照明、无保温棉帘等条件下的室内外温度进行了测试。通过实际测试获取了该宿舍在无人工采暖和夜间窗户无保温条件下的室内热环境状况：在室外最低气温达到 -12 ℃ 条件下，房间温度不低于 12 ℃，最高可达 20 ℃，达到了设计目标（图 4-15）。

该项目是学生宿舍，按照学校管理，每年使用时间约 9 个月，每天使用时间约 2 h。项目的照明功率密度 3.3 W/m^2，那么项目每年的总用电量可估算为 2 236 kW·h，按照 2012 年中国区域电网平均 CO_2 排放因子 0.525 7 kg/kW·h，项目年碳排放量为 1 175 kg，单位面积年碳排放量仅为 0.94 kg。得益于精细化的建筑设计，本项目在当地气候条件下，只需安装 5 m^2 多晶硅光伏系统，年发电量将超过 2 500 kW·h，目标建筑实现碳中和未来可期。

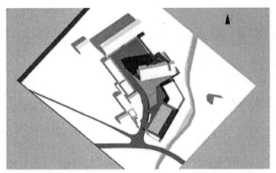

①建筑正南北方向摆放

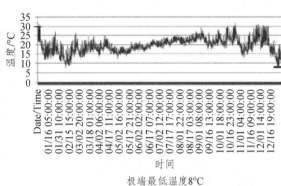

极端最低温度8℃

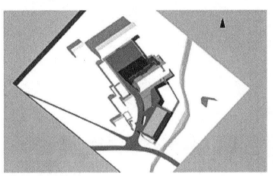

②建筑南偏东24″摆放（与原有教学楼平行）

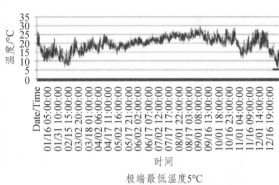

极端最低温度5℃

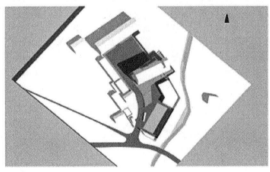

③建筑南偏东15″摆放（与原有教学楼成9″夹角）

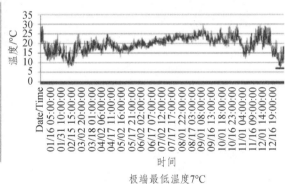

极端最低温度7℃

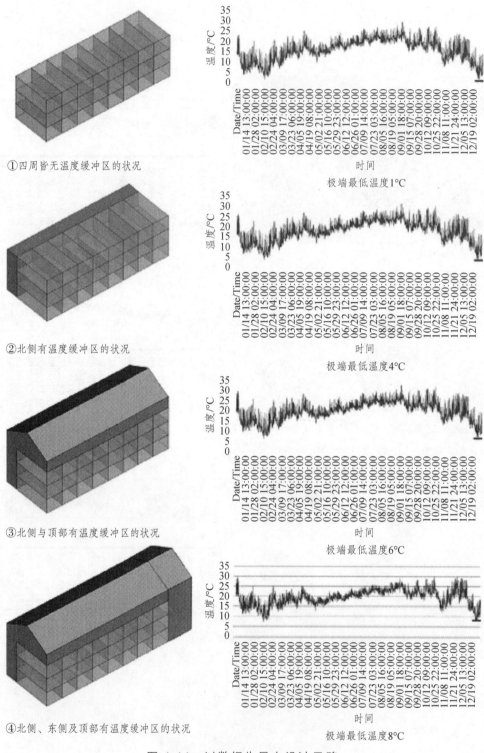

① 四周皆无温度缓冲区的状况

极端最低温度1℃

② 北侧有温度缓冲区的状况

极端最低温度4℃

③ 北侧与顶部有温度缓冲区的状况

极端最低温度6℃

④ 北侧、东侧及顶部有温度缓冲区的状况

极端最低温度8℃

图 4-14　以数据为导向设计思路

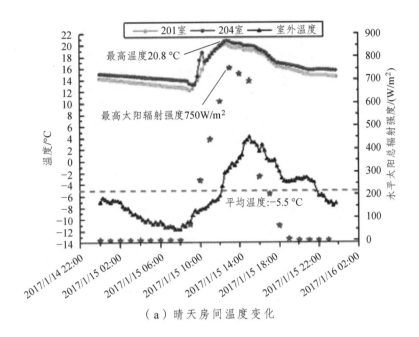

（a）晴天房间温度变化

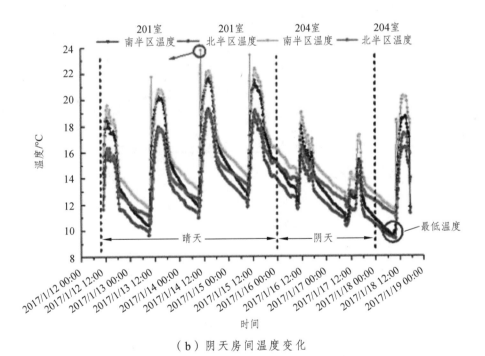

（b）阴天房间温度变化

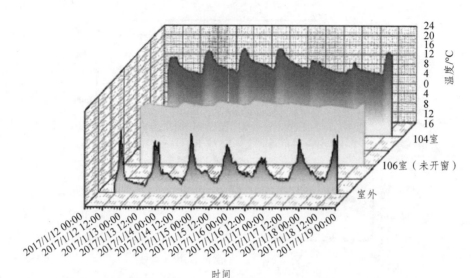

（c）房间南北区温度变化

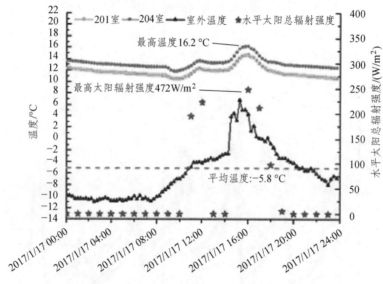

（d）房间南北区温度分布

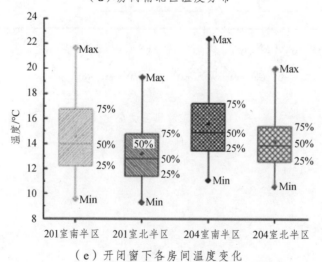

（e）开闭窗下各房间温度变化

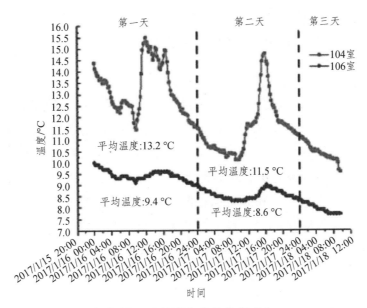

（f）阴天开闭窗各房间温度变化

图 4-15　房间温度测试分析

四川省建科院科技楼改造项目

1 项目概况

四川省建筑科学研究院有限公司科技楼位于四川省成都市一环路北三段一侧，为既有建筑改造项目，原大楼设计于 1985 年 9 月。目标建筑经加层、加高、增加副楼及地下室改造后，总建筑面积由原来的 0.81 万平方米增加到 1.55 万平方米，建筑功能为办公及配套用房。科技楼曾在使用中因使用要求局部多次装修改造，却未根本解决功能缺失、有效办公面积少、水平竖向交通不畅和办公模式落后等问题。主要面临如下问题：

（1）围护结构无保温隔热措施，热工性能差，室内的舒适度得不到保障。

（2）南临城市主干道一环路，交通噪声大，影响正常办公，若采取长时间关闭外窗的措施可一定程度上改善了室内声环境，但又导致室内空气质量无法得到保障。

（3）西立面开窗面积大，西晒严重。

（4）南立面开窗高度高，不能避免炫光，为避免眩光室内长期用窗帘，又造成人工照明能耗的增加，没有有效地利用自然采光，室内光环境质量较差。

（5）采用分体式空调，室外机凌乱分布，加上有外墙砖脱落，影响了建筑沿街主立面。

（6）一楼水泵房低频噪声对低层办公人员产生了较大影响。

（7）冬季，外门窗处于关闭状态，室内无新风供应，导致室内环境质量差，CO_2 浓度偏高，人员困乏，影响工作质量，办公室直接开窗又导致空调负荷增加，能耗上升。

2 主要技术措施

2.1 "融旧纳新，旧由新生"的空间再造策略

既有建筑主体结构完全保留，扩建部分包裹并局部裸露原有主体，外立面保留原弧形的水平条窗结合现外遮阳和垂直绿化设计。新增副楼椭圆形设计，通过功能空间改造改变了原有内向封闭、错综杂乱的办公空间，引导了人们行为交往及日常办公模式，科技楼改造示意图如图 4-16。

垂直绿化在保留建筑原有的外观特点，为室内外人员提供绿色景观，保留改造前的元素以延续建科人对建筑的情感的同时，改善了建筑围护结构的热工性能，间接达到降低能耗的目标。屋顶绿化同理，同时也补偿了环境因建设失去的绿地，为员工提供了绿色室外活动场所。

通过对各种形体的室外风环境模拟，将主楼保留了凹向弧形形体，为室内自然通风创造了条件。一字弧形迎合夏季风向，导风进入室内，增强自然通风。根据模拟结果分析，在过渡季工况下，凹向弧形能够明显地引导从右到左发展，增加建筑迎风面的压力，以增强室内的自然通风效果；在过渡季工况下，凹向弧形能明显增加建筑前后表面风压差，经计算其平均值可达到 0.36 Pa，保证了在过渡季节室内 98%的房间换气次数不小于 2 次/h。

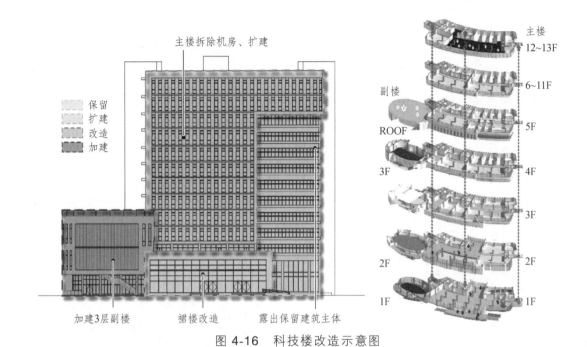

图 4-16　科技楼改造示意图

2.2　利用经济适用性技术实现建筑全寿命周期资源节约

通过优化围护结构节能设计、使用风冷热泵空调系统替换原来低能效分体空调。设置新风热回收系统、薄膜太阳能光伏发电系统等技术节约能源，如图 4-17、图 4-18 所示。

图 4-17　太阳能光伏发电板

图 4-18　太阳能发电量显示界面

2.3　室内物理环境及空气品质提升技术

改善室内声光热气等物理环境，增强使用者对建筑良好的体验感与获得感。在声环境方面，建筑南向临一环路主干线，为减少昼间交通情况带来的声污染，外窗均采用隔声性能较好的 6＋9A＋6＋9A＋6 中空 Low-E 玻璃窗，营造良好室内声环境的同时兼顾室内热环境的改善。对于室内噪声源，所有设备均考虑采取隔震、消声措施，保证室内噪声达到设计要求。在光环境方面，通过对每个房间开窗面积的模拟调整，确保每个办公室的采光系数达到 3.6%。同时，在南向设遮阳板（裙房外遮阳可调）与反射板，避免了改造前出

127

现的室内眩光情况。在地下室中利用隔震沟设置采光井,为地下室引入自然光线。室内照明采用智能化控制技术,并采用 LED 光源照明灯,可有效节约电能。

2.4 建筑能源智能管理系统

大楼的智能化控制设计包括照明系统智能控制、采暖与制冷节能控制、会议室智能控制、门禁考勤控制等。整合全楼技术设备的智能化楼宇控制系统是本项目设计的一个重要技术策略。该系统将以组件标准化、系统集成化为特征,具有高整合度和效率的综合性,可以涵盖能耗水平管理、供暖空调、通风、照明等各方面的设备控制,以及信息、监控、安保、报警与疏散指示等方面内容,实行自动监视、测量、程序控制与管理,降低设备运行能耗以及故障率及运行维护费用,如图 4-19 所示。

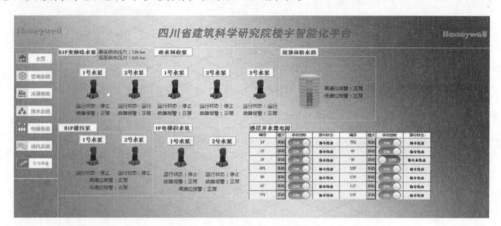

图 4-19 楼宇智能化平台

3 项目效益

3.1 经济效益

本项目在原有项目层高加高 2 层,局部加宽,新建三层裙楼,新增报告厅、多功能厅等用房,使总建筑面积从原有的 8 143.96 m² 扩大至 15 494.48 m²(扩建 47%)。在用地面积保持 6 611 m² 不变的条件下,建筑容纳人数能力由约 500 人提高至约 950 人,人均用地指标由 13.2 m² 下降至 6.96 m²,建筑容积率由 1.23 提高至 2.34,标准层有效空间面积的层利用率由 0.669 提升为 0.754。

改造后,围护结构热工性能比原有围护结构提升幅度达到 45%,节能率为 51.9%,节能效益明显提升。优化了建筑室内通风,使得换气次数大于 2 次/h 的建筑面积占比高达98.4%,有利于充分利用过渡季室外"免费冷源",由新风排出室内余热,在提高室内空气质量的同时降低了空调能耗。经过计算,全年可节约 9.27 万元的费用。自然采光每年约能节省设备房照明电耗 5 977.6 kW·h,提供了充分利用建筑物自身结构进行自然采光优化室内光环境的环保新思路。能量回收新风系统全年节约费用为 3.5 万元,该新风系统相对传统新风系统的增量成本约 14.6 万元,则其静态投资回收期约为 4.1 年。直接用于空调改造的费用为 143.9 万元,改造后风冷热泵空调系统全年节约能耗 222 162 kW·h,项目空调系统静态投资回收期为 5.89 年。节水器具节水效率增量为 23.87%，非传统用水利用率增量为 13.1%，该项目节水效率增量为 36.97%。全年实际发电量为 11 003.1 kWh，由可再生能源提供的容量比例 R_e=6.58%，太阳能光伏系统的增量成本约为 14.4 万元（包括安装、运费、税费等），静态投资回收期 13 年，具有显著的经济效益。对 CO_2 调节系统的节能效益进行估算，系统全年共减少 742.7MJ 空调负荷，并节省 1 848 kW·h 新风机电耗。对红外自控系统的节能效益进行估计，全年空调 MSPD 控制系统减少的空调能耗和风机电耗总能耗为 5 888.7 kW·h。根据空调系统实际运行数据，水泵变频在夏季节能比例达到 47.8%，冬季节能比例为 2.3%，全年总共节省 18 287 kW·h 水泵电耗。本项目将原有建筑木门、木地板拆除加工后用于现在办公楼北侧小办公室铺设木地板，经计算，可再循环材料和可再利用材料使用量占工程新增建筑材料总质量的比例为 10.80%，明显提升节材效益。

3.2　环境效益

本项目通过声、光、热、气等方面优化场地设计、改善室内外环境质量，营造优美、舒适、健康的办公环境，具有良好的环境效益。改造后场地南面绿地规整简洁、西面停车结合生态环境、北面保留营造中心花园，副楼打造屋顶花园，建筑南侧及西侧沿用垂直绿化方式，场地综合径流系数为 0.39，调节建筑微气候环境，改善室外热环境。建筑弧形设计可有效引导室内自然通风，南向外窗采用 Low-E 三层中空玻璃窗，既提高外窗热工性能，又可减少临街噪声，大办公室及走廊采用 PVC 地胶地面，有效提高楼板撞击声隔声性能，通过提高构件隔声性能，改善室内声环境；采用光触媒技术有效净化室内回风，全面提升室内空气品质。

3.3　社会效益

作为西南地区首个三星级既有建筑绿色改造项目、双科普基地获奖数次，从项目的整体理念、改造目标、结构改造、绿色改造、能耗降低、智能控制等方面进行对外科普教育展示并多次被四川日报经济观察板块等多家媒体报道，在西南地区起到宣传示范作用，怀着无私与奉献的情怀接待了一批又一批绿色科技工作者到场进行讲解展示与交流，实现了良好的社会效益。近年来各省相继出台"城市更新"政策，将既有建筑改造与城市更新结合起来，旨在树立城市有机更新工作新理念，变"拆改建"为"留改建"，助推实现城市发展战略目标。本项目是西南地区首个三星级既有建筑绿色改造项目，"科技楼三星级绿色改造综合展示平台"作为既有建筑改造的科普基地，将增强普通大众对绿色建筑的认知，提高公众在建筑节能与绿色建筑方面的科学文化素养和思想道德素养，推动物质文明和精神文明建设，切身体会绿色建筑技术也可以推动经济发展和社会进步，改变人们的生产生活方式，进而提高全社会的创新能力，增强全民族的精神力量和竞争实力，促进科学技术更好更快地发展。

<h1 style="text-align:center">中建滨湖设计总部项目</h1>

1　项目概况

中建滨湖设计总部项目是中国建筑西南设计研究院有限公司第三办公楼,位于成都天府新区,南面紧邻兴隆湖,拥有成都地区稀缺的湖景资源,周围交通便利。规划建设净用地面积 26 192.51 m²,总建筑面积 78 335.3 m²,建筑由南向北呈阶梯形变化。建筑层数为地下 2 层,地上 7 层,左侧为 2~6 层,右侧为 2~7 层,标准层层高 4.5 m,屋面最高标高为 31.45 m。地下 1 层、地下 2 层为车库,地上 1~7 层为办公室。南北有 5 m 高差,容积率 1.49,建筑密度 39.96%,绿地率为 13%。本项目为低层退台建筑,主要使用功能为办公、配套商业及地下车库等功能。建设标准为绿建三星。项目为净零能耗建筑,通过采用多项低能耗建筑技术,预期实现建筑年综合能耗 ≤65 kW·h/(m²·a),光伏发电装机容量 80 kW,年发电量 5.6 万千瓦时,实现净零能耗目标。项目效果图如图 4-20 所示。

图 4-20　项目效果图

2　技术措施

2.1　高性能建筑围护结构技术体系

外墙保温采用微孔加气混凝土构造墙体,岩棉保温层,墙体传热系数小于 0.25 W/m²·K;屋面采用种植屋面,保温隔热基层采用 12 cm 厚挤塑聚苯板,屋面传热系数 K 小于 0.25 W/m²·K;局部非种植屋面采用制冷涂料涂覆,中建技术中心材料所与西南院合作开展了在太阳光谱范围内实现反斯托克斯荧光制冷来冷却围护结构的工程应用研究,太阳反射率接近涂层材料理论物理限值 0.95,无论是白天还是夜晚,屋顶和西墙外表面温度恒低于气温,远低于没有涂覆涂料的表面温度。

门窗采用断热桥铝合金双中空 10Low-E+12Ar+8C+12Ar+8C 玻璃窗,传热系数低至 1.2 W/m²·K,太阳总得热系数为 0.31。在外立面的设计上,大部分位置采用 1 800 mm 宽玻璃幕墙,两块玻璃幕墙中间采用 600 mm 宽非透明外墙进行分隔,在非透明部分设置开启扇,有利于自然通风。玻璃幕墙选择镀银膜层,控制不同波长的太阳辐射进入玻璃幕墙

（遮阳），以及选择纳米材料吸收红外线转化为热量实现升温隔热（光污染控制）。基于对以上解决措施的综合考虑，本项目最终采用三玻双中空三银玻璃（10 超白+12Ar+8 超白+12Ar+6 超白），从而降低了大于 780 nm 的电磁波进入室内的热量。太阳得热系数达到 0.23，在限值 0.30 的基础上提高 20%以上；每层均有 1 145 mm 宽的外挑板，通过计算其遮阳系数为 0.8，使得综合太阳得热系数降低为 0.184，达到了很好的节能效果。双中空三银 Low-E 玻璃遮阳性能测试如图 4-21 所示。

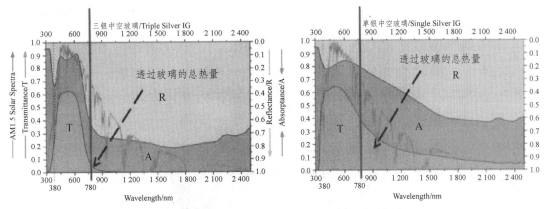

T—绿色面积为透过的电磁波总能量　　　　A—橙色面积为吸收的电磁波总能量
R—蓝色面积为反射的电磁波总能量

图 4-21　双中空三银 Low-E 玻璃遮阳性能测试

建筑通过双层的立面设计来整合采光、通风、遮阳、绿化等功能，如图 4-22 所示。分层出挑预制遮阳板控制阳光直射，东西向立面外层设置金属微穿孔板幕墙，过滤室外光线，创造稳定的室内光环境。沿遮阳板设置通长种植槽，采用滴灌技术，为室内带来绿色景观。外墙开启扇采用落地内平开方式，以获取最大通风面积，适应当地气候。

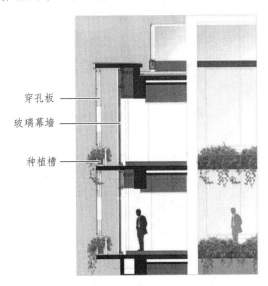

图 4-22　双层立面设计

2.2 夜间通风预冷技术

预冷通风技术主要应用于夏季及过渡季，某些时段室外空气温度较低，此时将室内外空气引入室内，可直接带走室内的余热，即只通过通风就可以解决室内降温，节省空调系统电耗，具有较大节能潜力。分析 2018 年 8 月成都市气温数据可以得知白天的最高温度与夜晚的最低温度之间的差值可达 15 ~ 20 ℃，说明夜晚的室外温度较低，具有较好的预冷通风节能潜力。同时将成都地区夏季夜间（22:00—次日 8:00）室外不同温度区间所占的比例进行了整理，如图 4-23 所示。整个夏季期间，夜晚的室外温度大多数均低于 26 ℃，进一步说明当地的夜间预冷通风节能潜力。

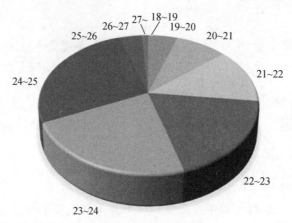

图 4-23　成都地区夏季及过渡季室外温度分布（单位：℃）

通过 CFD 模拟分析，采用上悬窗的开启方式通风效果较好，自然通风换气次数最大可达 8 次/h，完全满足预冷通风的风量要求。过渡季采用预冷通风的模式（图 4-24），通风时段为 1:00—6:00，越接近凌晨，效果越好。在冷空气的作用下，外墙、楼板、梁、柱等围护结构的温度明显下降说明空气的冷量在这些围护结构内部进行了蓄存，到了白天，这些冷量就以对流及长波辐射换热的形式释放出来，以减小空调的负荷。由于室外风环境（风速、风向）不同，通过模拟可以得出累计负荷降低 10% ~ 40%，达到了节能效果。

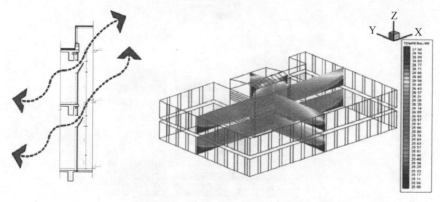

图 4-24　预冷通风示意及模拟

2.3 良好自然通风效果

本项目采用 CFD 软件的多区域网络法对该建筑室内换气次数进行计算,如图 4-25~图 4-27 所示。多区域网络法是把室内各房间分为不同的通风换气区域,以门窗风压作为边界条件,不同区域之间通过联通的窗作为连接,进行数据的传输,最终获得各个房间的换气次数。通过计算换气次数大于 2 次/h 的面积占比达到 87.10%,使得本项目办公区域拥有良好的自然通风效果。

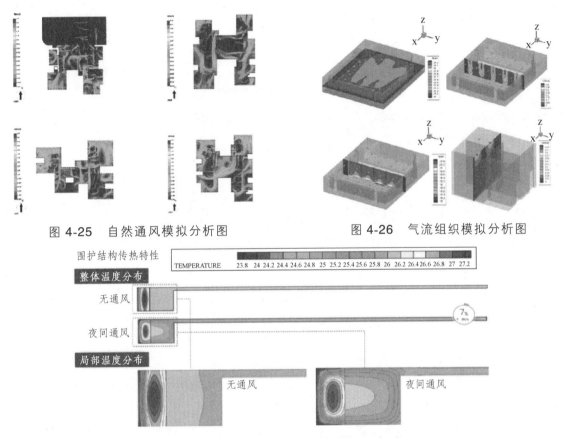

图 4-25 自然通风模拟分析图   图 4-26 气流组织模拟分析图

图 4-27 夜间通风模式下围护结构温度对比

2.4 太阳能光伏与直流供电技术

成都地区太阳能辐照资源相对较少,一般现场均采用多晶硅,其转换效应高,弱光效应好。项目光伏发电实施区域为绿建中心,楼宇中心建筑总面积约 2 000 m²,直流配电机房、蓄能系统设于地下一层,光伏太阳能电池板设于建筑两个模块屋面,光伏装机容量 80 kW。分布式光伏板面积总共 540 m²,装机容量 86.4 kW,年发电量 6.9 万千瓦时,应用于一、二层的示范区域照明及电脑,并且为地下室提供照明和充电,预计 9 年可以回收成本。

通过太阳能光伏系统和直流供电技术,利用可再生能源来补充能源缺口,直流供电技术减少直流交流反复变化产生的能源消耗,使建筑物尽其能,达到"净"和"零能耗"。

2.5 建筑能效与智能化管理平台

本项目采用"自适应生理采光技术",首先利用退台在大空间设置了光导管,采光效果良好。此外,"工位照明 DALI 控制系统"的感应模块,可以感应区域人员活动情况,配合照度感应,实施灯具的开关和亮度调节,相关参数可在运维系统中进行后台设置(图4-28)。同时,本项目也具备楼宇自控系统,系统具有多种功能,其扩展性、稳定性好,且具有良好的图像编辑和展示能力,能够做到节能增效,帮助管理人员准确、可靠、迅速地协调各个系统工作,使建筑达到最佳运行效果。

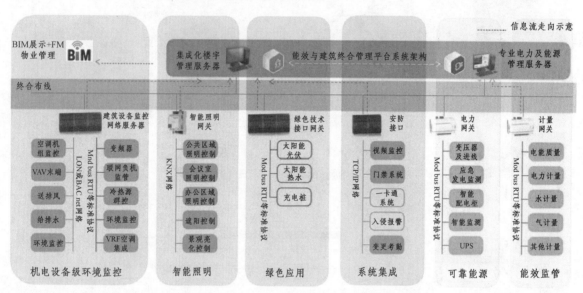

图 4-28 建筑能效与智能化管理平台示意

2.6 办公室工位照明智能控制技术

本项目办公室工位照明控制方式采用了根据使用工况自动调节照明效果的模式,采用的主要模式包括:人来灯亮、人走灯灭的上班时间节能模式;工位恒照度控制,即根据自然光和灯具位置,自动进行梯度调光,实现工位恒照度控制;相邻控制功能,即在晚上加班模式下,有人工位自动 100%亮起,相邻工位灯光调节至较低照度。通过智能控制多种模式的灵活切换实现运行节能和健康照明。

2.7 高效节能的暖通空调系统

采用温湿度独立控制设计理念,解除热湿"耦合"处理,提升了室内舒适度,同时由于蒸发温度的提高,可大幅提升制冷效率。项目采用了基于温湿度独立控制原理的多种技术手段和设备,如地板辐射、干式风机盘管、冷梁、高显热多联机、溶液除湿新风机、双冷源新风机、直膨式新风机等。

项目为设计院自用办公楼,具有加班多且时间不固定、部门不均衡、集中空调的全年能耗高等特点。该项目采用了高显热多联机+直膨式新风系统。系统结合温湿分控与多联机的优势,可分时灵活使用。系统按部门设置,便于能耗管理。高显热多联机提高蒸发温度，制冷效率可提高 10% 以上。成都地区干球温度 25 ℃、相对湿度 60% 时，空气含湿量为 12.879 g/kg。根据计算，此时办公室在满足规范最小新风量[30 m³/（人·h）]的前提下，新风含湿量处理至低于 10 g/kg，即与室内含湿量差达到 2.879 g/kg 时可带走室内散湿量。设计选用的直膨式新风机可将新风含湿量处理至低于 9.5 g/kg。

探索性应用了个人调节单元"桌面工位送风"。设计理念由"全室空调"向"个人环境调控"发展。该方式具有较高的通风效率，且能实现使用者的自主调节。独立调节手段可减小个体差异对舒适性的影响，降低室内环境的不满意度。由于桌面送风集中在人体脸部、头部区域，因此 PMV＞0 时，不会导致不舒适。因此，可提升背景空调温度，带来节能潜力。

3 项目效益

依照《绿色建筑评价标准》GB/T 50378—2014 三星级的要求进行设计，采用了被动式设计优先、主动式设计为辅的设计策略，充分结合本地气候及资源特征，选取了最适合的绿色建筑技术，最终获得三星级绿色建筑设计标识证书，同时本项目为"净零能耗建筑适宜技术研究与集成示范工程"。

为了保证实施效果，本项目在设计过程中采用能耗模拟软件 EnergyPlus8.9 对建筑的采暖、制冷、照明、通风以及其他能源消耗进行能耗模拟分析。各项参数输入边界上，室内环境参数和供暖空调设备能效指标等设置均符合国家标准《公共建筑节能设计标准》GB 50189—2015 的规定取值，如表 4-2 所示。其余参数设置为：室温上下限 16～23 ℃，容忍温度 16～29 ℃；湿度上下限 20%～80%；冬季采暖时间为 11 月 10 日—次年 3 月 15 日；夏季空调时间为 6 月 15 日—9 月 15 日。

表 4-2 项目单位面积年耗电量

项目	计算值/[kW·h/（m²·a）]	设计目标值/[kW·h/（m²·a）]
供暖能耗	2.56	5.0
空调能耗	32.13	40.0
通风能耗	4.9	10.0
照明能耗	7.0	10.0
合计	56.59	65.0

4.2 创新技术产品

风景园林信息模型（LIM）工程应用技术

1 产品概况

本创新技术产品旨在为建设单位提供工程咨询服务，包括了 LIM 建模、LIM 生态分析、物联网监控平台、智能养护系统等技术。

1.1 产品性能参数

产品性能参数见表 4-3。

表 4-3　产品性能参数

编号	产品性能名称	参数
1	植物模型精度（LOD）	LOD（100～500）
2	工程量统计精度	3%误差
3	生态舒适度分析	无
4	植物状态识别准确率	97.2%
5	单服务器支持并发传感器	20 000 台
6	服务器故障重启恢复服务速度	<3 s/次
7	控制器信号断线关闭所有端口速度	<5 s
8	系统可同时在线人数	≥10 000

1.2 生产工艺

本创新技术产品使用 Revit 及 Navisworks 等 BIM 类集成软件进行公共市政景观建筑模型三维建模，并结合公司研究收集的植物生态特性信息在软件中进行参数分析和设计修正，将模型及模型信息集成到自主研发的物联网智能监测养护平台，对建筑能耗进行监控监测并反馈监测数据，自动进行景观植物养护。

1.3 技术亮点及创新性

1.3.1 基于 LIM 的风景园林正向设计

本技术是由公司多年收集大量的各类植物及群落的生态指数数据，并根据大量的风景园林设计施工经验，对上述数据进行归纳整理，形成的较为可靠的风景园林项目生态指数分析方法。

同时编写参数化植物族库，融合植物生态参数，在 LIM 正向设计过程中展示生态指数分析数据，为设计师提供参考依据，并在方案修改过程中不断迭代分析结果。以此达到正向设计中的生态环境指标的动态控制。

1.3.2　基于神经网络的风景园林智慧养护

自主研发物联网智能监测养护系统等围绕风景园林监测养护的物联网系统,针对公园城市建设中的植物形态识别及病虫害防治等问题创新性地采用了基于卷积神经网络与遗传算法搭建的植物状态识别系统,为建筑间接能耗成本降低提供了技术支撑。

1.4　适用范围及市场占有情况

本创新技术产品的主要适用范围是超过一定景观绿化面积率的市政、公共建筑建设,且该建筑对生态环境、智慧养护等方面有较高要求。因此本技术产品主要在风景园林行业进行应用推广,目前主要在合作单位进行试点推广,借助公司原有的客户积累,本公司已经在贵阳融创观山湖大数据产业园九樾府 A 地块项目、雅安十里梅香项目、成都市东城根街项目等市政景观工程项目开始试点实施本创新技术产品,且该技术目前国内尚未推行普及,市场占有率相对较低,发展前景广阔。

1.5　项目应用实景图

项目应用实景如图 4-29、图 4-30 所示。

图 4-29　贵阳融创观山湖大数据产业园九樾府 A 地块项目实拍图

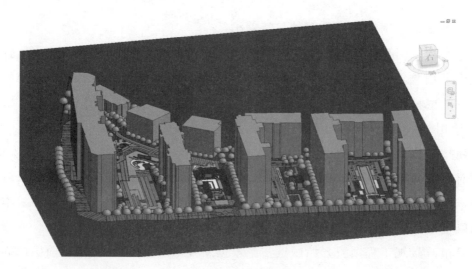

（a）全专业

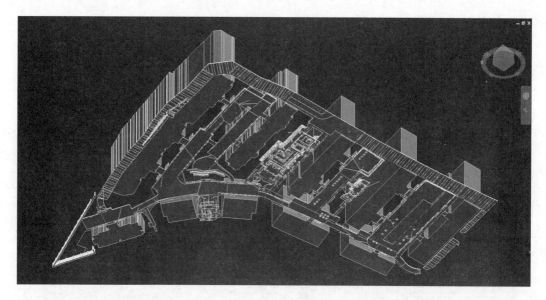

（b）水电专业

图 4-30　项目模型建立总览图

2　工程应用要点

（1）根据建模设计优化后导出的图纸施工（图 4-31）。

（2）通过模型快速制作的三维可视化施工动画助力施工交底顺利进行，避免因返工引起的材料浪费损耗（图 4-32）。

（3）项目整体施工完成后，为项目建立物联网智能监测养护系统（图 4-33），并针对需养护的景观绿地架设图像采集设备、传感器数据收集设备等，为建筑后期的养护能耗降低提供支持。

图 4-31　项目现场技术指导图

图 4-32　三维可视化施工交底图

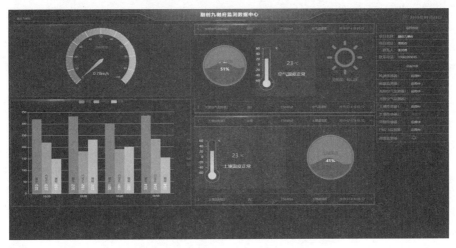

图 4-33　物联网智能监测养护系统界面

3　实际应用效果

3.1　基于 LIM 的正向设计

目前国内外对工程项目的生态环境指数分析多用于项目完成并投入运营阶段,多采用监测设备实时采集监测的方式，如图 4-34 所示。正向设计中生态环境评价手段尚处于缺失状态。本项目从此处入手，填补了目前国内外在此部分内容的空白。

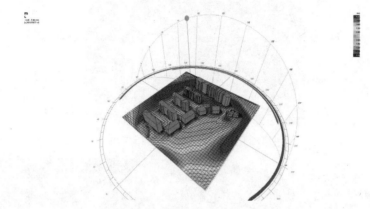

图 4-34　软件进行环境分析图

3.2　基于神经网络的风景园林智慧养护

目前国内外在风景园林智慧养护方面均有研究，多采用监测设备实时采集，再用人工判断的方式来对植物状态进行监测，且现有智慧养护体系中，缺失主动智能判断植物状态。本项目从此处入手，填补了目前国内外在此部分内容的空白。

自主研发的物联网智能监测养护系统（图 4-35）采用物联网组网方式，减少了布线、机房和网关成本，对监测点布置分散的监测系统，其部署成本相较同行业技术成本降低 20%左右。可根据产品自身情况调整。

图 4-35　物联网智能监测养护系统界面

以贵阳融创观山湖大数据产业园九樾府 A 地块项目为例：

生态效益：平均减噪效率提升 23%；室外平均日中降温 1.56 ℃；休息区平均负氧离子浓度增长率为 8.4%。

经济效益：平均节约人力资源时间 21%；节约施工材料费 178 万元；减少设计变更 40%。

立体绿化全生命周期管理技术

1　产品概况

立体绿化全生命周期管理技术是指通过对立体绿化植物多样性、营建技术、养护体系构建方面进行系统性的深入管理，应用于包括立体绿化的规划与设计、植物的选育、施工与养护等涉及上述所有环节的全生命周期过程的管理技术。该创新技术对于立体绿化的相关研究、应用和推广起着重要作用。

在技术亮点与创新性上，首先立体绿化全生命周期管理技术能够应对不同的立体绿化应用场景优选出适用的植物品种，提高立体景观观赏性，如应对水土易流失的边坡绿化筛选粗放管理甚至无须管理的植物；对于建筑墙面或室内墙面筛选具有观赏性、特殊性以及具有净化空气作用的植物；对于屋顶的极端环境，筛选耐旱、耐热、抗寒性强、喜光或耐阴、耐瘠薄的浅根性植物等。并在该环节通过分子辅助育种如植物转录组测序及分析、基因克隆与分析培育优良植物新品种，形成了全面的植物培育配套技术体系。

其次在项目施工阶段，运用风景园林信息模型（Landscape Information Modeling，LIM）进行深化设计及指导，包括模拟植物预培育，指导装配式模块化安装等，在立体绿化营建环节对施工过程进行精细化管理，降低了构件加工、安装的难度，提高了构件安装的质量，缩短了装配式工程的施工时间，还保证了快速呈现设计效果。

在立体绿化养护管理方面，建立立体绿化项目智能监测养护体系，实现后期智能化养护，对周围微气候环境进行监测预警，实时监测土壤温湿度、空气温湿度、降雨量、光照强度等数值，智能调节植物养护策略，自动进行浇水、施肥及补光，大大减少了立体绿化项目后期维护的资源消耗以及人力投入，如图 4-36 ~ 图 4-39 所示。

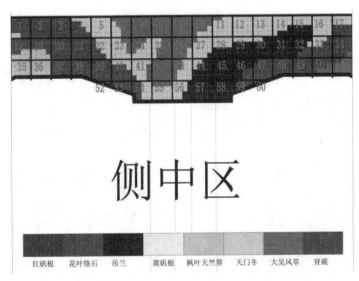

图 4-36　LIM 模型中预先划分垂直绿化单元格

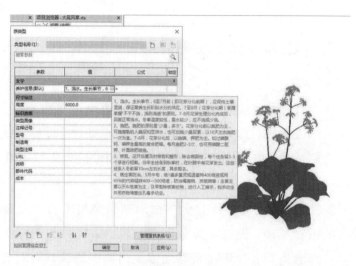

图 4-37　LIM 模型中预先载入植物培育信息

图 4-38　植物模块预培育

图 4-39　LIM 模拟装配式安装步骤

立体绿化全生命周期管理技术，针对立体绿化植物品种、营建技术及管理维护模式进行发展创新，获得的专利、软件著作权及发表论文共计百余项，科研成果也已在西南地区广泛推广应用。经过各地林业局等职能部门、地产企业和园林公司等的推广，产生了良好的经济、社会效益。该技术适用于市场上普遍的立体绿化需求，包括边坡绿化、墙面绿化、屋顶绿化、桥体绿化等多种立体绿化场景，示范带动成都市立体绿化行业规范化、标准化发展，推动成都乃至全国的立体绿化行业发展，为我国公园城市建设添砖加瓦。

在项目应用上，立体绿化全生命周期管理技术已成功应用于众多立体绿化工程项目，其中具有代表性的有成都市东城根街下穿隧道垂直绿化项目工程与锦城大道（剑南大道—机场路）街道一体化项目景观工程。

成都市东城根街下穿隧道垂直绿化项目位于成都市青羊区，是成都首个隧道墙面立体绿化项目，如图 4-40 所示。其主要工程内容是对老城区下穿隧道出入口两侧进行墙面绿化改造，项目植物墙面积 1 500 m²。

图 4-40　成都市东城根街下穿隧道垂直绿化工程实景图

锦城大道（剑南大道—机场路）街道一体化项目景观工程，位于成都市高新区锦城大道，如图 4-41 所示。其主要工程内容为对人行天桥桥体侧面进行绿化，利用预制钢结构与预制固态基质模块进行装配式安装，总建设面积约 365 m²。

图 4-41　锦城大道（剑南大道—机场路）街道一体化项目景观工程实景图

2 工程应用要点

在立体绿化全生命周期管理技术工程应用中,运用立体绿化全生命周期管理技术中的植物培育配套技术体系进行植物快繁,同时筛选出不同应用场景适宜的乡土植物品种,丰富立体绿化植物资源和植物多样性,提升工程质量及景观效果。

在立体绿化营建环节,注意根据项目实际情况选择合适的技术类型,如墙面绿化可选择毛毡式、布袋式、花槽式、模块式、种植穴等,并根据不同形式的立体绿化设计规范进行施工,熟悉各工艺操作流程,各步骤做好衔接,保证整个工程质量。

在立体绿化养护管理环节,主要保证立体绿化的供水,确保灌溉系统正常运行,如检查水箱水量、水压、土壤湿度是否正常。排水槽保持通畅,枯萎植物及时补植。注意各类智能控制设备障碍排除,如控制器、传感器与监控是否数据异常,如有异常及时更换。

3 实际应用效果

立体绿化全生命周期管理技术在实际工程中试用效果较好,在成都市东城根街下穿隧道垂直绿化项目工程(图 4-42)中,对市政道路墙面绿化进行装配式高质高效施工,提前完成工期目标,有效解决了传统施工工期长、工序繁杂、作业面大、对周围交通影响大等问题,减少了人工以及材料的浪费。施工工期较传统方法提前了 8 个日历天,降低工程造价 40 万元。工程质量、项目效果得到业主高度认可,获得了较好的经济效益和社会效益。

图 4-42　成都市东城根街下穿隧道垂直绿化工程实景

在锦城大道(剑南大道—机场路)街道一体化项目景观项目工程中运用立体绿化全生命周期管理技术对人行天桥桥体侧面进行装配式高质高效施工,提前完成工期目标及安全环保要求，满足城市道路风貌需求，减少了人工以及材料的浪费，如图 4-43 所示。施工工期较传统方法提前了 5 个日历天，降低工程造价 15 万元。立体绿化全生命周期管理技术有效提高了墙面的成型质量，节省了工期，得到业主和监理一致好评。

图 4-43　锦城大道（剑南大道—机场路）街道一体化项目景观工程实景

装配式免锚固盒状真空保温板

为推动住房高质量发展，达州拓普节能建材有限公司研究出盒状真空保温板，解决了传统保温板导热系数低的问题，为实现碳中和提供了一个新材料新工艺。研究出装配式免锚固新工艺，解决了传统的外墙外围护一体板安装需要四面与龙骨螺钉固定造成板面不平的缺点，实现了一体板与龙骨免锚固装配工艺，使无技术人员和技术人员安装效果无任何差异，从而解决了工地技术人员短缺问题，比同类产品可节省 30% 的工程造价。

1 产品概况

1.1 产品生产工艺介绍

原材料钢铝卷其制作盒状一体板生产过程为：准备钢铝卷、清洗、打磨、三涂、三烘、彩涂、半成品、预应力处理、剪切、上线、折盒、保温板装盒、纤维增强复合、成品。

1.2 产品性能对比

免锚固装配比传统锚固装配质优造价低，其他参数对比如表 4-4 所示。

表 4-4 装配式免锚固与传统锚固装配性价对比

名称	装配式免锚固（新工艺）	装配式锚固（老工艺）
连接形式	线连接（装配式，免锚固）	点连接（螺钉丝扣连接）
抗风压	3 500 Pa	2 500 Pa
冷热桥	板缝间因无钉，距离缩小为 0~3 mm，能量丢失较少	板缝间因有钉，有 15 mm 左右不能进行保温，能量丢失严重
板面平整度	一体板与龙骨是装配关系，四边受力基本一致	一体板与龙骨是锚固关系，每个钉子的用力不均会造成板面不平
人工造价	60 元/m²	120 元/m²
施工技术要求	不需要技术工人，一般劳动力均可	需要技工才能保证墙面平整
工期	工厂化制作，现场安装简单，省人工速度快	与新工艺相比工期延长 30% 以上

1.3 产品技术亮点及创新性

1.3.1 关键技术

（1）改变了传统真空板怕碰伤漏气的缺点，实现了金属盒与真空板组合为一体工艺。

（2）改变了传统的外墙安装一体板靠四面固定的工艺，实现了一体板与龙骨免锚固装配工艺。

（3）多孔砖砌体填充墙穿墙固定技术施工工艺。

1.3.2 技术亮点

装配式免锚固盒状一体板实现住房零碳目标，为实现碳中和做出贡献。该产品是我们与四川省健康人居工程技术研究研究中心等单位共同研发的外墙高科技项目，经建科院于

2021 年 8 月 23 日检测。在达州使用装配式免锚固盒状一体板的建筑有 10 万平方米，每年节电率为 21.3%，每年可节碳 657.33 t。（详见附件检测报告）

1.3.3　适用范围及市场占有情况

1. 工程质量的提升

应用装配式免锚固一体板可以提升工程结构安全性。现发明免锚固装配式是龙骨与一体板装配咬合的装配形式，提高了安全性，提高了工程的质量使用年限，保证了建筑使用寿命。

2. 产品创新

盒状一体板是铝单板升级换代产品，如图 4-44。其创新点为：

（1）盒状一体板颠覆了传统铝单板造价高和一体板三明治粘合工艺。

（2）实现了金属盒组装保温材料一体板的新工艺。

（3）由传统的铝单板加保温多道工序一次性由工厂来完成，大大降低施工成本。

（4）同等厚度铝单板组装成盒状一体板抗风强度增加五倍以上。

（5）铝单板组装真空板代替岩棉可永不粉化可确保与房子同寿命。

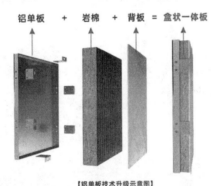

图 4-44　铝单板技术升级示意图

3. 产品适用范围及市场占有情况

本产品适用于以混凝土或砌体为基层墙体的新建、扩建和改建民用建筑及一般工业建筑工程的设计、施工及验收，如图 4-45 所示。

市场占有情况：目前有 560 万平方米工程在应用。

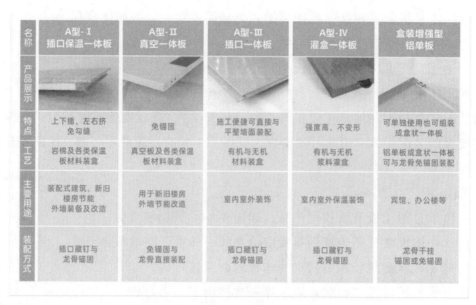

名称	A型-Ⅰ 插口保温一体板	A型-Ⅱ 真空一体板	A型-Ⅲ 插口一体板	A型-Ⅳ 灌盒一体板	盒装增强型 铝单板
产品展示					
特点	上下插、左右挤 免勾缝	免锚固	施工便捷可直接与 平整墙面装配	强度高、不变形	可单独使用也可组装 成盒状一体板
工艺	岩棉及各类保温 板材料装盒	真空板及各类保温 板材料装盒	有机与无机 材料装盒	有机与无机 浆料灌盒	铝单板或盒状一体板 可与龙骨免锚固装配
主要用途	装配式建筑、新旧 楼房节能 外墙装备及改造	用于新旧楼房 外墙节能改造	室内室外装饰	室内室外保温装饰	宾馆、办公楼等
装配方式	插口藏钉与 龙骨锚固	免锚固与 龙骨直接装配	插口藏钉与 龙骨锚固	插口藏钉与 龙骨锚固	龙骨干挂 锚固或免锚固

图 4-45　盒装工艺产品系列展示

4. 项目应用实景（图 4-46、图 4-47）

达州中医校外墙工程

中国五冶建筑科技产业园

达州档案馆外墙工程——金属盒仿石材外观

成都天府机场航站楼示范项目

图 4-46　部分工程案例 1

成都国家生物园

达州西城御府外墙工程

西城小区外墙工程

达州职业技术学院外墙工程

宣汉巴人小区外墙

达州技师学院外墙工程

陕西万达广场安康之眼项目

图 4-47 部分工程案例 2

2 工程应用要点

2.1 施工及安装要点

传统的装配式外围护安装一体板四个边采用龙骨和一体板点锚固来实现，其锚固工艺经常发生由于螺钉不牢固出现一体板或铝单板脱落现象；为此我司与四川大学共同研究出装配式免锚固盒状一体板（发明专利号：ZL201910516377.5），它将是传统一体板和铝单板升级换代产品,改变了传统铝单板和传统一体板平面抗风原理,实现了盒体抗风新优势,将传统的一体板与龙骨点连接形式变成线连接形式,如图 4-48 所示。

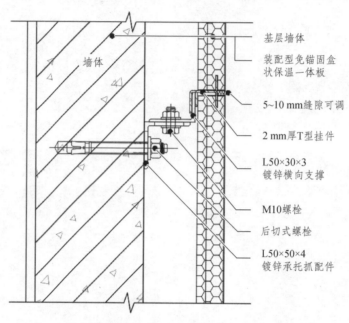

基层墙体
装配型免锚固盒状保温一体板
5~10 mm 缝隙可调
2 mm厚T型挂件
L50×30×3 镀锌横向支撑
M10螺栓
后切式螺栓
L50×50×4 镀锌承托抓配件

墙体

（a）装配型免锚固盒状一体板构造图

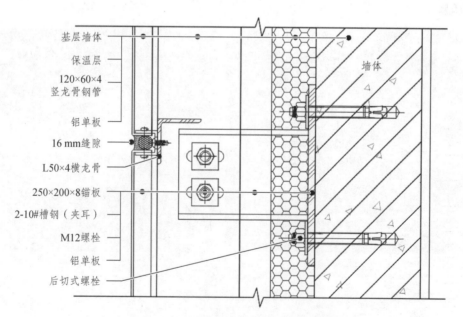

基层墙体
保温层
120×60×4 竖龙骨钢管
铝单板
16 mm 缝隙
L50×4横龙骨
250×200×8锚板
2-10#槽钢（夹耳）
M12螺栓
铝单板
后切式螺栓

墙体

（b）传统锚固型龙骨干挂铝单板系统构造图

图 4-48　装配式免锚固盒状一体板构造与传统锚固性龙骨干挂构造示意图

2.2　产品运维调适要点

盒状真空板安装锚钉固定必须在板缝进行,不得在板面锚固以免破坏真空。空调外机安装可提供多孔板。

3 实际应用效果

3.1 推广价值

在 1 年至 2 年之内有效地改变传统的幕墙外墙保温及既有建筑改造；提高外墙装配水平，以装配式免锚固线连接的施工方法代替过去旧的板材安装只靠钉子点连接锚固的施工方法，提高楼房的结构安全性和外观水平的提升，降低人工成本提高经济效益。

3.2 传统一体板与盒装盒状真空一体板对比

传统一体板与盒装盒状真空一体板对比如表 4-5 所示。

表 4-5　传统一体板与盒装盒状真空一体板对比

一体板名称	保温层类别	导热系数	防火等级	吸水性	拉拔强度	保温板性能	使用寿命	缝防水接触面宽度
一体板（三明治）	岩棉	0.045	A1	强	弱	吸潮性强粉化快	25 年	8 mm
一体板（三明治）	不燃苯板	0.040	A2	弱	弱	易受潮粉化较快	25 年	8 mm
真空一体板（盒状）	真空板	0.002	A1	不吸水	强	不吸潮不怕湿不粉化	与房屋同寿命	20 mm

附件 1　盒状真空一体板节能量及减碳量测评报告

编号：STCCE/R/2021-059/TST

四川省建筑工程质量检测中心有限公司
地址：中国.成都市一环路北三段五十五号　邮编：610081
电话：028-83371671　　　　　　传真：028-83371671

盒状真空一体板
节能量及减碳量测评报告

项目名称：　　　　达州市市区公建项目　　　　

委托单位：　达州市拓普节能建材有限公司　　

　　　　　四川省健康人居工程技术研究研究中心

工程地址：　　　　四川省达州市　　　　

委托日期：　　　2021 年 8 月 18 日　　　

报告日期：　　　2021 年 8 月 23 日

编号：STCCE/R/2021-059/TST

四川省建筑工程质量检测中心有限公司

地址：中国．成都市一环路北三段五十五号　邮编：610081
电话：028-83371671　　传真：028-83371671

	(吨 CO$_2$)
参照建筑	3088.63
测评建筑	2431.30

由表 3-2 可得出测评建筑采用真空绝热板（VIP）作为围护结构保温材料，年供热和供冷总电力碳排放 2431.30 吨 CO$_2$，参照建筑未采用保温，年供热和供冷总电力碳排放为 3088.63 吨 CO$_2$。由此可得出在建筑运行阶段，测评建筑比参照建筑减少二氧化碳年排放量为 657.33 吨 CO$_2$。

3.4 结论

对采用真空绝热板保温材料的测评建筑和无外墙保温的参照建筑进行建筑运行阶段供热和供冷能耗对比计算，测评建筑比参照建筑的节电率为 21.3%；在建筑运行阶段，测评建筑比参照建筑全年减少的二氧化碳排放量为 657.33 吨 CO$_2$。

附件 2　装配型免锚固盒状一体板系统穿墙固定技术研究评审意见

● 今年6月份我司采用该工艺经四川省检测中心检测，超出传统锚固一倍以上的抗风压能力，并通过了四川省建科院权威专家论证。

[检测报告、评审意见及测试结果文档图像]

装配型免锚固盒状一体板系统穿墙固定技术研究

评审意见

2021年8月27日，装配型免锚固盒状一体板系统穿墙固定技术研究课题组组织有关专家，在成都对四川省健康人居工程技术研究中心、四川大学工程设计研究院有限公司、四川大学、达州市拓普节能建材有限公司联合完成的《装配型免锚固盒状一体板系统穿墙固定技术研究》进行评审（专家名单附后）。评审专家听取了课题组的研究工作汇报，查看了相关资料，经咨询和充分讨论，形成如下意见和建议。
一、意见
　1、提供的评审资料基本齐全，符合评审要求；
　2、所研发的在新建建筑多孔砖填充墙中采用L型和法兰盘穿墙固定方式技术可行、具有创新性，抗拉拔试验和抗风压性能试验结果符合相关要求。
　3、该新技术能适应装配式建筑发展需要
二、建议
　1、修改《研究报告》文本，文字描述需精炼准确，进一步梳理逻辑关系总结经验，编制相应的技术规程，规范和指导该技术在工程中的应用；
　2、该项技术在工程中应用时，应结合工程情况按现行相关标准规定编制专项技术方案并进行专项论证。

专家组组长：

2021年8月27日

通风隔声窗

1 通风隔声窗产品概述

通风隔声窗是一种既要满足通风功能又要隔断声音传播减小噪声的隔声窗户。它主要是通过加到窗上的窗式隔声通风器（图 4-49）达到通风和隔声的功能。让清新的空气源源不断地流入室内，达到换气通风隔声的效果；此通风器可保证在关窗的情况下一年四季都有清新的空气。

图 4-49　通风隔声窗示意图

1.1 通风隔声窗的构造

通风隔声窗是在隔声窗上镶嵌具有消声、净化空气等功能的通风器。隔声窗由双层或三层玻璃与窗框组合而成，宜采用固定窗、平开窗结构。通风器包括通风通道、消声装置、通风动力装置等。通风动力装置为选配，有通风动力装置的产品为机械通风隔声窗；无通风动力装置的产品为自然通风隔声窗（图 4-50）。

1.2 隔声窗的优点

通风专业隔声窗具备双向换气功能，可让室内空气循环流动，雨天能通风换气，同时避免雨水溅入室内；配置灵活，可根据建筑的特点选择最合理的位置；安全可靠，采用专利技术和低噪声优质电机，电机噪声低，可变通风量确保长期稳定可靠；外形美观，与隔声窗配合使用，与窗融为一体；机械通风器具有空气净化装置，更能确保室内的空气清新，过滤粉尘，让雾霾天进入室内的空气得到有效的净化；操作方便，维护方便。

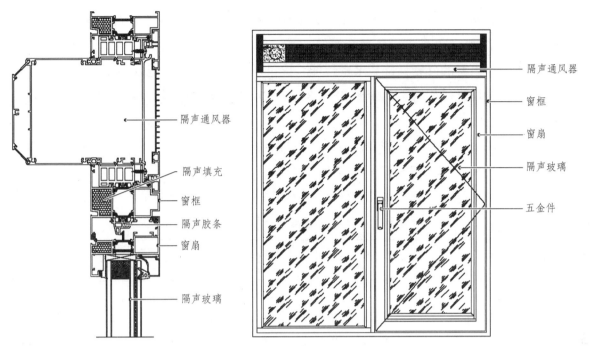

图 4-50 通风隔声窗构造图

1.3 主要指标性能参数

（1）隔声窗（通风隔声窗）通风状态隔声量等级按表 4-6 的要求进行分级。

表 4-6 通风隔声窗通风状态隔声量分级 单位：dB

分级	1	2	3	4	5	6
通风状态隔声量 R_w+C_{tr}	$15 \leqslant R_w+C_{tr} < 20$	$20 \leqslant R_w+C_{tr} < 25$	$25 \leqslant R_w+C_{tr} < 30$	$30 \leqslant R_w+C_{tr} < 33$	$33 \leqslant R_w+C_{tr} < 35$	$R_w+C_{tr} \geqslant 35$

（2）通风隔声窗关闭状态隔声量按《建筑门窗空气声隔声性能分级及检测方法》GB/T 8485—2008 的要求进行分级。民用建筑外墙用通风隔声窗在关闭状态下的隔声量应满足《民用建筑隔声设计规范》GB 50118—2010 的要求。

（3）自然通风隔声窗的标准通风量等级按表 4-7 的要求进行分级。

表 4-7 自然通风隔声窗标准通风量分级表 单位：m^3/h

分级	1	2	3	4	5	6
标准通风量 V	$10 \leqslant V < 20$	$20 \leqslant V < 30$	$30 \leqslant V < 40$	$40 \leqslant V < 50$	$50 \leqslant V < 60$	$V \geqslant 60$

（4）机械通风隔声窗的通风量等级按表 4-8 的要求进行分级。

表 4-8 机械通风隔声窗通风量分级表 单位：m^3/h

分级	1	2	3	4	5	6
通风量 V	$40 \leqslant V < 60$	$60 \leqslant V < 80$	$80 \leqslant V < 100$	$100 \leqslant V < 120$	$120 \leqslant V < 150$	$V \geqslant 150$

注：第 6 级应在分级后注明 $\geqslant 150 \ m^3/h$ 的具体值。

（5）通风隔声窗的设计标准通风量应不低于《民用建筑供暖通风与空气调节设计规范》GB 50736—2012 对室内最小通风量的要求。

（6）通风隔声窗的气密性能、水密性能、抗风压性能、保温性能以关闭状态下的性能为评价指标，应满足《铝合金门窗》GB/T 8478—2020 和《建筑用塑料窗》GB/T 28887—2012 的要求。

（7）通风隔声窗的反复启闭性能、采光性能应满足《铝合金门窗》GB/T 8478—2020 和《建筑用塑料窗》GB/T 28887—2012 的要求。

（8）机械通风隔声窗风机低速运转时噪声的 A 计权声压级应满足表 4-9 的要求。

表 4-9　机械通风隔声窗风机噪声限定值

通风量 $V/$（m^3/h）	$V \leqslant 30$	$30 < V \leqslant 50$	$50 < V \leqslant 70$	$70 < V \leqslant 90$	$90 < V \leqslant 120$	$120 < V \leqslant 150$	$150 < V \leqslant 180$
运行噪声 /dB（A）	$\leqslant 27$	$\leqslant 30$	$\leqslant 33$	$\leqslant 37$	$\leqslant 41$	$\leqslant 46$	$\leqslant 52$

注：① 机械通风隔声窗的运行噪声是指在窗户安装后，在室内正对出风口 1 m 处的声压级。
　　② 风量值大于 180 m^3/h 的机械通风隔声窗的运行噪声由制造商标注在产品铭牌上，并按标称值考核。

2　通风隔声窗工程应用要点

（1）通风隔声窗的现场施工主要是窗框安装、窗扇安装、通风器安装等工序，如图 4-51 所示。

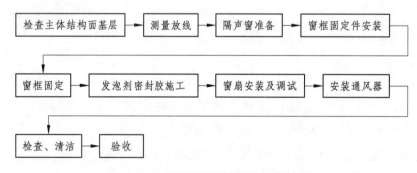

图 4-51　通风隔声窗安装工艺流程

（2）隔声窗窗框四边安装连接铁片固定，具体方法是：将连接铁片凸出的一端（或圆头的一端）卡固于窗框外侧的燕尾槽内，再用 ϕ3.2 mm 的钻头在连接片螺钉孔处在窗框上钻孔，钻孔以刚好钻穿型材内置钢衬为宜，然后用 ϕ4×20 mm 或 ϕ4×16 mm 镀铬自攻螺钉将连接片与窗框锚固在一起，旋转连接片，使长端与窗框成 90°角。窗框与墙体的连接点设置要求其连接件片间距≤500 mm，距离窗框端头或端口 150～200 mm，严禁将连接件直接固定于框端口处或中横、竖梃的档头处，如图 4-52 所示。

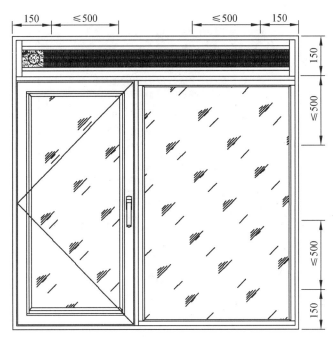

图 4-52 通风隔声窗（单位：mm）

3 实际应用效果

通风隔声窗现在已大量应用于机场航线、铁路和高速路沿线。通风隔声窗较好地解决了实际生活中的噪声污染，三元环境通风隔声窗在成温琼高速鑫源锦城花园实际应用中获得了用户的好评。

成都市温江鑫源锦城花园小区位于成温邛高速公路南侧，外墙距离高速公路约 40 m，小区居民主要受高速公路噪声影响，温江区环境监测站对该小区临高速公路一侧进行了噪声监测，昼间噪声数值最大 72 dB（A）。

后在鑫源锦城花园小区段增设 4 m 高声屏障，声屏障建立后，对 1～2 楼的居民有一定的降噪效果，但对高层的居民降噪效果微弱，小区居民仍然投诉成温邛高速路噪声问题，要求安装通风隔声窗。

该小区于 2020 年安装了通风隔声窗后，室内关窗噪声检测（昼间 45 dB（A），夜间 37 dB（A））达标，居民不再投诉。该问题的处理及效果如图 4-53～图 4-58 所示。

3 栋 3 单元 1 号（楼房两侧端头）

3 栋 4 单元 1 号（正对高速公路）

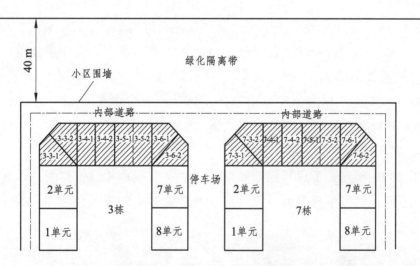

图 4-53　噪声治理案例

邛崃方向 ⟸　　　　　　　成温邛高速公路　　　　　　⟹ 成都方向

图 4-54　噪声治理案例平面图

图 4-55　安装通风隔声窗前

图 4-56　安装通风隔声窗后

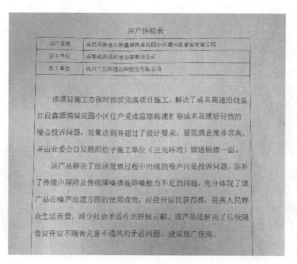

图 4-57　通风隔声窗项目用户体验表

图 4-58　通风隔声窗项目用户满意并赠送锦旗一面

单元式幕墙

1　产品概况

1.1　产品性能

单元式幕墙作为装配式程度最高的一种建筑幕墙产品，其具备以下明显优点：① 幕墙质量容易控制；② 现场施工简单、快捷、便于管理；③ 可容纳较大结构位移；④ 防水性能好；⑤ 容易实现高性能幕墙的要求；⑥ 能够适应现代建筑发展水平的需要。较传统框架式幕墙，单元式幕墙更能满足建筑幕墙的水密性、气密性、抗风压性能、抗平面位移性能。

对于不同地区、不同项目的幕墙水密、气密、抗风压及抗平面位移性能有所不同，我司设计及施工的全球逾千例幕墙案例均满足当地及项目的技术要求，获得了良好的口碑。

1.2　生产工艺

单元式幕墙加工工艺流程如图 4-59 所示。

1.3　技术亮点及创新性

美特自主研发并通过实际工程应用的 GT-M 干法高端幕墙系统取代了传统单元幕墙采用的过桥型材打胶密封的做法，使幕墙板块的安装更加方便快捷，现场无须打胶，安装质量得以把控，降低单元幕墙漏水风险。且系统位移适应能力强，遇台风或地震作用时，单元幕墙板块可自由转动位移，减少幕墙构件的损伤，板块变形复位后，单元幕墙仍始终保持完整的水密气密性，无须再检测维修即可投入使用。干法单元避免了常规系统"锁死"的硬伤，对极端状态拥有更高的适应能力，也带来更优秀的品质。该系统成功应用于上海北外滩 W 酒店项目。

美特开发了一种横向单元幕墙体系，其结构构造不同于传统单元式幕墙，传统单元式幕墙结构一般为悬挂受力，而横向单元幕墙体系为支撑受力，其单元板片下口座安装在层间墙体或支撑构件上，相邻单元板片之间插接安装，其不仅具有窗墙体系的特点，还具有单元幕墙的优势。如横向单元幕墙体系可适用于超宽板片的横向窗墙体系，同时兼具单元幕墙加工组装预制化、建筑安装简约化、工业化的优点，与装配式建筑有很高的契合度。该系统成功应用于上海长峰大厦及上海龙之梦万丽酒店等项目。

1.4　适用范围及市场占有情况

单元式幕墙适用于不同类型的建筑项目，特别是超高层写字楼、五星级酒店，对于复杂造型的展览馆、商业体也可以针对项目的造型进行深化设计，提高单元幕墙的使用范围，提高幕墙的装配化率，更好地实现建筑幕墙性能与效果。

随着建筑行业装配化率的不断提升，单元式幕墙在北、上、广、深等一线城市占有率达到了 60%，在二线城市占有率在 40% 左右，在三线及以下市场占有率在 10% 以下。

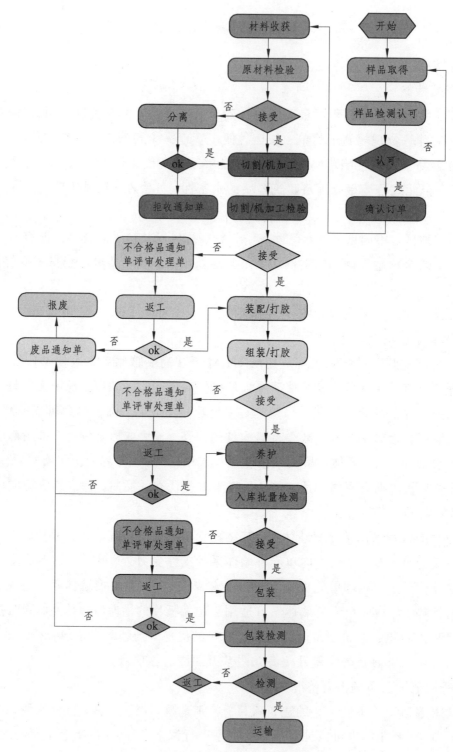

图 4-59 单元式幕墙加工工艺流程

1.5 应用实景图

单元式幕墙应用实景如图 4-60 所示。

图 4-60　应用实景图

2　工程应用要点

2.1　施工及安装要点

单元板块安装过程中应注意的问题：

（1）板块吊装前认真检查各起重设备的可靠性、安装方式的正确性。

（2）认真核实所吊板块重量，严禁超重吊装。

（3）起重工与起重机械操作者认真配合，严防操作失误。

（4）吊装人员都应谨慎操作，严防板块擦、碰伤情况。

（5）吊具起吊单元板块时，吊钩上应有保险，应使各吊装点的受力均匀，起吊过程应保持单元板块平稳，以减小动能和冲量。

（6）吊装就位时，应先把单元板块挂到主体结构的挂点上；板块未固定前，吊具不得拆除，防止意外坠落。

（7）吊装工作属临边作业，操作者必须系好安全带，所使用工具必须系绳防止坠物情况发生。

（8）在恶劣天气（如大雨、大雾、6级以上大风天气）不能进行吊装工作。

（9）安装工人应学习并执行单元幕墙安装的技术规范，确保安装质量。

2.2 运维调适要点

（1）幕墙的保养应根据幕墙墙面积灰污染程度，确定清洗幕墙的次数与周期，每年至少要清洗一次。清洗幕墙时，清洁剂应符合要求，避免产生腐蚀和污染。不同材质的清洁剂不能混用，清洗时应隔离，清洗后要用清水及时清洗干净。

（2）幕墙在正常使用时，使用单位应每隔5年进行一次全面检查，应对板材、密封条、密封胶、硅酮结构胶等进行检查。

（3）幕墙的检查与维修应按下列规定进行：

① 当发现螺栓松动、破损时，应及时修补与更换；

② 发现板材松动、破损时，应及时修补与更换；

③ 发现密封胶或密封条脱落或损坏时，应及时修补与更换；

④ 发现幕墙构件和连接件损坏，或连接件与主体结构的锚固松动或脱落时，应及时更换或采取措施加固修复；

⑤ 应定期检查幕墙排水系统，当发现堵塞时，应及时疏通；

⑥ 当五金件有脱落、损坏或功能障碍时，应进行更换和修复；

⑦ 当遇到台风、地震、火灾等自然灾害时，灾后应对幕墙进行全面检查，并视损坏程度进行维修加固。

（4）对幕墙进行保养与维修中应符合下列安全规定：

不得在4级以上风力或大雨天气进行幕墙外侧检查、保养与维修作业；检查、清洗、保养维修幕墙时，所采用的机具设备必须操作方便，安全可靠。

（5）在幕墙的保养与维修作业中，凡属高处作业者必须遵守现行职业标准《建筑施工高处作业安全技术规范》JGJ 80 的有关规定。

2.3 故障排除要点

（1）当发现螺栓有松动应及时拧紧或焊牢（业主入住后一个月进行检查）。

（2）若发现连接件锈蚀应及时除锈、补漆（半年检查一次，发现应及时修补）。

（3）当发现玻璃松动、破损应及时修复更换（来电来函24 h内赶到）。

（4）当发现密封胶和胶条脱落和损坏应及时更换（每年一次）。

（5）当发现幕墙构件及连接件损坏或连接件与主体结构的锚固松动或脱落应及时更换

或采取加固措施加固、修复。

（6）检查幕墙排水系统，当发现堵塞及时疏通，天沟处在雷雨季节应预先检查（每年雷雨季节进行检查）。

（7）当五金配件有脱落、损坏或功能障碍时，我司及时进行更换和修复（来电来函24 h 内赶到）。

（8）当遇台风、地震、火灾等自然灾害时，灾后对玻璃幕墙进行全面检查，并视损坏情况进行维修加固。

（9）在幕墙工程竣工后一年时我司将对幕墙工程进行一次全面的检查，此后幕墙正常使用，每隔五年进行一次全面检查。对玻璃、密封条、密封胶、结构硅酮密封胶应在不利的位置进行检查。

3　实际应用效果

3.1　实际工程中使用的效果

单元式幕墙在实际工程中使用的效果如图 4-61、图 4-62 所示。

图 4-61　上海交银大厦实景图（鲁班奖项目）

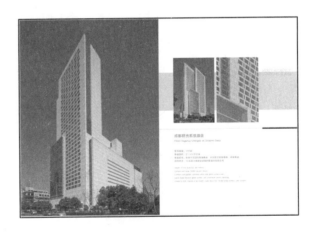

图 4-62　成都群光广场实景图

3.2　与其他同类产品对比

单元式幕墙与普通框架幕墙对比如表 4-10 所示。

单元式幕墙作为高度装配式建筑项目，适用现代建筑发展需求，因其优异的质量可靠性、工期可控性、效果呈现高等优点，随着甲方及社会对建筑效果追求的不断提升，单元式幕墙必将越来越广泛地应用于更多的建筑项目当中。

表 4-10　单元式幕墙与普通框架幕墙对比

项目	单元式幕墙	框架式幕墙
装配化率	优	
质量可控性	优	
水密可靠性	优	
气密可靠性	优	
抗风压性能	优	
平面位移性能	优	
工期控制	优	
异型幕墙适用性		优
同平米造价		优

XTD 秸秆无醛板

1　产品概况

　　XTD 秸秆无醛板主要通过收储农林秸秆压制成新型高密度无甲醛绿色环保板材,以秸秆代木,可为我们的子孙留下一个绿色健康的生活环境。XTD 秸秆无醛板使用高达 95% 的农林秸秆制作,具有高密度、防潮、阻燃、无甲醛等优点,为负碳排放的材料。可个性化定制纹理与色彩,用于包装材料,集装箱地板,家具、地板、墙板,装饰板,家居及零售装修,生活及办公用品等,该技术具有世界公认的唯一知识产权。其环保理念"秸秆代木,改变世界"。如图 4-63 为 XTD 秸秆板产品图,表 4-11 为 XTD 秸秆板性能参数。

图 4-63　XTD 秸秆板产品图

表 4-11　XTD 秸秆板性能参数

测试项目	标准要求		单位	实测结果	评定
密度	$0.65 \sim 0.88$		g/cm^3	0.83	符合
板内平均密度偏差	±8.0		%	-3.6,+6.0	符合
含水率	$3 \sim 14$		%	4.7	符合
2 h 吸水厚度膨胀率	≤6.0		%	2.5	符合
握螺钉力	板边	≥700	N	1 320	符合
	板面	≥1 100	N	1 650	符合
静曲强度	≥13		MPa	15.1	符合
弹性模量	≥1 600		MPa	2 870	符合
内结合强度	≥0.35		MPa	0.59	符合
表面结合强度	≥0.8		MPa	0.98	符合
品质属性	甲醛释放量	≤0.05	mg/m^3	未检出	符合
挥发性有机化合物	苯	≤10	ug/m^3	未检出	符合
	甲苯	≤20	ug/m^3	未检出	符合
	二甲苯	≤20	ug/m^3	未检出	符合
	总挥发性有机化合物（TVOC）	≤100	ug/m^3	未检出	符合

2 工程应用要点

2.1 产品选型要点

根据不同的项目应用，可选择不同的产品，如表 4-12 所示。

表 4-12 产品选型要点

产品名称	参考图	类型	应用	技术说明
XTD 秸秆地板		UV 涂装	商用、家用	使用威林格最新锁扣技术
		PP 膜		
		木贴皮		
XTD 秸秆装饰板		UV 涂装	墙板、家具、天花板等	
		PP 膜		
		木贴皮		

2.2 地板安装要点

我们采用的是威林格 Valinge 最新 5G 锁扣系统，此系统经过优化后可应用于 12～22 mm 的 XTD 地板产品，5G 锁扣系统兼顾水平和垂直方向的锁定强度，远超普通锁扣的啮合度，在挤压与拉伸中不易变形，地板仅需一扣便轻松锁定，不必使用龙骨、铁钉，安装无胶化。

3 实际应用效果

3.1 项目概况

位于上海北外滩的来福士 Surbana 办公室，是一个绿色、健康的办公场所，室内使用的地板、橱柜、会议桌等均使用了我司的 XTD 秸秆板，如图 4-64 所示。

图 4-64　Surbana 办公室图

3.2　捷运解决方案

（1）每使用 1 m³ XTD 秸秆板可减少二氧化碳排放 1.66 t，相当于挽救了 18 棵树，可为实现碳中和、碳减排做出贡献。

（2）甲醛危害：XTD 秸秆板生产过程中无甲醛及任何有害物质的添加，可放心使用于任何场所。

软件开发产品

1 天正近零能耗建筑分析软件

1.1 产品概况

1.1.1 产品技术亮点和创新性

天正公司作为《近零能耗建筑技术标准》GB/T 51350—2019 标准的参编单位，基于该标准正式推出 T20 天正近零能耗建筑分析软件，本软件基于中国建筑科学研究院自主研发的爱必宜（IBE）计算核心开发，具有自主知识产权和核心技术。本软件符合天正软件简单方便易学易用的特点，使用户可以低成本、零学习、高效率地对建筑能耗综合值、供暖年耗热量、供冷年耗热量、建筑气密性、可再生能源利用率、建筑综合节能率、建筑本体节能率等与《近零能耗建筑技术标准》对应的建筑能效指标值进行准确计算，自动做出是符合超低能耗建筑能效指标还是符合近零能耗建筑能效指标的判断，并自动生成相应的报告书。

天正公司是目前市面上唯一一家能够基于爱必宜（IBE）计算核心开发的软件公司，T20 天正近零能耗建筑分析软件是国内唯一一款符合《近零能耗建筑技术标准》GB/T 51350—2019 的建筑能耗模拟计算分析软件，适用于建筑设计工作中的碳排放计算及建筑近零能耗分析等场景。

1.1.2 T20 天正近零能耗建筑分析软件特点

（1）一致化原则。建筑能耗计算中涉及大量参数，设计师通常难以获得完整准确的信息，导致计算结果一致性差。软件通过凝练算法，并提供包含主要计算信息的完整数据库，完美解决建筑能耗计算中遇到的实际数据问题，因此在系统性能参数设置上，尽量遵循准确统一的原则，极大地实现了不同工程师计算结果的一致性，保证了计算和评估结果的一致性。

（2）ISO 标准体系与我国建筑标准体系相结合。该软件同时面向建筑设计、施工人员以及建筑节能科研人员；能耗计算设置尽量减少复杂难以获得的数据的输入；软件界面友好，参数设置基本不涉及过于复杂的专业术语，方便业内人员使用。

（3）涵盖建筑所有用能产能系统。该软件内设能源系统能够基本涵盖目前建筑常用用能产能系统，同时提供默认参数和用户自定义参数两种设定模式，以增强软件的灵活性和适应能力。

（4）计算便捷快速。软件依据 ISO 13790 采用全年逐月计算方法，一个完整的计算周期里包含 12 个计算点，极大地缩短了软件的计算时间，计算时长减少 90% 以上。

（5）直接输出计算报告。软件在完成计算周期后，以 PDF 文档的形式直接输出包括建筑主要信息和计算结果是否满足评价要求在内的计算报告，方便用户查看整体计算情况，并保证计算报告的不可修改性，同时减少整理计算结果的烦冗工作量。

　　T20 天正近零能耗建筑分析软件各项能耗计算示意及结果如图 4-65、表 4-13、表 4-14 所示。

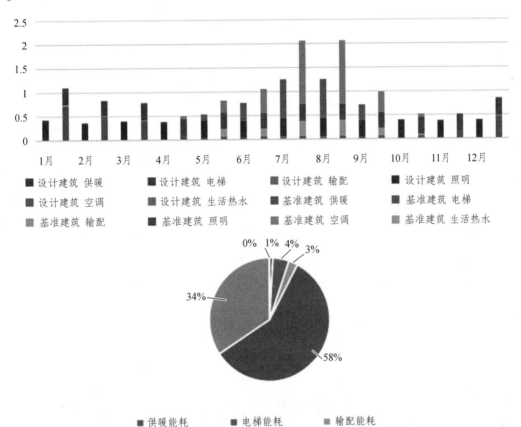

图 4-65　T20 天正近零能耗建筑分析软件各项能耗计算示意

表 4-13　计算结果

项目	设计建筑		基准建筑	
	总能耗/ （kW·h/a）	单位面积能耗/ [kW·h/m²·a]	总能耗/ （kW·h/a）	单位面积能耗/ [kW·h/m²·a]
供暖能耗	964.72	0.07	25 853.77	1.98
供冷能耗	32 214.90	2.40	51 439.88	3.93
输配系统能耗	2 337.52	0.18	16 743.22	1.28
生活热水能耗	0.0	0.0	0.0	0.0
照明系统能耗	54 559.20	4.17	52 558.89	4.02
电梯系统能耗	4 089.50	0.31	10 347.97	0.79
可再生能源发生量	31 919.51	2.44	—	—
不含可再生能源发电的 建筑能耗综合值	94 165.83	7.20	156 943.73	12.00
建筑能耗综合值	62 246.32	4.70	156 943.73	12.00

表 4-14   判定是否满足要求

项目		数值	标准要求	是否满足要求
建筑综合节能率/%		60.34	≥60%	满足
可再生能源利用率/%		33.90	≥10%	满足
建筑本体 性能指标	建筑本体节能率/%	40.00	≥20%	满足
	换气次数 N_{50}	1.00	≤-	满足
结论		本项目技术满足《近零能耗建筑技术标准》中近零能耗建筑的要求		

1.1.3   项目应用实例

1. 工程设置

T20 天正近零能耗建筑分析软件可对所在城市以及建筑类型等进行直观设置。

2. 计算模型建立

能耗分析计算建立在庞大的数据和模型基础之上，设计者需要承担大量的数据查询以及建模的工作。T20 天正近零能耗建筑分析软件与 T20 天正建筑碳排放分析软件、T20 天正节能分析软件、T20 天正分析日照软件以及 T20 天正分析采光软件共用天正建筑模型数据，数据读取迅速准确、编辑调整简单方便，如图 4-66 所示，无须二次建模，从源头解决设计者的"建模烦恼"。

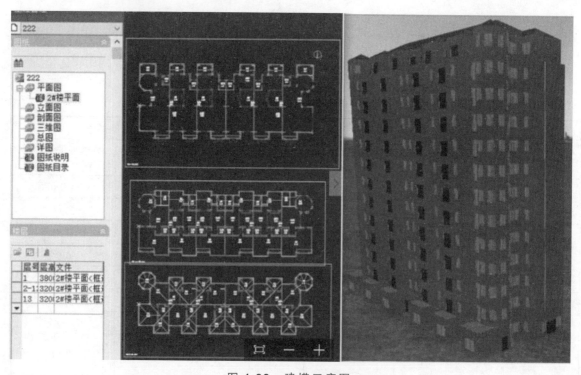

图 4-66   建模示意图

3. 数据设置

数据设置包括冷源、热源、生活热水、运行方式、可再生能源和全局区域设置等，如图 4-67 所示。

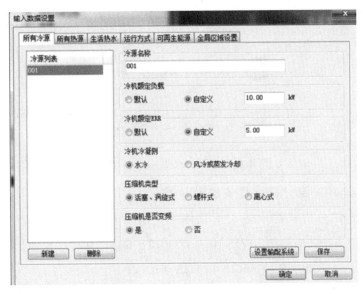

图 4-67　数据设置示意图

4. 能耗设置

能耗设置包括外墙、内墙、门、窗、凸窗、屋顶、房间、玻璃幕墙、架空楼板等，如图 4-68 所示。

图 4-68　能耗设置示意图

5. 能耗计算

点击"能耗计算"命令后，软件会自动运行，计算完成后会生成相应的 PDF 格式计算报告书，如图 4-69 所示。

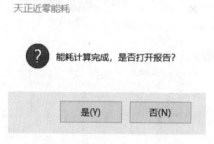

图 4-69　能耗计算完成提示

1.2　T20 近零能耗建筑分析软件安装及运维

T20 近零能耗建筑分析软件承接天正软件一贯简易安装、方便操作等优势，支持天正建筑 7.0 底层，支持 64 位 WIN7、WIN10 系统 R18、R19、R20、R21、R22 和 R23 平台，32 位 WIN7 系统 R18、R19、R20、R22 和 R23 平台。

1.3　实际应用效果

基于 IBE 核心研发的 T20 近零能耗分析软件能促进国家能碳双控，为实现建筑行业的"碳达峰，碳中和"做出贡献。

彩色三叠层碲化镉发电玻璃

1　产品概况

1.1　产品名称及性能参数

产品名称：彩色三叠层碲化镉发电玻璃。

1.1.1　性能参数

产品的电性能参数（部分颜色）如图 4-70 所示。

STC下的电性参数						
型号		COM-S8-天空蓝		COM-S8-香芋紫		COM-S8-中国红	
最大额定功率	Pmax(W)	220	210	210	200	160	150
功率公差	(%)	±3	±3	±3	±3	±3	±3
最大功率点的工作电压	Vmpp(V)	139.7	138.8	139.9	137.1	139.5	139.2
最大功率点的工作电流	Impp(A)	1.58	1.52	1.51	1.5	1.12	1.08
开路电压	Voc(V)	179.6	178.3	178.1	177.6	177.8	176.9
短路电流	Isc(A)	1.70	1.68	1.68	1.64	1.30	1.22
逆电流承受阈值	(A)	3.5	3.5	3.5	3.5	3.5	3.5

STC（标准测试条件）：辐照度1000W/m²，电池温度25℃，大气质量AM1.5

图 4-70　产品的电性能参数（部分颜色）

产品的机械参数如图 4-71 所示。

机械参数		
组件尺寸	1600*1200*31mm	1600*1200*37mm
厚度	11mm	17mm
封装后组件厚度	31mm（含接线盒）	37mm（含接线盒）
面积	1.92m²	1.92m²
重量	50kg	74kg
导线	2.5mm²，900mm	2.5mm²，900mm
旁路二极管	HY6A10S	HY6A10S
前板玻璃	3.2mm超白钢化玻璃	6mm超白钢化玻璃
背板玻璃	3.2mm钢化玻璃	6mm钢化玻璃
电池类型	碲化镉电池	碲化镉电池
封装	PVB/POE	PVB/POE
子电池数量	215*4片	215*4片
可选颜色	中国红、恒星绿、天空蓝、香芋紫、雪花银等，支持定制	

图 4-71　产品的机械参数

1.1.2　产品优势

（1）价值优势：依托中国建材建立起碲化镉发电玻璃的品牌价值、社会价值、产品价值、经济价值、服务价值。

（2）结构优势：产品结构设计科学合理，具备优异的载荷性能、耐冲击性能、防水汽性能。

产品满足 5 400 Pa 动态机械载荷（幕墙国标准入：＞1 000 Pa）；依据《建筑用太阳能光伏夹层玻璃》GB 29551 对比测试 CdTe 发电玻璃与晶硅产品，霰弹袋冲击测试后 CdTe 内部无隐裂，无因此导致的电性能衰减，如图 4-72 所示。具备 PIB 结构，防水汽透过性能优越，经过 DH1000/2000/3000 测试，仍然保持稳定输出，25 年功率输出衰减不大于标称功率的 15%；满足建筑 30 年以上使用要求。

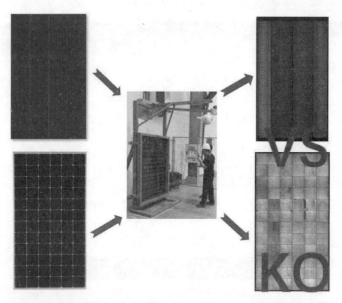

图 4-72　碲化镉与晶硅霰弹冲击对比

（3）功能优势——透光优势：研发世界一流的均匀透光发电玻璃，实现既发电又采光，达到节能降耗的目的。红外光截止率达到 75%，如图 4-73 所示。

图 4-73　碲化镉与晶硅 BIPV 产品透光效果对比

（4）外观优势，即建筑美学优势：色彩多样丰富，与建筑完美结合，满足设计师对现代建筑设计美学的要求，如图 4-74 所示。

图 4-74 彩色三叠层碲化镉 BIPV 应用案例

（5）电性能优势：

① 发电量大，电站实证数据，2021 年 4 月单位装机容量的碲化镉发电玻璃比晶体硅，发电量多 3.91%，如图 4-75 所示。

电池类型	CdTe	单晶硅
生产商	成都中建材	某大厂
类型	标准组件	单玻单晶Ga掺杂p型硅72p（半片）
标签功率(W)	240	450
装机容量(KW)	2.16	3.6
安装方式	3串3并	全串联
4月累计发电量(KWH)	264.78	424.71
单位装机容量发电量(KWh/KW)	122.58	117.98
相对发电量	103.91%	100%
安装地点	海南省定安县，北纬19°13′~19°44′	
统计日期	2021/4/1~4/30	
安装倾角	15.5°	

图 4-75 碲化镉与单晶硅发电量对比

2020 年 5 月 7 日邯郸低辐照度下（1 ～ 100 W/m²），不同安装角度，发电量优于晶硅。90°立面安装方式 CdTe 发电玻璃的输出功率总和比多晶硅 module 高 4.54%，36°最佳倾角安装方式 CdTe 发电玻璃的输出功率总和比晶硅高 10.6%，如图 4-76 所示。

② 优越的耐热斑性能：采用特殊热斑线工艺的碲化镉发电玻璃产品耐热斑遮挡能力强，受阻挡影响小。

③ 低温度系数，在低纬度、高温、高湿的条件下，CNBMCOE CdTe 发电玻璃因其低温系数优势，其功率输出下降少，发电性能更优，如图 4-77 所示。

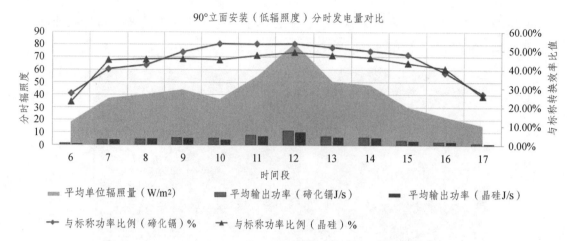

（a）90°立面安装（低福照度）分时发电量对比

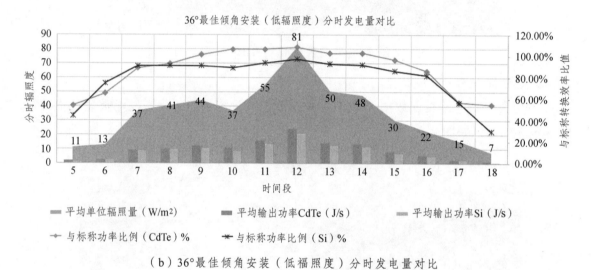

（b）36°最佳倾角安装（低福照度）分时发电量对比

图 4-76 不同安装角度碲化镉与单晶硅发电量对比

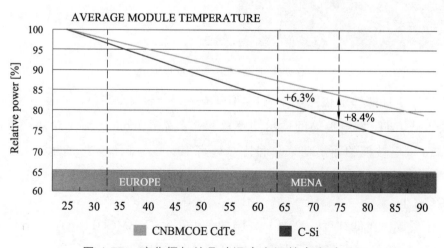

图 4-77 碲化镉与单晶硅温度高温效率衰减对比

1.2　生产工艺

三玻层压封装工艺技术，提出了封装胶膜结合体电阻及熔融指数选材方案，实现了三玻产品低碎片率（0.2%以下），低气泡产生率（1%以下）的高质量封装，180°剪切剥离强度达到了 200 N/cm。

1.3　技术亮点及创新性

根据 BIPV 市场对发电玻璃产品提出的要求，开发了一种采用"三明治"结构的三叠层碲化镉发电玻璃产品，利用盖板玻璃的可变性，实现外观的变化，解决了双玻碲化镉发电玻璃结构安全性差、颜色外观单一、隔热隔音性能较差的问题。在工艺技术方面解决了大面积三叠层碲化镉发电玻璃夹胶过程易出现碎片，玻璃边缘、封装材料界面及引流铜带附近容易出现气泡的技术难题。本技术所取得的创新点主要有：

（1）开发了一种三玻双夹胶的碲化镉发电玻璃，提高了产品结构强度，可以通过玻璃霰弹冲击 120 cm 高度的测试，超过传统结构 100%，国际上率先实现了碲化镉发电玻璃符合建筑设计规范的要求，如图 4-78 所示。

图 4-78　霰弹冲击测试图片

（2）开发了一种采用点图案印刷玻璃结合抗热斑设计的三叠层产品，实现了"黑玻璃变彩虹""黑玻璃变画卷"的产品转化，并最大限度地保留了发电玻璃的发电能力，最高可以保留 91.2%的产品功率，如图 4-79 所示。

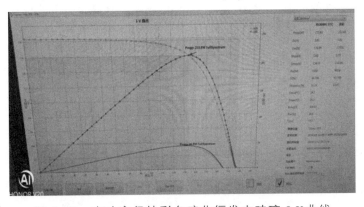

图 4-79　高功率保持彩色碲化镉发电玻璃 I-V 曲线

（3）开发了一套三玻层压封装工艺技术，提出了封装胶膜结合体电阻及熔融指数选材方案，实现了三玻产品低碎片率（0.2%以下），低气泡产生率（1%以下）的高质量封装，180°剪切剥离强度达到了 200 N/cm，如图 4-80 所示。

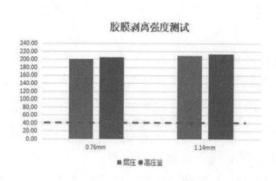

图 4-80　剥离强度测试

1.4　适用范围及市场占有情况

本技术开发的产品适合应用在建筑上，适合所有节能建筑，市场规模巨大，同时持续发电所带来的效益将不断降低建筑成本。在欧洲，2020 年新建建筑要达到 100%的被动式建筑。在我国，2021 年 10 月 26 日，国务院关于印发《2030 年前碳达峰行动方案的通知》（国发〔2021〕23 号）中，特别强调：要深化可再生能源建筑应用，推广光伏发电与建筑一体化应用。到 2025 年，城镇建筑可再生能源替代率达到 8%，新建公共机构建筑、新建厂房屋顶光伏覆盖率力争达到 50%；建造节能建筑是未来的要求和趋势。因此应用节能环保发电建筑材料势必是今后建筑行业的主流趋势，发展前景广阔。

1.4.1　市场占有情况及前景

当前现状为：晶硅为主，薄膜为辅。目前晶硅电池因量产效率更高且装机主要集中于集中式电站而占据主导地位，2020 年全球电池产量占比 94.9%，薄膜电池占比 5.1%；碲化镉在薄膜电池中占据绝对主导，2020 年全球薄膜电池产量约 6.48 GW，其中碲化镉电池 6.12 GW。

碲化镉产品因其独特优势，更适用于 BIPV 项目。我国 BIPV 项目 2020 年总装机量 709 MW。

1.4.2　潜力

我国既有建筑面积 600 亿平方米，可安装太阳能光伏电池近 30 亿平方米，约 400 GW；我国每年新建建筑面积 20 亿平方米，可安装太阳能光伏电池近 1.5 亿平方米，约 20 GW。

1.5　项目应用实景图

本产品已经在张家口市民中心项目、上海凯胜机器人项目、张掖服务区项目、丽江水泥厂项目、成都彭州航空科技展览馆项目、攀枝花石墨烯工业园项目等得到了应用，如图 4-81 ~ 图 4-84 所示。

图 4-81　丽江水泥厂项目

图 4-82　彭州航空科技博览园项目

图 4-83　攀枝花石墨碳工业园项目

图 4-84　张家口市帝达世博广场改造项目

2　工程应用要点

2.1　施工及安装要点

2.1.1　安全

在操作、安装或电气连接碲化镉发电玻璃之前,必须阅读并理解所有说明和安全信息。不遵守安全、安装和操作说明可能会导致受伤。只有专业人员才能进行碲化镉发电玻璃或系统的安装、操作和维护。

常规安全要求:

(1)碲化镉发电玻璃设计符合 IEC61215 和 IEC61730 标准,其等级评级 Class Ⅱ,单体或系统可能输出危险的电压、电流和功率。

(2)根据 IEC61215 已经对碲化镉发电玻璃进行了设计载荷评估,机械承载取决于所用的安装方法,可能会影响承受雪和风荷载的变化,系统安装人员必须确保所使用的安装方法符合当地的法律法规。

(3)玻璃品易碎,拿取以及安装时应轻拿轻放,避免磕碰。

(4)发电玻璃属于电气产品,安装和操作时需专业的技能,使用时需咨询专业人士。

(5)安装和维护时禁止踩、站或坐在组件上。

（6）安装组件以及电气接线时，需佩戴上相应的安全帽、安全眼镜、绝缘手套、绝缘鞋以防割伤、碰伤、触电。

（7）组件拆箱摆放时请参照包装运输规则，避免损坏组件以及造成人员伤害。

（8）禁止任何形式的改造、打开、破坏组件。

（9）安装过程中，禁止任何尖锐的或者金属物接触磕碰玻璃。

（10）吊装组件时，组件吊装受力点需进行软垫保护，禁止吊装点直接受力，以免玻璃发生破碎。

（11）选择安装位置和碲化镉发电玻璃支撑结构，以确保碲化镉发电玻璃和连接器（打开或配对）不会浸入水中。

（12）任何情况下，产品着火后，禁止使用水来灭火。

（13）维护保养中清洗产品时，禁止使用酸性或者碱性清洗剂清洁，可使用中性清洁剂清洁。

2.1.2　安装环境要求

（1）避免阴影区，即使是最小的遮盖物（比如积灰）也都会降低输出功率。

（2）充足的通风，组件高温会降低组件的性能和输出功率，良好的通风能有效避免组件温度过高。

（3）组件请勿安装在靠近易燃气体处（例如加油站、储气罐等）。

（4）组件请勿安装在靠近明火或者易燃材料处。

（5）组件安装在极端或特殊环境下，请先咨询公司专业人员进行产品的特殊设计以便于产品安全地在极端或特殊环境下使用；极端或特殊环境包括极端沙尘损害的地区、极端空气污染环境（如化学蒸汽、酸雨、重金属颗粒烟雾和烟煤）、易燃易爆、腐蚀气体环境中。

（6）组件请勿暴露在激光辐射源。

（7）组件请勿安装存在极端冰雹或降雪的地区，确保组件安装所受到的风或者雪的压力不超过最大允许载荷。

（8）对于安装龙骨结构要求，钢结构保持平整，无焊点、焊渣、螺钉等凸起，防止组件局部受力扭曲变形破裂。

（9）安装地点若有频繁雷电活动，必须要对组件进行防雷击保护。

（10）组将请勿安装在可能被浸泡在水里或者因洒水车或喷泉持续与水接触的地方。

（11）组件请勿安装在海洋环境或直接受到咸风袭击的地区，建议组件安装至少远离海洋 500 m。

（12）因为太阳光线垂直照入光伏组件将会产生最大功率，为了避免光伏系统的输出功率下降，必须确保同一系统中的组件有相同的方向和倾斜角度。对于各地详细安装角度，请依据所咨询的专业安装商给出的建议进行安装。

（13）推荐环境温度：−20 ℃ 到 60 ℃。

（14）极限工作温度：-40 ℃ 到 85 ℃。

2.1.3 结构安装

碲化镉发电玻璃作为薄膜太阳能光伏构件，安装应用场景及形式繁多，这里只举例介绍常见的应用场景供参考。光伏电站的整体安装施工，应按照当地的法规、标准，委托具有光伏新能源、幕墙安装等对应资质的单位，根据场地、土建结构、气候等因素进行系统化设计，并由施工资质单位按照国家标准、设计文件进行安装。

设计定型的发电玻璃经过第三方型式试验，出厂前全检，安装前全检，正常环境条件下，不会在寿命周期内自然破损，破损的主要原因是外力及不合理安装，发电玻璃生产厂商免于承担非质量原因导致的破损及其他人身、财产等损失。

1. 结构安装的一般要求

（1）避免把发电玻璃安装在阴影区，遮挡会降低产品输出功率。

（2）发电玻璃高温会降低发电性能和输出功率，良好的通风能有效避免温度过高。

（3）推荐环境温度：-20 ℃ 到 60 ℃。极限工作温度：-40 ℃ 到 85 ℃。

（4）请勿安装在靠近高温明火、易燃易爆材料及气体处。

（5）请勿安装在存在潜在极端冰雹、沙尘、飞石、泥石流、塌方等自然灾害易发生地区。

（6）禁止在天气恶劣如大风、雨、雪时作业。

（7）请勿安装在有化学蒸汽、酸雨、重金属颗粒烟雾、煤烟等极端空气污染位置。

（8）请勿把发电玻璃长期浸泡水中，冷水长期喷射发电玻璃。

（9）发电玻璃的倾角和朝向不同，系统发电量不同。并网发电系统一般追求全年最佳发电量，离网发电系统一般追求全年供电平稳，幕墙等光伏建筑一体化系统追求建筑功能兼顾发电量。每个地区的不同发电系统因地理位置、气候条件、功能不同，倾角值是不一样的，请参照当地标准综合其他因素，选择符合项目的最佳倾角值。

（10）发电玻璃可以承受的载荷与安装结构是密切相关的，发电玻璃支撑结构须由抗腐蚀、耐老化的材料构成，支架、紧固件、结构胶等结构材料和发电玻璃连接成的整体应牢固稳定，必须能承受当地 50 年一遇的风雪载荷。

2. 平面安装

平面安装主要应用在水泥平屋顶、平地面电站系统，一般采用桩基、水泥配重，安装槽钢或铝合金支架，在支架导轨上安装发电玻璃，如图 4-85 所示，适用于边框、副框发电玻璃。

（1）评估可靠性：安装前应评估屋顶承重是否有足够的载荷可承受该安装方式，一般水泥平屋顶的承重荷载不小于 1 kN/m²，具体项目需具体分析评估。

（2）放线定位：根据排布图定位水泥基础浇筑位置。

（3）浇筑基础：支模，使用 C25 混凝土建筑并预埋构件，震实固化后拆模，高度＞300 mm 为宜。

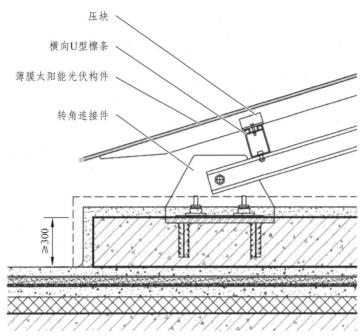

图 4-85　平面安装示意图

（4）安装支架：根据支架厂商说明安装支架。

（5）安装玻璃：用压块压紧发电玻璃边框（副框），螺栓扭矩 16 N·m。

3. 框式安装

框式安装方式主要应用在幕墙、车棚、采光顶、阳光房等建筑上，采用副框发电玻璃，通过压块固定到钢构上，玻璃之间缝隙采用硅酮密封胶填充密封，如图 4-86 所示，适用于副框发电玻璃。

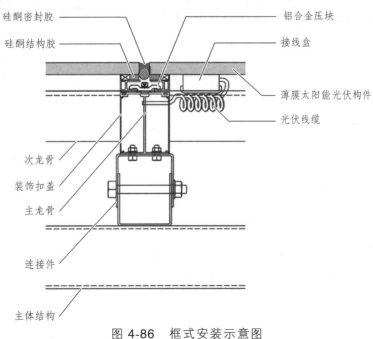

图 4-86　框式安装示意图

（1）安装钢构：按照项目结构设计图纸，焊接钢构龙骨，生成安装发电玻璃的平面，一般方框中心距 1 620 mm×1 220 mm，钢结构框格保持平整，无焊点、焊渣、螺钉等凸起，防止碲化镉发电玻璃局部受力扭曲变形，最后玻璃间的缝隙填充硅酮密封胶。

（2）定位玻璃：定位发电玻璃，玻璃之间缝隙 16～20 mm 为宜。

（3）紧固压块：使用燕尾丝紧固压块。

（4）硅胶密封：玻璃边缘粘贴美纹纸，缝隙填充泡棉棒，使用硅酮密封胶进行填充缝隙。

2.1.4 电气安装

碲化镉发电玻璃作为发电系统电气部件，不正确的接线可能会损坏产品，导致质保失效，甚至引发触电、火灾等事故。光伏电站的接线设计应按照当地法规、标准，结合发电系统中逆变器、汇流箱（盒）、电缆等设备材料参数、当地辐照、气温等因素，由光伏新能源电气设计资质单位进行系统化设计，并由光伏新能源施工资质单位按照国家标准、设计文件进行电气施工。

（1）为便于后期运维检修，建议使用接线拓扑结构清晰的直流汇流箱（盒），对各线路用户外防老化线标进行标识。

（2）建议使用配套剥线工具，保证不损伤导体铜丝。

（3）线缆弯折的最小半径不小于电缆直径的 4 倍，如图 4-87 所示。

图 4-87 线缆弯折

（4）未固定的线缆在风中长时间摇曳会损伤线缆导致漏电、打火，接线后应固定线缆，通过恰当途径来固定线缆，采用耐光照的扎线、线卡来固定，被固定在支架上的时候，需要避免线缆或者玻璃被机械损伤。虽然线缆是耐光照和防水，但是也要避免阳光直接照射以及水浸泡线缆。

（5）直流接线环路圈住的面积越小越好，以防雷电天气产生感应电压损坏发电玻璃，同时直流线路中应配置防浪涌保护装置。

（6）接线盒、连接器外壳均为有机材料，禁止接触有机溶剂，否则可能引起变形开裂。

（7）交流电缆按照对应电气设备要求进行选型（表 4-15）。直流电缆选用具有 TUV、UL、CQC 等质量认证之一的光伏专用电缆，电缆规格应根据电流、电缆敷设环境等因素合理选型。

表 4-15 直流电缆典型应用

应用工况	组串电缆	汇流电缆
工况电流/A	＜2.5 A	＜15 A
电缆型号	PV1-F-1×2.5 mm²	PV1-F-1×4 mm²

2.2 运维调试要点

碲化镉发电玻璃发电系统运行维护，是以系统安全为基础，通过预防性维护、周期性维护以及定期的设备性能测试等手段，科学合理地对系统进行管理，以保障整个碲化镉发电玻璃发电系统的安全、稳定、高效运行。

运维工作执行前，认真学习熟悉电力生产相关法规，如《电力安全工作规程》《电业生产事故调查规程》及相关生产规程及技术标准。充分考虑《光伏建筑一体化系统运行与维护规范》JGJ/T 264—2012，对于此文件中提到的巡检内容，要求，巡检周期，记录必须严格执行，仔细阅读相关设备的说明书、手册、操作指南，并制作填写运维登记表。

玻璃幕墙运维主要分两个要点：第一是碲化镉发电玻璃的清洁和保养，第二是碲化镉发电玻璃幕墙的定期检查与维修。

1. 碲化镉发电玻璃的清洁和保养

光伏幕墙建筑本身附着的灰尘异物比较少，刮风下雨都有所清洁，但是为了检查建构安全和提高发电量，此工作可以和幕墙结构检查一起做。

清洗幕墙外墙面的机械设备（如清洗机或吊篮等）和工具，应安全可靠、操作灵活方便，以免擦伤和碰坏幕墙表面。

清洗幕墙应选用对玻璃及构件无腐蚀作用的中性清洁剂清洗，最后用清水洗刷干净。

在夏季一天中比较热的时间（11:00—15:00），请勿用冷水清洗幕墙，以防引起剧烈热冲击损坏发电玻璃。

2. 碲化镉发电玻璃幕墙的定期检查与维修

当发现螺栓松动应拧紧或焊牢，当发现连接件锈蚀应除锈补漆。

当发现玻璃松动、脱落及破损、密封胶和密封条脱落、老化或损坏，应及时修复或更换。

当发现幕墙构件连接件损坏，或连接件与主体结构的锚固松动或脱落，应及时更换或采取措施加固修复。

玻璃幕墙在正常使用时，每隔一年应进行一次全面检查。对玻璃、密封条、密封胶、结构硅酮密封胶等关键位置进行检查。

2.3 故障排除要点

电气部分的运行维护必须取得相关行业证件，才能到岗操作。电气的维护主要有以下方法：

（1）目测法。首先通过观察，查看设备有无变形、锈蚀、漏水、积灰、报警、故障历史、故障、断闸、烧坏的隐患或异常。

（2）检测法。通常电气设备和工程都有故障保护措施。

运维工作需要仪器仪表来测验，常用仪表有万用表、兆欧表、钳形电流表。通常测验相关电学参数，找出故障点。

（3）存档登记法。根据设备质保年限和历史故障记录，做出预警，对于通信监控设备确定年费到期时间（GPRS），提前续费。

3 实际应用效果

3.1 应用效果

攀枝花石墨碳工业园项目总装机容量 1.25 MW，按照 25 年使用寿命计算，可实现年均发电量 93.5 万千瓦时，从节能减排的角度来讲，每年可节约 307 t 标准煤使用，减少二氧化碳排放量约 933 t，如图 4-88 所示。

图 4-88　攀枝花石墨碳工业园项目幕墙图

丽江这家水泥厂装上 BIPV 后，不仅用上了绿色电力，实现了节能减排，更成为古城的一道亮丽风景线，如图 4-89 所示。

图 4-89　云南丽江水泥厂外墙改造图

该项目年平均发电量 67.843 万千瓦时，25 年总发电量 1 696.067 万千瓦时。同燃煤火电站相比，按标煤煤耗为 304 g/kW·h 计，每年可节约标准煤约 206.9 t，减排二氧化碳约 552.2 t、二氧化硫约 4.2 t、氮氧化物约 1.4 t。

中建材凯盛机器人（上海）有限公司作为上海首个最大碲化镉发电玻璃综合集成项目，这座建筑东、西、南三个立面安装碲化镉发电玻璃幕墙，总面积 3 000 多平方米，装机容量约 400 kW，如图 4-90 所示。以 25 年使用寿命计算，可实现年均发电量 23 万千瓦时，这意味着整个园区的研发办公用电可以完全通过建筑自身产出的绿色能源得到解决。从节能减排的角度来讲，每年可以节约 80 t 标准煤使用，减少二氧化碳排放量约 227 t。

图 4-90　上海凯盛机器人项目幕墙图

彭州航空展览馆项目在屋顶创新采用了碲化镉发电玻璃，使整个建筑屋顶既能通过光电转化为建筑提供绿色的能源，又符合建筑安全规范要求，同时还能满足顶层采光、隔热保温需求，集绿色创能、低碳节能、安全美观等优势于一体，如图 4-91 所示。该项目屋顶共安装 620 片发电玻璃，装机容量为 50 kW，按照 25 年使用寿命计算，可实现年均发电量 3.74 万千瓦时，从节能减排的角度来讲，每年可节约 12.28 t 标准煤使用，减少二氧化碳排放量约 37.32 t。

图 4-91　彭州航空展览馆项目图

3.2　与其他同类产品相比

目前国内生产定制彩色 BIPV 产品的单位众多，但是多数以牺牲产品功率的方式实现，一般为实现彩色形式将损失 40%～60%的功率，由于太阳能电池的热斑效应问题，定制图案花纹的产品多数还在研发阶段。与之相比，本项目开发的彩色三叠层碲化镉发电玻璃产品系列，开创的技术可保留 91.2%的产品功率，产品结构强度超出传统产品 100%，通过严格测试，已形成了一套成熟的生产技术，实现了大面积碲化镉发电玻璃符合建筑设计规范的要求，并成功打入市场。

新型建筑自保温系统

1　产品概况

实现我国双碳目标的路径中，建筑节能仍然是重要的技术路径之一。在绿色建筑行业，因地制宜利用现有的资源开发新型绿色建筑墙体材料具有非常重要的意义和应用前景。四川地区页岩资源丰富，烧结页岩产品具有优良的耐久性、安全性。西南科技大学马立教授团队成功研制出以烧结页岩复合保温砌块为建筑主体材料，加以配砖和保温砂浆形成的高性能外墙自保温系统。该系统很好地满足夏热冬冷地区建筑节能 65% 甚至更高标准要求，根本解决了目前建筑外墙内外保温系统脱落、易燃的致命弱点，保温性能良好、可靠安全、与建筑同寿命，因此该产品具有巨大的社会意义和经济价值。

1.1　市场占有情况

中国是当今世界上砖瓦产品生产及机械制造最具活力的发展中心之一。以烧结页岩复合保温砌块为主导产品的自保温系统引领砖瓦行业向着健康的方向发展，烧结页岩复合保温砌块成为产品结构调整的主要方向。传统砖厂具备相应的烧制设备与烧制技术，为烧结页岩复合保温砌块市场化提供了有力的支持。随着国家政策"县城新建住宅以 6 层为主，6 层及以下住宅建筑面积占比应不低于 70%"的推进。6 层及以下建筑就可以应用砖混结构建筑，烧结页岩复合保温砌块的应用市场会进一步扩大。2014—2019 年烧结页岩砖年产值如表 4-16 所示。

表 4-16　2014—2019 年烧结页岩砖年产值

年份	2014 年	2015 年	2016 年	2017 年	2018 年	2019 年
烧结砖产量/亿块	5 078.2	5 413.9	5 697.9	5 302	5 008.5	3 982.2
主营业务收入/亿元	3 419.7	3 749.7	5 300.0	3 754	2 445.1	
利润总额/亿元	248.2	263.5	293.8	250	160.5	

注：1. 数据来源：《中国建筑材料工业年鉴》2016 年（P103～104）、2017 年（P163～164）、2018 年（P109～111）、2019 年（P130～133）。2019 年鉴是 2018 年数据，以此类推。2014 数据是由上一年数据和增长率换算的。

　　2. 2016 利润总额 3 434.8 亿元（2017 年鉴 P163），与其他年份相差太大，取 2016 增长率换算。

　　3. 2019 年产量数据来源：国家统计局《国家统计联网直报门户》《2019 年中国建材行业经济运行报告》中国建材联合会 http://lwzb.stats.gov.cn/pub/lwzb/gzdt/202005/t20200528_5263.html

目前调研情况，烧结砖年产值为 3 982.2 亿块（2019 年）预计年产值，占据市场 2/5，在未来，随着国家政策推行，烧结页岩复合保温砌块将具有更为广阔的发展空间。

1.2　产品适用范围

外墙自保温系统适用于建筑外墙能采用较大的砌块填充且混凝土的结构部位较少的

建筑群体。因此，采用自保温系统的建筑结构主要有以下几类：框架结构、框剪结构、多层及低层建筑。

1.3 主要性能指标

新型建筑自保温系统以烧结页岩复合保温砌块作为主体材料，具有极高的保温性能。其中非承重型砌块：容重 800 kg/m³、抗压强度≥5 MPa、干燥值＜0.4 mm/m、吸水率≤15%。烧结页岩复合保温砌块材料参数见表 4-17，实物图见图 4-92。

表 4-17   材料参数

材料名称	尺寸/mm	密度/（kg/m³）	传热系数/[（m³·K）/W]	强度/MPa
烧结页岩复合保温砌块	200×230×220	709	0.69	6.1
保温砂浆			0.098	2.57

备注：该产品满足密度等级 800、强度等级 MU7.5、传热系数等级 0.7 性能要求。

图 4-92   烧结页岩复合保温砌块实物图

1.4 产品与同类产品对比

1.4.1 施工快，成本低

新型建筑自保温系统施工周期短、不受季节变化限制，施工方便，一次性施工能彻底解决传统外保温系统带来的开裂、起鼓、脱落等现象；与外保温系统相比，同样的住宅面积，在施工过程中可节省 40%的施工费用，施工进度可加快 1/2。

1.4.2 具有安全、可靠、耐久优势

由于烧结页岩原料特有优势，复合无机保温材料后，该系列产品同时兼顾保温性能与防火性能、安全性能与耐久性能，其保温性能可相当于 75 mm 的苯板的保温效果，远超于国家建筑节能 65%要求；建筑寿命可达 50 年，防火性能达到 A 级防火结构要求。根据《复合保温砖和复合保温砌块》GB/T 29060—2012 规范要求，本产品墙体材料满足密度等级 800、强度等级 MU7.5、传热系数等级 0.7 要求。

1.4.3 市场潜力大

该系统主体材料为烧结页岩，原材料资源丰富，并且四川地区烧结页岩生产厂家多，

在不改变生产工艺、设备、模具的前提下，实现大幅度调整保温性能、强度指标，对于提升砖瓦产品质量具有重大意义。

1.5　技术创新点

基于烧结页岩复合保温砌块的外墙自保温系统，不需要在主体墙体内外增加保温隔热构造系统，省去了内、外复合的保温系统材料和施工，具备优良的保温、隔热和蓄热能力、安全防火不脱落、耐候性和耐久性卓越。

2　工程应用要点

我国各地区的气候存在差异，在进行建筑外墙自保温施工前，必须充分了解工程所处区域的实际气候特征，针对其气候特点制订科学合理的节能保温施工方案，然后按照施工准则进行外墙自保温系统的构造。

热桥处理技术：热桥在建筑外围护结构中占有一定比例。在建筑墙体结构中梁柱结构上易产生热桥，节点位置需做好妥善处理。解决措施是加贴节能保温材料，做好保温层结构，然后在外部结构上涂抹专用砂浆。对于保温层的厚度不同的热桥部位，采用的处理措施也不同，不同保温层厚度的热桥部位处理方法如表 4-18 所示，通常的处理措施有外露柱、半包柱和全包柱，如图 4-93 所示。

表 4-18　不同保温层厚度热桥处理方法

保温层厚度	≤50 mm	50 mm≤L≤100 mm	≥100 mm
处理方法	外露柱构造进行处理，采用无机保温砂浆，需要满挂网并用锚栓固定	半包柱构造进行处理，使用空心辅助砌块，适宜满挂网处理	全包柱构造进行处理，使用空心砌块进行砌筑，无机保温砂浆满足固定要求

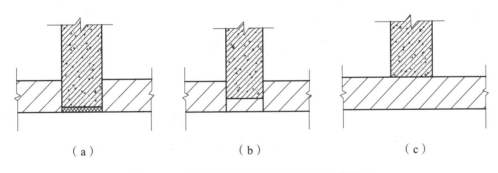

图 4-93　不同保温层厚度热桥处理措施图

配套材料：外墙自保温体系主要利用保温砖、保温类砌块砌筑而成。外墙自保温系统配套材料一般包含专用砌筑砂浆、连接件等。其中砌筑砂浆的导热系数对热桥的形成和自保温墙体的保温隔热性能有重要影响，因此对于自保温系统，必须使用低导热系数的砌筑砂浆。采用专用配套砌筑，其强度、体积密度、导热系数、蓄热系数和粘结度等性能都要符合规定，能够起到断桥隔热作用，同时兼有抗外墙开裂性能。

3 实际应用效果

3.1 生产工艺

该系统主要墙体材料采用先进的生产工艺，出料、成型全部实现自动化，流水线运行，易于保养和维护。

3.2 自保温体系产业化潜力分析

以烧结页岩复合保温砌块为主体材料的建筑外墙系统具有成本低、保温效果好、施工方便、安全可靠、节能工期等优点，在使用过程中具有以下优势：

安全可靠：该类墙体材料使用时间长、与建筑物同等寿命，不脱落，与普通保温板相比更为安全可靠，防火等级为不燃 A 级。

成本分析：普通空心砖单价为 34 元/m²，保温砖单价为 74 元/m²，30 mm 厚的保温板单价为 97 元/m²，因此外墙自保温系统与外保温系统成本比较，外保温系统成本为 131 元/m²，自保温系统成本为 74 元/m²，差价为 57 元/m²，因此经济效率可提高 43.5%（注：暂未考虑人工费用成本）。

节省工期：自保温系统省去了外墙粘贴保温板的施工工序，施工方便，直接在复合保温砌块外侧抹灰即可，节能工期，大大提高施工速度。

3.3 预期经济效益与社会效益

经济效益：从市场价格和目前市场应用情况来看，自保温系统应用潜力巨大，并且以烧结页岩复合保温砌块为主体材料的建筑墙体具有最佳性价比。虽然此种自保温体系单价略有提高，但是省去了外保温材料和施工、人工费用。由成本分析可知，外保温系统成本约 131 元/m²，该种墙体系统保温材料易受外界气候影响，且耐久性差，实际使用年限一般在 5 ~ 10 年，在后期需要投入较大的维修费用，按照现在夏热冬冷地区应用情况来看，该地区外保温按照普通投资施工，不仅会出现开裂、脱落等现象，严重还会危及人身安全。而自保温系统成本为 74 元/m²，主体材料使用年限能实现建筑同寿命，因此维护费用极大降低，总体费用效率远超于外保温体系。

社会效益：墙体自保温体系所依靠的自保温墙体材料，不仅能够就地取材，而且与传统墙材相比，可靠真实地实现了优良的保温性能和安全性能，烧结页岩复合保温墙体真正实现了墙体材料的物美价廉，具有极大的市场并产生巨大的经济效益，以及安全节能效果产生的社会效益。

Gush Cair Interior Paint

1 产品概况

1.1 产品性能参数（表 4-19）

表 4-19 产品性能参数

Cair Fresh Interior Paint：

漆膜	亚光
施工方法	辊涂、涂刷、喷涂
理论遮盖面积	$10 \sim 12 \ m^2/L$（30 μm 厚度）
稀释	不超过 10%加水稀释
干燥时间	表干 30 min，全干 2 h（在 25 ℃、60%湿度条件下）
固含	52% ± 2%
密度	1.45 ± 2%
黏度	88 ~ 92
包装	1 L、5 L、20 L
保质期	18 个月
漆膜	半亮光
施工方法	辊涂、涂刷、喷涂
理论遮盖面积	$10 \sim 12 \ m^2/L$（30 μm 厚度）
稀释	不超过 10%加水稀释
干燥时间	表干 30 min，全干 2 h（在 25 ℃、60%湿度条件下）
固含	48% ± 2%
密度	1.30 ± 2%
黏度	85 ~ 90
包装	1 L、5 L、20 L
保质期	18 个月

Airdge Exterior Paint（Solar Reflection）：

漆膜	亚光
施工方法	辊涂、涂刷、喷涂
理论遮盖面积	$10 \sim 12 \ m^2/L$（30 μm 厚度）
稀释	不超过 10%加水稀释
干燥时间	表干 30 min，全干 2 h（在 25 ℃、60%湿度条件下）

续表

固含	50% ± 2%
密度	1.42 ± 2%
黏度	90 ~ 93
包装	1L、5L、20L
保质期	18 个月

1.2 生产工艺

（1）将配方中计量的水投入分散缸中。

（2）在低速搅拌状态下，将各种助剂依次投入分散缸中，搅拌 5 ~ 10 min。

（3）在高速搅拌状态下，依次将钛白粉等颜填料投入分散缸中，分散至合适细度。

（4）在低速搅拌状态下，投入乳液等成膜物质，并调整到合适黏度。

（5）检测合格后，灌装入库。

具体生产工艺流程如图 4-94 所示。

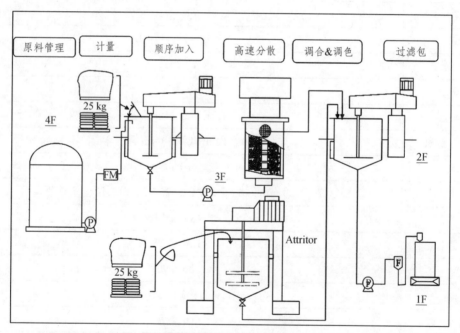

图 4-94 生产工艺流程

1.3 技术亮点及创新性

利用新型的 N 型半导体材料（GPC）混合光触媒作为添加剂，一般的 N 型半导体材料很少在空气净化领域得到合理利用，因为其在价带上的电子要通过禁带而跃迁到导带上需要获得一定能级的能量，而在一般室温及光照条件下很难实现。而 GPC 通过掺杂过度金属离子从而给价带上的电子进行能级处理，使能级增强后，所需跃迁能量降低，从而使得 GPC 在有光和无光条件下都可以发挥作用，但在总体表现中，有光比无光条件更有效率。

将 GPC 与光触媒材料混合添加入涂料中，使得涂料在成膜后，无论在有光或无光条件下都可以和空气中的甲醛等产生氧化还原反应，对其进行分解，还原为水和二氧化碳。

另外，GPC 材料的物理特性中表现出高抗霉、抗菌、抗病毒的特性，可以显著提升涂料本身抗霉抗菌抗病毒功能。并且，在涂料的生产过程中，因为其独特的配方，可做到几乎无 VOC 排放，生产过程符合 ISO 9001 及废弃物处理、水源综合利用及生产管理能耗等规定，从而做到真正的节能减排。

1.4 适用范围及市场占有情况

本产品适用范围为医院、学校、办公大楼、家装等对于室内空气及防霉要求较高的环境。目前在新加坡家装市场占有率约为 5%。

1.5 项目应用实景图

在 gush cair 系列涂料产品正式问世之前，我们已经在新加坡南德意志检测中心以及 SETSCO 等政府指定的第三方实验室及认证机构，对产品绿色环保及功能性进行了数次实验，并且获得了新加坡绿色产品认证，及新加坡绿色建材认证（4 钩最高级）。2021 年更是获得了国际市场上公认的美国绿色卫士金标认证。

Cair 系列涂料的空气净化、抗霉、抗菌等功能都已经过第三方实验室进行检验测试，如空气净化效能实验 JEM-1467 标准由新加坡 TUV PSB 南德意志检测中心进行检测，如图 4-95～图 4-98 所示。

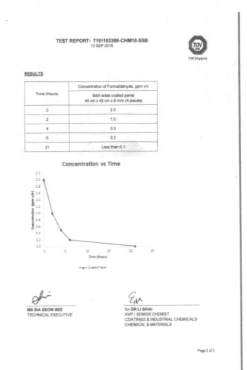

图 4-95

图 4-96 抗霉实验 SS150 新加坡标准（由新加坡 SETSCO 检测中心进行检测）

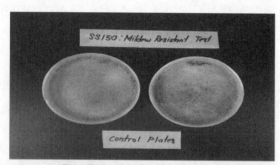

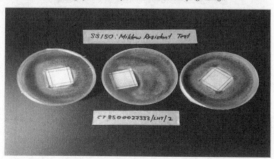

图 4-97 抗菌实验 JIS Z 2081：2000
（由新加坡先进材料科技中心进行检测）

图 4-98

2021 年底，按照新加坡外墙涂料功能型的发展方向，我们研发了 Airdge 高性能的外墙隔热涂料，不同于传统的外墙隔热涂料以增加涂层厚度及增加白度来增强热反射，Airdge 创造性地在配方中添加了一定比例的纳米级空心玻璃微珠和热反射乳液，从而达到更优秀的热反射效果，经过新加坡 SETSCO 实验室的检测，对日光的反射率（ASTM E903-20）可到达 85%，如图 4-99 所示。

Results:

Sample ID	2105025
Sample description	N/A
Dimenslon	1 mm×27cm×27cm
Test results	Solar reflectance=0.875(87.5%) Solar absorptance=0.125(12.5%)
Spectral curve	

图 4-99　光谱曲线图

并且 Airdge 也完成了新加坡外墙涂料标准 SS345 认证、新加坡绿色产品认证，目前在做美国绿色卫士金标认证。

本产品在抗藻菌方面也表现出色，如图 4-100 所示。

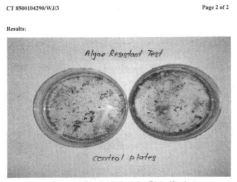

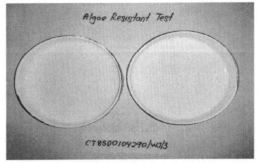

图 4-100　抗菌效果示意图

2　工程应用要点

Gush cair 系列产品的工程施工方式与普通乳胶漆类似。

涂刷系统为：① 层底漆（渗透或抗碱封闭）；

② 层面漆（辊涂，涂刷，喷涂）。

施工要点：① 施工环境墙面湿度≤8%，空气湿度≤75%。

② 基底无脏污及水分残留。

③ 确定涂料颜色与设计方案一致。

④ 对家具、空调等进行保护，以防在施工过程中污染。

Cair 系列涂料产品对室内装修要求低，易施工，对绝大多数墙面类型都具有很好的装饰能力，并且拥有超过 500 种颜色，客户可放心使用。

3　实际应用效果

实际案例分享：上海中福金控投资有限公司中福保库施工报告。

施工时间：2021 年 6 月 5 日。

完工时间：2021 年 6 月 11 日。

施工地点：上海市陆家浜路 318 号中。

3.1　项目概况

中福保库投入使用已经 2 年左右。由于保库建造在地下室，出于安全性考虑，整体结构是完全密闭的，没有窗户和通风的设施，室内空气浑浊，气味刺鼻，潮湿的环境容易滋生霉菌，有利于各种细菌的繁殖，影响客户对保库的环境感受，对在现场工作人员的身体健康也造成了一定的影响。

因此中福保库决定使用【gush Cair Interior Paint】先对保库 1 号库中的艺术品仓库内的乳胶漆墙面进行施工。用于对比数据以及感受这款产品的功效。以考虑是否能在所有新建的"中福保库项目"和"上海中福广场项目"中指定使用这款功能型乳胶漆。

3.2　施工面积及初始情况。

此次施工的 1 号库中的艺术品仓库实际施工面积为 250 m^2（墙面高度 2.55 m，长度为 98 m）。现场整洁无杂物，初始墙面已经过初步施工，外观平整。客户要求为立邦千色色卡中"BN6460-4"。

3.3　施工前准备工作

3.3.1　清洁和保护

转移物品、书籍等，打扫墙面等卫生，基材表面不得有灰尘和污渍，待表面自然干燥，准备喷涂施工。

3.3.2　个人防护和准备工作

穿戴口罩、手套和工作服，检查准备好所有工具，确保设备工具都在全新状态。

3.3.3　施工流程

选择晴朗干燥的白天，将房间内所有通风设备和门窗关闭施工，由内屋向外屋依次施工。

（1）对施工墙面进行打磨，批涂内墙腻子两遍。

（2）腻子完全干燥后打磨并滚涂底漆一遍。

（3）底漆实干后简单打磨并滚涂 gush Cair Interior Paint 两遍（添加 10%的水稀释）。

（4）清洁现场，剩余材料称重返回公司。

（5）通知空气检测进行检测。

3.4 完成情况

中福保库在经过 gush Cair Interior Paint 施工完成后，各项指标均达到国家标准。但由于并非是新装修现场，涂刷前后的数据结果仅供参考使用。据现场施工人员及工作人员反馈，体感变化非常明显，原有的异味问题基本得到解决。

3.5 施工前后检测数据（表 4-20）

表 4-20 施工前后检测数据

污染物/（mg/m³）	国标 GB 50325—2010 民用建筑工程	施工前	超标率	施工后	降低率	施工后结果
甲醛	≤0.070	—	—	0.014	%	达标
苯	≤0.060	—	—	0.010	%	达标
TVOC	≤0.450	—	—	0.127	%	达标

ZoneEase™ VAV 变风量控制执行器

1 产品概况

博力谋 ZoneEase™ VAV 变风量控制执行器是一种连接互联网的云端变风量解决方案，适用于办公室、医院、酒店、住宅建筑、船舶等多种场景的温度控制、变风量控制与按需通风控制。

产品（图 4-101）内置压差传感器、紧凑型变风量控制执行器，配套可选择的温控面板，用于舒适性空间的压力无关型房间温度控制、变风量控制与按需通风控制。压差传感器采用 Belimo D3 压差传感器，无零点漂移及安装位置要求，无须维护，也能测量很小的空气流量。ZoneEase™ VAV 紧凑型控制执行器内嵌标准化控制应用程序，可根据实际控制需求，选择房间舒适性控制、风量控制、CO_2（可选）控制模式。CO_2 传感器可直接连接到 ZoneEase™ 紧凑型控制执行器上，用于温度控制应用时收集数据或者按需控制时的控制输入参数，无须额外增加接线端口。

图 4-101　博力谋 ZoneEase™ VAV 产品图

本产品通过 NFC 与云技术，降低项目调试的复杂程度，减少调试时间，提升系统连通性、数据透明度和成本效益。利用 NFC 技术充分结合智能手机的便利性、连接功能以及多媒体应用，用户能通过界面友好的 APP 在温控面板、天花面板或者控制器上轻而易举地监控、配置和控制单个 VAV 末端，如图 4-102 所示；利用云技术的优势，实现数据集中存储与备份、分析和可视化应用，建立一个包含所有参与者、进程、地点的简易通用虚拟工作场所，并能获知整个生命周期跟踪数据和性能。

2 工程应用要点

2.1 选型要点

根据房间末端设备及控制需求选用合适的变风量控制器，根据房间类型选用合适的室内温控器，如表 4-21 所示。

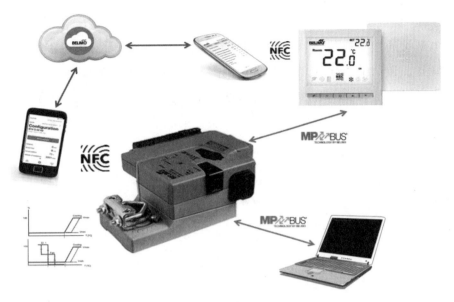

图 4-102   搏力谋 ZoneEase^{TM} VAV 通信示意图

表 4-21   搏力谋 ZoneEase^{TM} VAV 选型参数

产品	型号	应用	技术说明
	LMV-BAC-001	单风道房间温度控制；风量控制；按需求控制	扭矩：5 N·m；额定电压：AC 24V，50/60 Hz；压差传感器：-20…500 Pa；
	LMV-BAC-002	带风机/加热设备的房间温度控制；风量控制；按需求控制	通信系统：BACnet MS/TP；手动操作，自动重置；可接一路模拟信号；可接三路数字输出（002 型号）
	22RT-A001	墙面安装；应用于单独办公室、会议室等场合	大液晶屏；按键设定温度和模式；自动、关闭、经济、增强、防冻、占空等模式切换；
	22RT-A003	天花安装；应用于敞开大空间	NTC 温度传感器；MP 总线与控制器相连；NFC 接口接入系统

2.2   安装要点

通过可插拔端子与 ZoneEase^{TM} VAV 设备连接，通过安全绝缘变压器供电，务必连接用于感温的接入设备（温控面板）的端子 1 和 2（AC 24V）以及 5（MP 信号），以便能够接入可诊断与服务的工具。

2.3 调试运维要点

无须通电即可通过集成的 NFC 接口与具有 NFC 功能的智能手机上的相关 APP 连接进行可视化操作，调试简单快捷。通过带密码保护的 APP 可以便捷地在温控面板或天花面板上进行设计参数（如 V_{min} 和 V_{max}）的调整或温度校准，如图 4-103 所示。通过云平台监控：项目进度；每个执行器、每个房间、每层楼的状态；绑定执行器数据。

图 4-103　搏力谋 ZoneEase™ VAV 调试流程示意图

3　实际应用效果

3.1　项目概况

武汉常福医院项目（图 4-104）总建筑面积约 23.6 万平方米，按照"平疫结合"原则，传染病楼设 100 张床位，另有 900 张普通床根据防疫应急需求转换为传染病房。医院还同步建设了"三区两通道"，即清洁区、半污染区、污染区，以及病区医患和污物通道。

图 4-104　武汉常福医院

3.2 项目需要解决的技术问题

（1）作为"平疫结合"的医院，空调水系统要兼顾平时和疫时两种不同空调工况的使用需求。风系统需保证平时和疫时不同的换气次数及压力需求。

（2）平疫结合病房区及其他有平疫转换要求区域，疫情工况时，须保证各区之间的压力梯度关系和系统整体气流流向，保证由清洁区→潜在污染区→污染区的定向气流流向。

（3）变风量末端数量多2 000余套末端，系统较为复杂，设备调试及运维管理需要投入大量人力及时间精力，且需具备相关的专业知识。

3.3 搏力谋解决方案

（1）在水系统中的风机盘管支管及空调机组上使用搏力谋能量阀®，通过总线通信对阀门进行设置，满足多种工况设定需求。风系统的病房管理中采用搏力谋ZoneEase™ VAV变风量控制执行器，实现平时和疫情不同工况下送排风量的切换，确保疫情工况下，稀释房间污染所需的换气次数，以及保证负压隔离病房排风量大于送风量以保障病房负压的要求。

（2）利用搏力谋ZoneEase™ VAV变风量控制执行器内嵌的标准化控制应用程序，帮助系统实现压力无关的流量分配，保证各区之间的压力梯度关系和系统整体气流流向。

（3）利用NFC技术，通过手机APP监控、配置和控制单个VAV执行器，设定简单，降低调试及运营难度，降低运营维护成本。通过485通信将变风量末端接入BA系统，可实现护士站级及楼宇级集中统一切换、对单个病房工作工况的单独切换，包括平时工况、疫情工况、关闭消杀工况的转换。将多设备连通，使用电脑进行批量处理，实现数字化管理，满足各种场景控制需求，可靠有效地保证系统运行的连通性、灵活性和安全性，如图4-105所示。

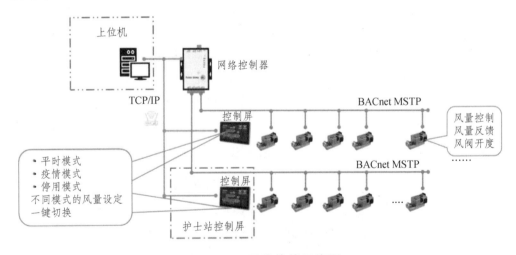

图 4-105 通信接线示意图

BELIMO ENERGY VALVE™ 能量阀

1 产品概况

搏力谋能量阀®是一款集控制、平衡、关断、实时记录、监控、分析、优化、云服务于一身的压力无关型控制阀。由供回水温度传感器、超声波流量计、控制球阀和智能执行器组成。通过精确的流量传感器和内置的先进算法实现不受系统压力波动影响的、稳定的流量控制。通过供回水温度传感器和内置的先进算法可实现ΔT温差管理和能量控制。搏力谋能量阀®具有空调制冷/制热水系统的流量调节、能耗监控、运行数据记录及存储功能，可广泛应用在空调机组、风机组盘管、风机盘管支路、单个风机盘管、散热器等供、回水管路中，如图 4-106 所示。

螺纹连接 DN15～50　　　　　　　　　　　法兰连接 DN65～150

图 4-106　搏力谋能量阀®产品图

新一代搏力谋能量阀®在保证原有功能的基础上，升级增加了热能计量控制模块（配置热能表）、NFC（近场通信）、PoE（以太网供电）等功能，为解决水力失调问题和数字化中央空调水系统提供一站式解决方案，如图 4-107 所示。新一代搏力谋能量阀®配置的热能表通过超声波流量计测得实时的流量及温度传感器测得的供回水温度并计算出温差，得出实际换热量，帮助用户诊断并进行热能管理及系统优化。NFC 功能通过智能手机连接能量阀®，使用搏力谋 APP 即可直接设定、读取与修改参数，使得参数的设定更为便捷。PoE 以太网供电的方式，仅仅通过以太网数据线即可为设备提供工作电源，简化系统布线的同时避免布线错误。无须本地供电，有效减少设备初投资及人力成本。

螺纹连接 DN15～50

图 4-107　新一代搏力谋能量阀®（配置热能表）产品图

2　搏力谋能量阀®主要功能

2.1　压力无关的流量控制

可以通过设定最大流量 $V_{\max}$ 的方式（$V_{\max}$ 可以在 V_{nom} 的 30%～100%范围内设定），将可调节的最大流量 $V_{\max}$ 的值分配给最大控制信号（默认 10 V），通过流量计实时测量当前流量，对比当前设定值，实时调节阀门开度控制流量，满足当前负荷需求。

2.2　能量控制

可以通过设定最大换热量 $P_{\max}$ 的方式，将可调节的最大换热量 $P_{\max}$ 的值分配给最大控制信号（默认 10 V），通过流量计实时测量当前流量，供回水温度传感器实时测量当前温差，依据 $Q=cm\Delta T$ 计算得出能量值，对比当前设定值，实时调节阀门开度确保满足实时负荷需求。

2.3　温差管理

"大流量，小温差"现象是中央空调水系统中普遍存在的问题，换热设备长期处于一种低效率运行的状态，会导致系统存在较多不必要的能耗。

搏力谋能量阀®通过 ΔT 温差管理功能，及时发现系统中存在的小温差现象，实现对末端支路及设备的温差管理，减少由于"大流量，小温差"问题带来的流量过流现象导致的能量浪费。

2.4　可视化监控，数据采集

搏力谋能量阀®的可视化界面可查看实时运行参数状态，可以分别记录近 30 d 以及累计 13 个月的运行数据，如图 4-108 所示。实际的运行数据可用于分析实际运行状态，知晓末端设备的实际换热情况与效率。

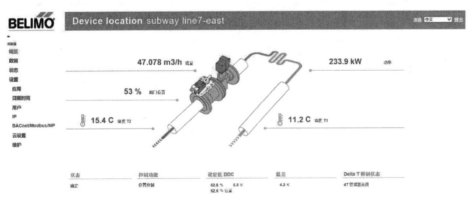

图 4-108　搏力谋能量阀®可视化界面

2.5　支持多种通信方式，支持 Belimo Cloud 云端访问

本产品支持 BACnet IP、BACnet MS/TP、Modbus TCP、Modbus TRU、Belimo MP-Bus 通信协议；支持 Belimo Cloud 云端访问，提供 Belimo Cloud 服务，只要有互联网即可进行云端访问，如图 4-109 所示。Belimo Cloud 可记录 EV 的运行数据，帮助客户了解运行状态，在线调整参数设定，查阅运行记录，并且还可以建立群组进行在线访问的权限分享。

Belimo Cloud 服务终身免费，保持连接 Belimo Cloud 可延长质保期最多至 7 年。

图 4-109　搏力谋能量阀®Belimo Cloud 服务

3　工程应用要点

3.1　选型要点

相较于传统调节阀需要根据流量、压差、K_{vs}、阀权度等参数计算来确定阀门选型的方式。搏力谋能量阀®无须烦琐的计算，只需选择设计流量在调节流量范围内的能量阀®，即可确认选型，搏力谋能量阀®选型参数如表 4-22、表 4-23 所示。

表 4-22　搏力谋能量阀®选型参数

Energy Valve™	型号	口径	V_{nom}		可调节流量范围
		DN/mm	L/s	L/min	m³/h
	EV015R+BAC	15	0.35	21	0.38…1.26
	EV020R+BAC	20	0.65	39	0.70…2.34
	EV025R+BAC	25	1.15	69	1.24…4.14
	EV032R+BAC	32	1.80	108	1.94…6.48
	EV040R+BAC	40	2.50	150	2.70…9.00
	EV050R+BAC	50	4.80	288	5.18…17.28
	EV050R+BAC-N	50	6.30	378	6.80…22.68
	EV065F+BAC	65	8.00	480	8.64…28.80
	EV080F+BAC	80	11.00	660	11.88…39.60
	EV100F+BAC	100	20.00	1 200	21.60…72.00
	EV125F+BAC	125	31.00	1 860	33.48…111.60
	EV150F+BAC	150	45.00	2 700	48.60…162.00

表 4-23　新一代搏力谋能量阀®（配置热能表）选型参数

Energy Valve™	型号	口径	V_{nom}		可调节流量范围
		DN/mm	L/s	L/min	m³/h
	EV015R2+BAC	15	0.42	25	0.38…1.5
	EV020R2+BAC	20	0.69	41.7	0.63…2.5
	EV025R2+BAC	25	0.97	58.3	0.88…3.5
	EV032R2+BAC	32	1.67	100	1.5…6
	EV040R2+BAC	40	2.78	166.7	2.5…10
	EV050R2+BAC	50	4.17	250	3.75…15

注：介质类型：水、乙二醇（浓度不大于 50%）；

介质温度：-10 ℃…+120 ℃；

额定压力（PN）：PN25（DN15…50）；PN16（DN65…150）；

可选择自复位执行器。

3.2　安装要点

建议安装在回水管上。为确保搏力谋能量阀®流量测量精度，阀前需要 5 倍以上管径的直管段。安装时需要注意阀门安装方向与流体流向一致。流体先经过流量计段，再经过调节阀段，如图 4-110 所示。能量阀防护等级为 IP54，如安装在室外，需加装防雨罩。

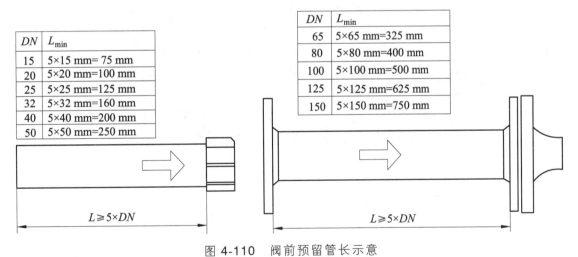

图 4-110　阀前预留管长示意

3.3　调试运维要点

搏力谋能量阀®额定电压为 AC/DC 24V，参数设置可以通过内置网络服务器（通过 RJ45 连接）或其他交互方式实现。通过内置的网络服务器，可以设置设备的最大流量 V_{max}，位置信号转换、ΔT 设置等多种参数。通过网络浏览器可访问和下载阀门记录的数据，用于优化系统及评估系统表现。

搏力谋能量阀®提供的云服务可通过 Belimo Cloud 现场或远程进行数据的访问及管

理，保持连云的搏力谋能量阀®，通过绑定的邮箱，可以收到每个季度的性能报告，在 5 年质保期到期后，延长 2 年质保期。

4 实际应用效果

4.1 项目概况

金沙天街（图 4-111）位于重庆市沙坪坝区三峡广场商圈高铁站上，是国内首个高轨融合的上盖大型商业项目，项目用地面积 8.5 万平方米，地上总建筑面积为 48 万平方米。A 馆、B 馆商业区及 T1、T2 塔楼办公空调系统共采用搏力谋能量阀® 429 个。

礼嘉天街（图 4-111）位于重庆市渝北区礼慈路，总建筑面积约 18 万平方米，其中一期购物中心的建筑面积约为 13.4 万平方米，规划有 7 层，地下 3 层、地上 4 层（局部 4 层），共采用搏力谋能量阀® 214 个。

图 4-111 龙湖地产 金沙天街 & 礼嘉天街

4.2 项目需要解决的技术问题

（1）商业项目暖通系统庞大，水力平衡较为复杂，调试所需时间及人力较多。

（2）实际需求负荷受营业类型、客流量、气候条件等因素影响较大，需要设备灵活操作满足适时适量调节。

（3）系统能源浪费不易察觉，无可靠数据提供判断参考，不利于系统节能优化。

（4）后期运营维护需要大量数据支撑，数据采集点位较多，需要设置多种传感器，设备运维难度较大。

（5）物业运营维护需要简单可靠且不影响日常商业运营。

4.3 搏力谋解决方案

（1）在组合式空调机组、新风机组、风机盘管支路选用搏力谋能量阀®，通过设定最大水流量进行水力分配，并且依据外部控制信号，提供不受压力波动影响的、满足实际负荷需求的稳定水量，调试简单，极大地节省了调试时间及人工成本。

（2）通过博力谋能量阀®可视化界面监控末端设备运行情况，通过总线通信功能对阀门进行再设置，可根据商场运营需求灵活调整空调水系统。

（3）通过博力谋能量阀®内置的先进算法，可及时发现系统中存在的"大流量，小温差"现象，避免流量过流带来的浪费。

（4）通过博力谋能量阀®可以采集多种数据，并快速传输，能够实时反馈末端水系统情况，参与机房高效控制系统，帮助系统高效灵活运行。

（5）通过博力谋能量阀®总线通信功能，可集中访问和调整阀门设置。通过 IoT 云端功能可不受场地限制，查看设备的详细运行参数，便于多台设备统一管理，且不影响日常商业运营。

PIQCV 压力无关型区域控制阀

1 产品概况

搏力谋 PIQCV 是一款压力无关型区域控制阀,可以为冷/热元件提供恒定精确的水量,如图 4-112 所示。在压力发生变化或部分负荷情况时,在相应开度下,流量始终保持恒定,确保了控制的稳定性。可广泛使用在需要稳定流量的末端设备及系统,如风机盘管、回热器(冷却器)、板式换热器、区域稳压等。

图 4-112 搏力谋 PIQCV 实物图

PIQCV 由动态压力调节器、等百分比流量特性球阀、执行器三部分构成。动态压力调节器由不锈钢,黄铜部件以及 EPDM 隔膜组成,安装在阀门的前端,通过较低的压差需求有效稳定通过阀球的压力,为冷/热元件提供恒定精确的水量,保证室内舒适度,如图 4-113 所示。等百分比流量特性球阀具有自清洁的特点,不仅不易发生堵塞,有效增加阀门的使用寿命,并且具有球阀气密、无泄漏的特点,关闭状态无流量浪费。执行器与阀门通过卡扣形式连接,便于安装操作。阀门最大旋转角度可通过限位卡簧以 2.5° 为单位进行调节,可根据实际流量对阀门额定流量进行重新设定,便于选型及现场调试。执行器最低运行功率为 0.3 W,运行能耗低。

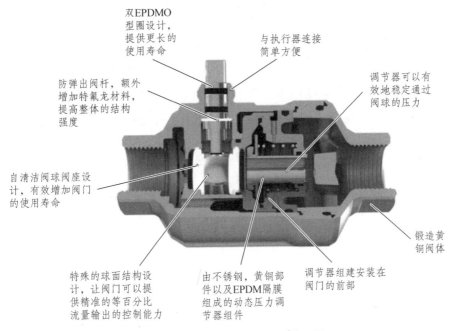

图 4-113　搏力谋 PIQCV 剖面图

图中标注：
- 双EPDMO型圈设计，提供更长的使用寿命
- 与执行器连接简单方便
- 调节器可以有效地稳定通过阀球的压力
- 防弹出阀杆，额外增加特氟龙材料，提高整体的结构强度
- 自清洁阀球阀座设计，有效增加阀门的使用寿命
- 锻造黄铜阀体
- 特殊的球面结构设计，让阀门可以提供精准的等百分比流量输出的控制能力
- 由不锈钢，黄铜部件以及EPDM隔膜组成的动态压力调节器组件
- 调节器组建安装在阀门的前部

2　工程应用要点

2.1　选型要点

根据流量或管径选择对应的阀门型号，根据控制需求及电气条件选择对应的执行器类型，如表 4-24 所示。

表 4-24　搏力谋 PIQCV 选型参数

型号	口径 DN/mm	V_{nom} L/s	V_{nom} L/min	可调节的流量范围 m³/h	执行器
C215QP-B	15	0.058	3.48	0.022…0.209	开关型：CQ24A；CQ230A。 快速型：CQC230A。 调节型：CQ24A-SR。 电子复位型：CQK24A、CQK24A-SR MP-Bus：CQ24A-MPL
C215QPT-B	15	0.058	3.48	0.022…0.209	
C215QP-D	15	0.117	7.02	0.050…0.421	
C215QPT-D	15	0.117	7.02	0.050…0.421	
C220QP-F	20	0.272	16.32	0.090…0.979	
C220QPT-F	20	0.272	16.32	0.090…0.979	
C220QPT-G	20	0.583	34.98	0.259…2.099	
C225QPT-G	25	0.583	34.98	0.259…2.099	

注：介质：冷、热水，最大浓度为 50% 的乙二醇溶液；
　　介质温度：-20…+120 ℃（阀体）；+2…+90 ℃（带执行器）；
　　额定压力：PN25；
　　压力范围：16…350 kPa；
　　C2…QPT 款带测量端口。

2.2　安装及调试要点

阀门安装位置及安装方向：建议安装在回水管路。执行器与阀体安装采用卡扣式连接，无须工具，如图 4-114（a）所示。按照阀体上标明的箭头安装阀门，确保阀球在正确的位置[参见阀轴上的标示，如图 4-114（b）所示]。阀门可水平安装也可垂直安装，但不得倒置安装，如阀轴顶点方向朝下，如图 4-114（c）所示。可根据阀体上的刻度线，查看阀门的开关状态，如图 4-114（d）所示。

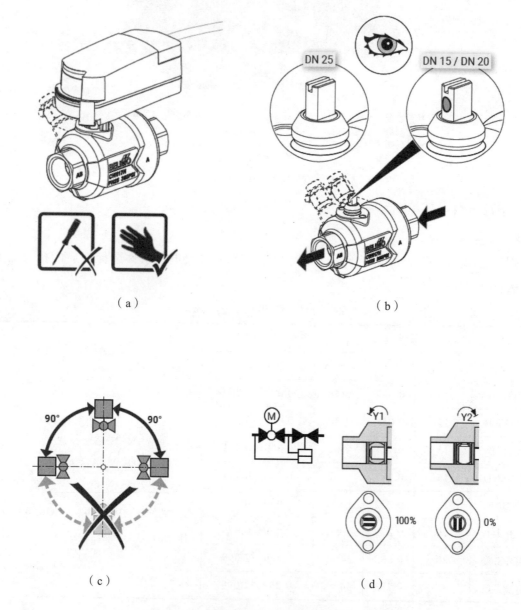

（a）　　　　　　　　　　　　　（b）

（c）　　　　　　　　　　　　　（d）

图 4-114　阀体及执行器安装方向示意图

设置最大流量 V_{max}：移动限位卡簧到希望设定的位置，以 2.5° 为单位进行调节，参考执行器角度与额定流量的对应表（表 4-25），可根据实际流量对阀门额定流量进行重新设定。

表 4-25 执行器角度与额定流量对应表

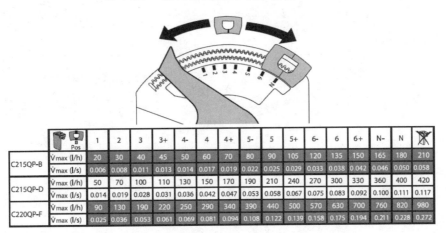

	Pos	1	2	3	3+	4-	4	4+	5-	5	5+	6-	6	6+	N-	N	⌧
C215QP-B	V̇max (l/h)	20	30	40	45	50	60	70	80	90	105	120	135	150	165	180	210
	V̇max (l/s)	0.006	0.008	0.011	0.013	0.014	0.017	0.019	0.022	0.025	0.029	0.033	0.038	0.042	0.046	0.050	0.058
C215QP-D	V̇max (l/h)	50	70	100	110	130	150	170	190	210	240	270	300	330	360	400	420
	V̇max (l/s)	0.014	0.019	0.028	0.031	0.036	0.042	0.047	0.053	0.058	0.067	0.075	0.083	0.092	0.100	0.111	0.117
C220QP-F	V̇max (l/h)	90	130	190	220	250	290	340	390	440	500	570	630	700	760	820	980
	V̇max (l/s)	0.025	0.036	0.053	0.061	0.069	0.081	0.094	0.108	0.122	0.139	0.158	0.175	0.194	0.211	0.228	0.272

检测阀门工作状态：通过搏力谋配有专业的测量仪器，可测量阀门工作的实际压差，如图 4-115。

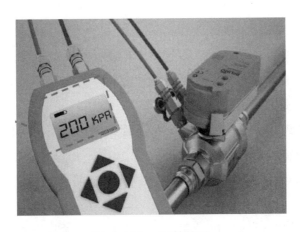

图 4-115 压差校验

3 实际应用效果

3.1 项目概况

南京美术馆新馆（图 4-116）位于南京市江北区，总建筑面积 97 275.9 m²，其中地上建筑面积约为 52 035.8 m²，地下建筑面积约为 45 240.1 m²，地下二层为汽车库，地下一层为库房、汽车库、办公用房、设备机房；地上一层为学术报告厅、常设展厅、拍卖大厅、小剧场、图书馆、培训师、会议、餐厅等，二层为中央大厅、咖啡厅、会议、商店等，三~四层为展厅、办公、工作室等。最高建筑高度为 46.95 m。

图 4-116　南京美术馆新馆

3.2　项目需要解决的技术问题

（1）项目采用新风机组+风机盘管系统，由于馆内风机盘管支路跨度较长，各风机盘管之间的平衡存在较大的差异。若存在风机盘管之间水力分配不均的情况，会导致馆内温度分布不均，不能满足室内舒适性需求。

（2）传统压差平衡阀存在一定泄漏率，在盘管关闭状态下，仍然有水流通过，存在流量浪费问题，进一步加重水力失调问题。

（3）传统压差平衡阀存在容易堵塞的问题，需要定期进行清洁维护，保证稳压功能，后期维护成本较高。

（4）传统压差平衡阀流通能力相对固定，不能根据现场安装情况进行再调节，可能存在因实际运行状态波动，带来的流量偏差。

3.3　搏力谋解决方案

（1）在各风机盘管回水管上设置搏力谋 PIQCV 压力无关型区域控制阀，稳定通过风机盘管的水量，使各盘管的控制不受系统水力波动影响，从而满足系统水力分配，保证室内舒适性需求。

（2）PIQCV 采用等百分比球阀结构，球阀泄漏率为密封（EN12266-1），无泄露问题，减少流量浪费。

（3）PIQCV 为采用直通道结构设计，无堵塞问题，无须后期维护清洗，节省运营维护成本。

（4）PIQCV 具有简易的流量调节功能，通过执行器附带的卡簧可简单快速地调节 V_{max} 值，灵活匹配额定流量不同的风机盘管，满足现场安装对流量二次设定的需求。

第5章

地方总结

01　成都市关于绿色建筑创建行动 2021 年工作完成情况和 2022 年工作打算的报告

根据四川省住房和城乡建设厅等 9 部门《关于印发四川省绿色建筑创建行动实施方案的通知》（川建行规〔2020〕17 号）要求，现将我市绿色创建行动 2021 年工作完成情况和 2022 年工作打算报告如下。

一、2021 年工作完成情况

2021 年，按照国家、四川省部署安排，由市住建局等 7 部门联合印发了《成都市绿色建筑创建行动实施计划》，部署了 9 项重点任务，实现绿色建筑评价标准新旧体系平稳过渡，并对四川省绿色建筑执行标准进行提升。

（一）完善法规标准体系。市政府办公厅印发《关于大力推进绿色建筑高质量发展助力建设高品质生活宜居地的实施意见》，明确到 2025 年全市城镇新建建筑全面执行绿色建筑一星级以上标准。完成《成都市绿色建筑促进条例（草案）》编制，建立健全绿色建筑全链条管理机制，形成协同共促绿色建筑发展工作合力。配合绿色建筑创建行动，发布《成都市绿色建筑施工图设计与审查技术要点（2021 版）》，在新国标基础上增设和提升条文要求 17 项。

（二）加强监督管理。一是持续强化前置管理。落实土地出让建设条件通知书制度，在每宗拟出让土地建设条件通知书中明确绿色建筑建设要求；严格施工图设计文件专项审查制度，对绿色建筑施工图设计文件实行专项审查，不合格不得出具审查合格书；出台《成都市房屋建筑工程勘察设计变更管理办法》，将改变绿色建筑政策标准纳入重大设计变更管理。二是健全日常监管。建立季度统计制度，每季度分析梳理全市发展情况。开展年度专项检查，2 次组织对全市绿色建筑实施情况进行检查，通报检查情况并对存在问题的市场主体实施信用扣分。三是强化监管手段。将绿色建筑执行情况纳入城市体检指标体系，以问题为导向促进绿色建筑政策严格执行。启动"成都市公共建筑能耗监测信息化系统"升级，2021 年新增实时能耗监测典型建筑项目 34 个，逐步形成"互联网+监管"的建筑用能管理机制。

（三）提升建筑能效水平。一是提高新建建筑能效水平。城镇新建民用建筑严格落实建筑节能强制性标准，编制《成都市民用建筑节能设计导则》（初稿），进一步提升民用建筑节能设计标准。二是强化既有建筑节能改造。下达 2021—2023 年既有公共建筑节能改

217

造目标任务，2021 年完成改造 46 万平方米。三是推进装配化建造方式。出台《关于进一步提升我市建设工程装配式要求的通知》，将装配率全面提升至不低于 40%，并发布《成都市装配式建筑设计导则及施工图审查要点（2021 版）》《成都市民用建筑装配式内装修设计和审查导则》等技术文件。

（四）抓好示范引领。一是落实绿色建筑标识管理要求，制定《成都市绿色建筑标识管理办法》（初稿），完成 2 个二星级绿色建筑的初审、推荐。二是向住房城乡建设厅申请建筑领域绿色低碳循环发展专项资金 759 万元，对高星级绿色建筑项目、2020 年获得全国绿色建筑创新奖项目进行奖补。三是通过成都日报、局微信公众号等平台，加大对四川省建筑科学研究院有限公司科技楼改造项目、腾讯成都 A 地块建筑工程项目等典型绿色建筑项目宣传力度，进一步扩大影响力。

二、2022 年工作打算

下一步，我市将认真落实国家、四川省绿色建筑发展相关要求，深入推进绿色建筑创建行动，推动绿色建筑品质提升。一是完善政策标准。推动《成都市绿色建筑促进条例》出台；根据《四川省绿色建筑标识管理实施细则》，出台《成都市绿色建筑标识管理办法》；发布《成都市民用建筑节能设计导则》。二是加强过程监管。在持续做好土地出让、设计阶段管理的同时，进一步强化竣工验收、运行阶段管理，并落实季度统计分析和定期专项检查制度。三是开展试点示范。结合碳达峰工作部署，选取 1～2 个项目实施超低能耗建筑建设；在城市有机更新项目中选取 1～2 个项目实施既有建筑绿色改造，探索改造发展模式。

02　自贡市关于 2021 年绿色建筑创建行动工作开展情况的报告

2021 年，在住房城乡建设厅的科学指导下，我市绿色建筑工作坚持围绕党中央和国务院关于推进城乡建设绿色发展和生态文明建设工作部署，认真贯彻实施《四川省绿色建筑创建行动实施方案》，制定了相应的贯彻落实意见和工作制度。根据省厅要求，现将我市 2021 年绿色建筑创建行动工作情况报告如下。

一、总体概况

2021 年，经过不懈努力，我市的建筑设计、施工图审查、建筑施工、质量安全监督等单位，基本能够自觉执行国家有关建筑节能、绿色建筑标准和规程。绿色建筑工作逐步步入依法依规深入展开阶段，社会认知度大幅度提高。全年共办理建筑节能设计审查项目154 个，面积 392.3 万平方米，节能执行率达 100%；绿色建筑项目审查 78 个，面积 322.59万平方米，绿建率达 82.23%，圆满完成目标任务。先后下发了《2021 年自贡市绿色建筑发展工作要点》（自住建发〔2021〕31 号）、《自贡市绿色建筑发展实施方案》（自住建发〔2021〕56 号）。严格执行了住房城乡建设厅绿建、节能有关工作要求。

二、主要工作完成情况

（一）开展城乡建设和绿色发展专项课题研究

深入领会中国特色社会主义"五位一体"总体布局精准要义，坚持"一个尊重、五个统筹"，牵头《关于推动城乡建设绿色发展的意见》传达及课题研究工作，力求通过秩序营建创新、建设方式创新、资源挖掘创新、管理模式创新，转变城市发展方式，推进集约发展，精明增长，系统治理"城市病"，推进城乡建设的整体性、生长性、可持续性，聚力建设新时代高品质生活宜居特色化历史文化名城。

（二）在项目审批阶段严格执行绿色建筑相关规定

全面执行四川省住房和城乡建设厅等 9 部门联合印发的《关于印发四川省绿色建筑创建行动实施方案的通知》（川建行规〔2020〕17 号）要求和市关于绿色建筑相关工作规划，在项目规划、设计、施工图审查、施工、监理、监督、验收等单位应严格执行绿色建筑标准。严格执行绿色建筑设计范畴和规定，强化绿色建筑和建筑节能科技设计标准的推广，全市新建民用建筑应至少满足《绿色建筑评价标准》GB/T 50378—2019 基本级要求，政府投资或政府投资为主的建筑、单体建筑面积大于 2 万平方米的公共建筑、地上总建筑面积大于 15 万平方米的新建住宅小区应至少满足绿色建筑一星级要求，建筑高度超过 150 m或单体建筑面积大于 20 万平方米的公共建筑应至少满足绿色建筑二星级要求。我市在建设工程方案审查阶段和施工图设计文件审查中对绿建有关要求均严格落实，严格绿色建筑设计专篇把关，在施工图审查环节加入节能设计和绿色设计专篇，加强对设计和图审监督检查，确保了建筑节能在设计阶段达 100%；施工图审查机构均出具绿色建筑设计专篇专项审查意见并明确绿建等级。同时在项目施工阶段积极跟进，全面推行"双随机、一公开"监督管理，营造了良好的舆论氛围，促进节能改造工作顺利开展。

强力推进节能改造，积极推进供热计量改革，大安盐厂1957项目、张伯卿公馆等历史老建筑修缮工作中，做好墙体保温节能设计，做好外墙、屋面、外门窗等结构的保温。

（三）积极鼓励申报绿色建筑试点项目

根据《四川省住房和城乡建设厅关于开展2021年建筑领域绿色低碳循环发展专项资金申报工作的通知》（川建勘设科发〔2021〕122号）有关要求，我局积极组织建设项目参与申报。经复核，自贡市展览中心一期工程等8个项目符合申报要求，此次拟进行绿色低碳循环发展专项资金申报的项目为自贡市展览中心一期工程、华商国际城二期、四川轻化工大学东部新城校区、临港商贸总部经济中心、多功能先进复合新材料产业园、自贡市自流井区光大街小学校教学综合楼新建工程、自贡市自流井区檀木林幼儿园改扩建工程、自贡市自流井区党性教育基地等建设项目。申报项目为绿色建筑方向。在省住房和城乡建设厅的大力支持和指导下，我市各相关单位认真配合，已成为申报成功的五个城市之一。下一步，我局将对有关项目开展设计图纸和现场复核，认真组织资金分配方案，确保该项工作圆满完成。

（四）大力推进装配式建筑发展

2021年，我市积极推动装配式建筑发展，加快推广新型建造方式，经多次修改完善后，《自贡市人民政府办公室关于促进装配式建筑发展的实施意见》（自府办发〔2021〕21号）已印发施行。2021年6月15日起，全市新开工政府性投资建设（以施工图设计文件审查备案时间为准）的办公楼、保障性住房、医院、学校、体育馆、科技馆、博物馆、图书馆、展览馆等公共建筑工程，地下管廊、桥梁等市政工程，公共厕所、停车场、农贸市场、公园广场设施等新（改、扩）建工程中推广装配式建造方式，重点推广装配式技术在道路桥梁、地下管廊、基坑支护等项目运用，政府投资或主导的工程项目装配率达到50%；2021年6月1日起（以建设工程方案审查时间为准），全市新开工社会投资类项目装配率达到15%，并逐年稳步提高。

鉴于我市装配式建筑因行业发展体制机制尚不健全，行业施工技术水平不够、建造成本偏高、使用场景受限、行业规范制度不健全、质量把控相对困难等因素，普及程度仍然偏低。我市组织"第四届建筑师论坛暨装配式建筑发展课题研讨"，针对医院、展览厅、学校等大型公建类、保障性住房类、大中型市政类装配率配比综合结构安全、成本控制、施工组织、工程质量等进行综合评估，合理确定不同装配率、主要部品构件组成、年度推进安排。目前初稿已经完成，征求部分设计、施工单位意见，经专家评估论证后作为自府办发〔2021〕21号配套文件下发执行。预计年内我市装配式建筑开工面积达到80万平方米。

三、存在的问题和不足

一是对建筑节能和绿色建筑发展方面投入不足，各项目工作的开展困难；二是新建建筑施工阶段执行绿建星级标准仍存在不足；三是今年申报绿建试点项目部分项目施工进度和施工要求离 预期有差距，亟待加快处理完毕；四是既有建筑保护改造中，建筑节能改造离标准要求仍有差距。

四、下一步打算

（一）进一步加强新建绿色建筑监管。完善新建筑闭合管理制度，强化"专项设计、专项审查、专项施工、专项监理、专项监督、专项验收"等环节全过程监管制度。对年内纳入试点的绿建申报项目，严格竣工验收和技术评审，确保项目落实和资金使用安全。

（二）大力推广绿色建筑。结合我市实际，落实绿色建筑发展实施方案，进一步明确发展绿色建筑的主要目标、重点任务，保障措施，新建建筑务必满足相关星级规定，逐步执行新的 68% 的低能耗居住建筑节能设计标准与验收规范。加强对绿色建筑发展的技术指导和政策扶持。积极组织开展绿色建筑星级标识评定，推动绿色建筑发展。

（三）加快推进装配式建筑发展。认真落实中央、省、市有关装配式建筑发展规划，在土地出让环节即明确装配率要求，在方案审查阶段核定项目装配率，原则上政府投资项目全部采用装配式建筑，装配率根据实际情况逐步提升。积极培育装配式建筑市场，完善预制工厂监管措施，将预制构件生产纳入建设过程监管；制定部品部件价格指导清单；加大新兴技术产业工人培训，依托市建筑工程技术学校开展职业技能培训。完成全年装配式建筑目标任务。

（四）继续推进墙体材料革新。限制淘汰低品质墙体材料及产品，推广应用节能与结构一体化技术，大力发展墙体自保温高性能混凝土砌块、低辐射镀膜玻璃、断桥隔热门窗、外遮阳系统等建材和部品，促进新型墙材和保温体系的升级换代。严格执行新型墙材认证制度，严格实施目录管理确保产品与工程质量。

03 攀枝花市关于2021年度绿色建筑创建行动实施情况的报告

我市贯彻落实绿色发展新理念，创新驱动、真抓实干，扎实推动绿色建筑创建行动，现将实施情况报告如下。

一、总体概况

（一）绿色建筑。截至2021年11月底，通过设计审查的绿色建筑项目25个，建筑面积114.3万平方米，其中基本级9个，建筑面积42.76万平方米；一星级14个，建筑面积45.55万平方米；二星级1个，建筑面积3.54万平方米；三星级1个，建筑面积22.45万平方米；已办理建筑节能竣工的绿色建筑项目31个，建筑面积105.11万平方米。2021年城镇新建民用建筑中绿色建筑面积占比达到75%。

（二）建筑节能。2021年城市规划区内新建民用建筑节能设计率、检查验收率达到100%；新建建筑施工阶段节能标准执行率达到100%。截至2021年11月底，共参与30个项目的建筑节能设计联动审查，完成31个项目的建筑节能设计登记，建筑面积115.08万平方米；完成47个项目的节能分部工程竣工备案工作，建筑面积140.1万平方米；共计进行191次节能墙改验收检查，其中建筑节能检查140次，新型墙体材料验收51次。

（三）太阳能应用。截至2021年11月底，通过设计审查的太阳能应用建筑面积达97.82万平方米，其中集中式光热系统应用建筑面积67.6万平方米，屋顶分户式光热系统应用建筑面积15.7万平方米，阳台壁挂光热系统+屋顶光伏系统应用建筑面积14.5万平方米；已办理建筑节能竣工的太阳能应用项目24个，建筑面积108.56万平方米，其中光热应用面积93.18万平方米，光伏应用面积15.38万平方米。

（四）绿色建材。利用工业固废发展绿色建材，引导企业积极申报绿色建材产品标识认证，2021年我市新增8家企业通过绿色建材标识认定，目前共有15家预拌企业和6家墙材企业获得绿色建材产品认证，其中二星级10家，一星级11家。

二、工作举措

（一）厚植"绿色基因"，推动绿色建筑全面发展。

1. 按照《关于印发四川省绿色建筑创建行动实施方案的通知》（川建行规〔2020〕17号）精神，结合攀枝花实际情况，出台《攀枝花市绿色建筑行动实施方案》，指导全市绿色建筑创建行动，各县（区）、市级各部门分工协作，共同推动全市绿色建筑发展进程。

2. 抓源头管理，全面推行绿色建筑。从源头抓起，要求全市设计单位和施工图审查机构务必严格按照《民用建筑绿色设计规范》《绿色建筑评价标准》和《审查要点》进行设计和审查，除设计文件中编制绿色建筑设计专篇，在施工图审查报告中单列"绿色建筑"审查章节，凡未达到绿色建筑设计标准的，不得出具施工图审查合格书。通过设计审查环节严格把关，我市全面推行绿色建筑。

3. 启动国家零碳建筑示范城市申报工作。为实现"30·60"碳达峰碳中和目标愿景，推动城市建设领域绿色低碳循环发展，我市已启动国家零碳建筑示范城市申报工作，向市委、市政府报送《攀枝花市打造国家级零碳建筑示范城市工作思路》，市委、市政府已审批，工作思路已经上报住房城乡建设厅，我市将积极开展创建工作。

（二）深耕建筑节能，开启双碳目标新征程。

1. 加快《四川省攀西地区民用建筑节能技术标准》编审工作。该标准重在贯彻落实住建领域低碳循环发展方针，提高资源综合利用效率，结合我市地理、气候等环境特征，在气候分区、节能保温体系、民用建筑太阳能一体化运用等方面均有重大突破，为实现我市住建领域达成碳达峰、碳中和目标奠定坚实基础。目前，标准通过省专家评审，已上报住房城乡建设部审批。

2. 强化建筑节能日常监管工作。一是建立建筑节能全过程闭合监管"六项制度"。即建筑节能设计专篇制、建筑节能设计审查制、节能技术产品登记制、建筑节能专项施工管理制、建筑节能专项验收制、建筑节能分部工程竣工制。从设计、审图、施工许可、施工过程以及竣工验收等环节进行无缝链接，形成各个监督环节的有效闭合。二是施工现场日常检查督导"五个到位"。坚持一手抓设计，一手抓施工，不断加大行政监管力度，对正在施工的建筑节能工程做到五个到位，即：节能专项技术交底到位、现场节能材料复检到位、样板间节能质量查验到位、节能专项验收到位、节能竣工资料备案到位。三是专项检查做到"三抓"。即：一抓方案设计深度是否达到节能绿建要求；二抓建筑节能现场施工是否严格按照施工图纸进行施工；三抓建设工程建筑节能竣工资料报送是否规范、严谨。

3. 强化民用建筑太阳能与建筑一体化应用。在总结以往建筑领域太阳能利用经验基础上，市级相关部门联合印发《关于加强我市建筑屋顶设计管控及太阳能资源利用的通知》，明确了多层、高层居住建筑合理利用屋顶分户式太阳能、壁挂式太阳能热水系统；充分利用建筑屋顶闲置空间安装太阳能光伏发电系统；鼓励既有公共建筑实施太阳能光伏系统节能改造，发挥示范带动作用。

（三）提前谋划，探索固废利用新模式。随着绿色建材认定由评价模式转为认证模式，引导绿色建材生产企业将高钛重矿渣、煤矸石、粉煤灰等工业固废规模化用于生产预拌混凝土、烧结砖、加气混凝土砌块、板材、脱硫石膏抹灰砂浆等绿色建材。每年消耗工业固废约 700 万吨，其中约 100 万吨采矿废石、400 万吨高钛型高炉重矿渣、25 万吨粉煤灰、50 万吨黄磷渣等用于生产预拌混凝土、预拌砂浆；约 70 万吨煤矸石用于生产烧结矸石砖等墙体材料；约 50 万吨脱硫石膏用于生产水泥和石膏抹灰砂浆。

（四）装配式建筑持续发展。

我市目前有攀钢钢构公司和十九冶钢构 2 家装配式钢结构的构件生产基地，年生产能约 6.2 万吨，构件产品多用于工业建筑。按照《攀枝花市人民政府关于推进建筑产业现代化发展的实施意见》要求持续推进装配式建筑发展，截至 2021 年 11 月底，全市建成装配式建筑项目约 18.8 万平方米。

（五）开展既有建筑节能改造。

2021 年，我市正开展既有建筑节能改造屋顶太阳能光伏发电示范项目政府用房一期，采用合同能源管理模式。一期项目选取的市场监管局、市检察院、人民银行三栋屋顶进行太阳能光伏利用改造，安装面积约 2 000 m^2，装机容量约 300 kW，预计年底能完成。结合老旧小区改造开展建筑节能改造，2021 年完成既有居住建筑节能改造面积 1.1 万平方米。

三、2022 年重点工作

（一）积极申报国家零碳建筑示范城市打造工作。积极协调对接省住建厅等有关部门，会同各市级部门，研判我市实情，综合分析攀枝花零碳建筑优劣态势，结合《攀枝花市打造国家级零碳建筑示范城市工作思路》，编制《国家级零碳建筑示范城市实施方案》，逐步开展示范城市打造工作。

（二）强化示范引领，提升绿色建材品质。引导绿色建材行业向轻型化、制品化转型，提高大宗固废综合利用率，鼓励企业大掺量、高值化使用粉煤灰、工业废渣、尾矿渣、建筑垃圾等作为原料或水泥混合材，加快开展绿色低碳建材产品研发和推广应用。积极支持攀枝花市润泽建材有限公司 60 万立方米加气混凝土板材生产基地和绿色建材研发中心、攀枝花市乐乐能源科技有限责任公司综合利用废物年产 45 万立方米砌块等工程，通过技术创新，提升绿色建材品质。

（三）推动《攀西地区建筑节能技术标准》落地实施。加强对接，确保尽快发布实施，开展《攀西地区建筑节能技术标准》宣贯，强化对设计、审图、建设、施工、监理单位及监管部门相关人员《标准》技术培训，严格按《标准》规定和要求进行设计、施工和验收。

（四）大力推动太阳能与建筑一体化应用。规模化发展高质量绿色建筑，梯次有序提升区域建筑节能降碳水平，进一步提高可再生能源与建筑一体化应用覆盖率，建设集太阳能供热、光伏发电于一体的高品质绿色建筑，稳步实施建筑用能电气化和低碳化。拟以市政府名义制定太阳能利用规范性文件，以《标准》为技术支撑，全力推进太阳能光热、光伏与建筑一体化。对既有公共建筑，通过节能改造，根据需求加装太阳能光伏发电系统或太阳能热水系统。鼓励全市新建、改扩建的工业建筑项目和新建、既有公共建筑项目利用其屋面、墙面，建设太阳能光伏系统。

（五）推进装配式建筑产业链构建。系统推进工程建设全过程绿色建造，推广绿色化、工业化、集约化、产业化建造方式，大力发展装配式建筑，支持攀钢集团、中国十九冶集团、钢城集团等企业开展装配式建筑产业基地项目建设，不断提升构件标准化水平，逐步形成完整产业链。

04　泸州市关于落实四川绿色建筑创建行动实施方案的报告

按照省住房城乡建设厅等 9 部门《关于印发四川省绿色建筑创建行动实施方案的通知》(川建行规〔2020〕17 号)要求,我局高度重视绿色建筑创建工作,由分管副局长牵头召集市级相关部门,并结合我市实际,制定了《泸州市绿色建筑创建行动实施方案》。现将相关工作开展情况报告如下。

一、基本情况

(一)完善政策落实方案。我市将建筑节能、绿色建筑、装配式建筑等要求纳入《泸州市房屋建筑建设要求(试行)》,在土地拍卖阶段明确指标标准,新建项目从规划和设计源头落实资金预算,统筹考虑。联合泸州市机关事务管理局等 10 个部门联合印发《泸州市绿色建筑创建行动实施方案》(泸住建发〔2021〕95 号),提出我市绿色建筑发展任务目标,对重点任务进行责任分工。印发《泸州市系统化全域推进海绵城市建设示范城市工作方案》,明确各方职责分工和目标任务,将海绵城市建设工作纳入市委市政府年度目标考核,建立市县联动、部门协作的工作机制。

(二)重点发力绿色建筑。按照《泸州市绿色建筑创建行动实施方案》要求,严格落实《绿色建筑评价标准》,持续推进绿色建筑向绿色建造发展。一是强化设计质量关。要求施工图审查机构将绿色建筑纳入各专业审查范围,分专业出具审查意见,未落实绿色建筑标准或设计深度不够的,不得出具施工图审查合格书,主管部门在施工图审查备案环节检查绿色建筑评价表格审查情况,未提供评价表或内容不全的,不予施工图审查备案。二是严格施工过程和竣工验收关。施工环节将绿色建筑作为现场重要的质量监督和检查内容,对重要工序、关键部位抽查和巡查相结合,对无图施工、未按图施工等情况一经发现立即责成整改。验收环节,对绿色建筑施工质量控制资料严格要求,认真检查各检验批、隐蔽工程、分项工程、分部工程等自检资料、材料见证取样复检报告及相关实体检测资料等是否齐全,凡施工质量不合格或未按施工图要求实施的建设项目不予同意通过竣工验收。三是落实监督检查关。我市从 2015 年推广绿色建筑以来。一直将绿色建筑施工图设计和实施情况纳入年度动态核查、"双随机、一公开"和施工现场质量抽查内容,对未严格执行绿色建筑标准、施工未落实绿色建造措施的行为督导整改。2021 年,我市规划区范围内办理施工图审查备案绿色建筑项目 71 个,总建筑面积 538.31 万平方米,占新建项目比例为 88.54%,基本星级 45 个、总建筑面积 352.52 万平方米,一星级 24 个、总建筑面积 181.83 万平方米,二星级 1 个、总建筑面积 3.96 万平方米。完成竣工验收备案项目中绿色建筑项目 43 个,总建筑面积 291.16 平方米,占新建项目比例为 94.23%。

(三)持续推进建筑节能。一是提高设计标准。按照国家和省相关要求,我市城镇民用建筑按建筑节能 65%设计标准进行执行,工业建筑执行工业建筑节能设计标准执行,新建民用建筑建筑节能执行率达 100%。二是推动既有建筑节能改造。强化政策的宣贯和长远节能效益科普,在结合老旧小区电梯改造、沿街风貌塑造、外墙改装等项目分节能子项(外墙、门窗、屋顶等)逐步推行建筑节能改造。三是指导绿色建材标识认证。截至目前,我市有 31 家企业的 32 种产品取得四川省绿色建材标识,覆盖了新型墙体材料、预拌混凝土、预拌砂浆、塑钢窗和铝合金窗等产品。2021 年,我市规划区范围内办理施工图审查备案建筑节能项目 75 个,总建筑面积 529.95 万平方米。完成竣工验收备案项目中绿色建筑项目 54 个,总建筑面积 309.18 平方米。

(四)试点海绵城市建设。一是加强政策法律保障。制定出台海绵城市监测管控平台运营维护考核办法、第三方监测设备运营维护考核办法等系列制度文件,完成《海绵城市建设管理条例》立法预调研,持续推进立法工作,为海绵城市建设提供政策保障。二是加强全过程管控制度。优化流程,将海绵城市建设指标雨水年径流总量控制率纳入土地出让条件,升级打造泸州海绵城市监测管控评估平台,提升海绵设施智慧管理监测能力,实现从土地出让到运营维护的全过程管控。三是加强专业技术指导。编制《泸州市系统化全域推进海绵城市建设实施方案》,制定完善海绵设施审核要点等技术标准文件,指导项目开展海绵设计、施工和维护。

(五)推进装配式建筑发展。一是加强基地建设保障生产供应。引进适宜我市资源和气候条件的装配式建筑体系和成套技术,建成 PC 装配式企业和 1 家钢结构装配式企业。二是完善配套产品促进产业链发展,积极引导装配式建筑和绿色建材的融合发展,提高绿色建材在装配式建筑中的应用比例。三是部门联动提高推广力度。建立完善协同推进机制和工作督查机制,统筹资源、形成合力,共同抓好组织实施,促进装配式建筑大规模推广以及向深度、广度发展。截至目前,我市新开工装配式建筑 29 个、面积 151 万平方米,完成省厅下达全年目标任务(泸州新开工装配式建筑面积 150 万平方米,装配率达到 50%的项目达到 20%),装配率达到 50%的项目为 6 个、面积 63.35 万平方米,超过目标任务 6 个百分点。

(六)营造绿色发展环境。一是邀请专家开展技术培训。今年组织主题为建筑节能和绿色建筑的技术应用培训 1 次,开展海绵城市技术培训 4 次。通过对《绿色建筑评价标准》《四川省民用绿色建筑设计施工图阶段审查技术要点(试行)》等相关技术标准的宣贯和培训,提高了规划、设计、施工、管理、运行等人员的技术水平。二是强化日常宣传。充分利用节能宣传月和日常宣传,通过局微信公众号、宣传单、新媒体等方式宣传绿色建筑发展的重要意义及政策措施,把倡导绿色、节能、低碳的生产生活方式作为宣传重点,科普绿色建筑相关知识,形成全社会支持绿色建筑发展的良好氛围。三是拓宽宣传渠道。利用公交车载电视、抖音公众号、微信等多个电子网络宣传平台开展"海绵城市建设"宣传,累计发布海绵城市建设科普短视频 13 期,累计播放量达到 5.8 万人次;投放公交车载科普宣传广告 1 期,覆盖 20 条城市主干线公交线路,宣传效果良好。

二、存在问题

（一）重要意识不深刻。一是广大市民及部分建设单位对绿色建筑概念认识不清，以"绿化"替代绿色建筑，没有真正理解绿色建筑的深层内涵和科学标准。二是大部分建设单位认为绿色建筑会增加造价成本，且短期社会效益不明显，实施建筑节能和绿色建筑缺乏主动性。

（二）地域发展不协调。基于客观原因，我市在《泸州市绿色建筑创建行动实施方案》推动过程中来自开发企业、购房业主的阻力较大，导致部分项目建筑信息模型 BIM、装配式建筑以及楼地面隔声、星级绿色建筑全装修措施等落实困难。

（三）既有建筑节能改造工作缓慢。因缺乏相关资金或优惠政策支持，且相关责任主体不明确、物权纠纷较多，我市既有建筑节能改造工作进展缓慢，且公共建筑能耗监测等工作推动难度较大。

三、下一步工作

（一）进一步加强绿色建筑宣贯力度。充分利用政策规范宣贯会、业务培训会等传统方式以及公众号、数字化平台等加强政策解读、技术指导，提高县区管理部门、建设、勘察、设计人员以及施工图审查人员对绿色建筑认识和理解。

（二）强化监督管理。在施工图、施工质量监督和竣工过程中，注重绿色建筑质量把关，同时明确各方主体责任，制定相关管理办法，按照"双随机、一公开"原则，加强对建筑节能和绿色建筑标准执行情况的督查和抽查，及时移送未按标准实施绿色建筑的责任单位违法建设线索，确保绿色建筑不折不扣按标准落实。

（三）统筹部门形成合力。依托老旧小区改造，积极梳理涉及既有建筑节能改造相关各个部门职责，提出可行性建议，加快推进绿色建筑工作。

05 德阳市关于 2021 年度绿色建筑创建行动推进情况的报告

按照《四川省绿色建筑创建行动实施方案》要求，现将我市绿色创建行动推进情况报告如下：

一、总体情况

我市认真贯彻落实四川省关于绿色建筑创建行动的总体部署，结合我市实际，全力抓好绿色建筑创建、建筑节能管理、新型建材推广等工作，联合市发改委、市自然资源局等单位制定了《德阳市绿色建筑创建行动实施计划》，在建设领域方面，发布了《关于德阳市民用绿色建筑建设要求的通知》和《关于明确已出让土地项目装配式建筑建设（2021年版）的通知》，有力指导和促进了我市绿色建筑的发展。

二、绿色建筑创建行动推进情况

（一）全面推进城镇绿色建筑和建筑节能发展

自 2021 年 2 月起，我市新建绿色建筑全面执行居住建筑节能 65% 的设计标准。要求民用绿色建筑占比新建建筑比重达到 100%、新建民用建筑在设计阶段执行节能强制性标准的比例达到 100%，在施工阶段执行节能强制性标准的比例达到 100%。截至 2021 年 10 月底，全市节能标准建筑面积达 6 522.87 万平方米，市本级节能标准建筑面积达 2 773.61 万平方米。

（二）规范绿色建筑标识管理

按照《德阳市绿色建筑创建行动实施计划》的要求，依托住建部《绿色建筑评价标识管理办法》和《四川省绿色建筑评价标准》，积极与省建科院协作指导我市绿色建筑评价与标识的顺利开展和实施。

（三）加强绿色建筑全过程管理

自 2014 年以来，我市陆续编制完善了《德阳市民用建筑绿色设计审查技术要点》《德阳市民用建筑绿色设计技术导则》《德阳市绿色建筑工程施工验收暂行规定》及《德阳市绿色建筑技术应用指南》等绿色建筑技术支撑文件；研究制定了《德阳市住房和城乡规划建设局关于加强绿色建筑项目建设全过程管理（试行）的通知》（德建发〔2016〕47 号）、《德阳市住房和城乡规划建设局关于执行绿色建筑实施范围与相关要求的通知》（德建发〔2016〕162 号）等绿色建筑激励和管控文件，积极探索绿色建筑从项目的规划、初步设计、施工图审查、施工质量监管、竣工验收等方面的监管措施及部门之间的衔接与配合，建立了绿色建筑从土地出让到竣工投入使用的全周期闭合管理。

（四）大力开展城镇老旧小区节能改造

根据四川省人民政府办公厅《关于全面推进城镇老旧小区改造工作的实施意见》和德阳市人民政府办公室《德阳市城镇老旧小区改造工作实施方案》相关要求，结合我市实际，大力开展了老旧小区节能改造工作。目前，我市已有 608 个城镇老旧小区正在进行节能改造，面积约为 335 万平方米。

（五）积极推广装配式建造方式

2021 年，我局联合市自然资源局等单位联合发布了《关于明确已出让土地项目装配式建筑建设 2021 年版的通知》（德建发〔2021〕130 号），在土地出让阶段，就明确了民用建筑装配式相关要求并严格从设计、施工、验收等环节把关。积极探索开展钢结构装配式住宅试点工作，鼓励房地产企业开发钢结构装配式住宅。

（六）加强公共建筑节能监管

我局与市发改委共同发布《关于贯彻落实〈进一步提升建筑节能与绿色建筑质量的实施意见通知〉》，为提升建筑节能与绿色建筑质量，《通知》明确对新建建筑可再生能源利用和能效测评要求，对新（改、扩）建国家机关办公建筑和大型公共建筑明确安装能耗在线监测系统。现目前，我市机关事务管理局正积极建设能耗在线监测系统。

（七）提升资源使用效率，优化民用建筑能源结构

与市发改委联合发布《关于加快推进可再生能源在建筑中应用的通知》，明确了因地制宜推动可再生能源建筑应用。与省建科院合作，探索将光伏发电与办公楼改造相结合，将推进可再生能源应用落实。下发了《关于加强海绵城市建设相关要求的通知》，编制了《德阳市海绵城市建设技术导则》《德阳市海绵城市建设施 工图设计审查要点》，积极推进我市海绵城市建设。

（八）开展建筑垃圾资源化利用

为规范我市城镇建筑垃圾管理和资源化利用，联合市城市管理行政执法局等单位共同编制了《德阳市建筑垃圾管理与资源化利用工作规划》，有力地推动我市建筑垃圾源头减量，引导建筑垃圾处理产业发展，推进处置项目建设，加大再生产品推广应用，促进绿色循环经济发展。

（九）推广绿色建材应用

与市经信局联合建立《德阳市绿色建材名录库》并向社会发布。目前已向社会发布绿色建材生产企业和产品 17 家共 42 项产品，建设领域科技成果或应用技术 6 项，涉及建设领域内的砖、隔墙板、墙体、门窗、管材、保温隔声材料等多个方面。今年有新获得的绿色建材证书的生产企业和产品 8 家共 18 项产品，建设领域科技成果或应用技术 5 项将在今年 12 月向社会发布，有力推动了我市绿色建材产业的发展。

三、主要经验及做法

（一）加强民用绿色建筑行政管理。严把施工图设计审查备案、施工过程管理、节能工程专项验收三个关口，未办理施工图设计审查备案的不予办理施工许可；施工过程加强现场监管，节能信息公示。

（二）加强绿色建材推广，强化对建设领域挥发性有机物建材的监督。支持建材生产

企业做好绿色建材新产品的研发、推广应用，积极申报绿色建材认证、评估，鼓励市场优先使用入选"德阳市绿色建材名录库"中的建材和新技术。

（三）加大宣传科普力度。我局通过组织装配式建筑、绿色建筑和绿色建材培训、宣贯活动，结合每年"全国节能宣传周和低碳日活动"，制作了推广绿色建筑的科普传单、宣传短片，并通过有奖问答等方式增强市民对绿色建筑的认知和认可。

06　绵阳市住房和城乡建设委员会关于 2021 年绿色建筑创建行动推进情况的报告

按照省住建厅工作要求，现将我市 2021 年绿色建筑创建行动推进工作情况报告如下：

一、主要做法及成效

（一）加强组织保障，明确目标任务。2021 年初，按照省级 9 部门《关于印发四川省绿色建筑行动实施方案》（川建行规〔2020〕7 号）要求，市住建委等 9 部门联合下发了《关于印发绵阳市绿色建筑创建行动实施计划的通知》（绵住建委发〔2021〕27 号），明确了我市绿色建筑创建行动的创建对象、目标任务、部门职责和保障措施。

（二）加大宣传力度，践行绿色发展。配合"节能宣传周"、公共建筑节能创建验收检查和绿色低碳出行等专项行动和大型会议，加大对绿色节能环保建筑的宣传力度，全年发放各类绿色节能宣传材料 1 300 余份（册），充分让市民和全社会认识绿色建筑、选购绿色建筑、践行绿色低碳发展理念。

（三）推广"四新"科技，聚力绿色建材。以推广建设领域"四新"科技（设备、工艺、材料）为重点，集中力量发展绿色建材。2021 年，我市建设领域科技型企业发展势头强劲，截至 11 月底，我市新型节能环保建材生产企业达到 8 家，初步建成建材产业园区 2 个，新型节能建材企业年产值超过 50 亿元，为绿色建筑的全面发展奠定了坚实基础。

（四）严把审查关口，用好绿色通道。严守施工图审查关口是发展绿色建筑的关键，我市施工图审查单位从 2021 年 2 月 1 日起对所有在绵房地产开发企业施工图审查加入了绿色建筑专篇，截至 2021 年 11 月底，主城区（涪城、游仙辖区）新建居住建筑项目计 108 万平方米，全部设计为绿色建筑，充分发挥了建筑业绿色通道作用。各县市区（园区）新建建筑和在建建筑 313 万平方米全部为绿色建筑，从已统计的数量看，我市已全面完成了绿色建筑占在建建筑总量 70% 的目标任务。

二、存在问题

一是去年前开工未完工的居住建筑项目个别未按照绿色建筑标准设计；二是县市区（园区）房地产开发项目绿色建筑基本级多，星级绿色建筑量不足；三是少数房地产开发企业对绿色建筑和绿色发展认识还不到位。

三、下一步工作打算

一是进一步加大宣传贯彻力度，让绿色发展理念深入到建筑全行业；二是严格执行国家、省、市绿色建筑创建行动实施计划，全面推进建筑业绿色低碳发展；三是加大督促检查力度，确保完成星级绿色建筑占建筑业总量 40% 的目标任务。

07 广元市住房和城乡建设局关于 2021 年度绿色建筑创建行动推进情况的报告

根据《四川省绿色建筑创建行动实施方案》要求，现将我市 2021 年度绿色建筑创建行动开展情况报告如下。

一、2021 年绿色建筑推广工作情况

2021 年是广元市"十三五"绿色建筑推广的收官之年和新发展年，过去的五年，全市住房城乡建设系统围绕四川省建筑节能与绿色建筑"十三五"规划，根据《广元市节能减排综合工作方案（2017—2020 年）》工作安排，明确绿色建筑推广工作目标，突出工作重点、注机制创新，狠抓监督落实，圆满完成了各项工作任务，主要表现在以下几个方面。

（一）新建建筑执行节能标准成效显著。深入贯彻《中华人民共和国节约能源法》，认真执行省级地方性建筑节能标准《四川省居住建筑节能设计标准》，广元市内各城镇规划区新建、改建和扩建的民用建筑严格进行建筑节能规划、设计、施工。根据 5 年数据汇总显示，全市城镇新建建筑在设计阶段、施工阶段执行节能标准的比例均为 100%。分别比"十二五"末提高了 1 个百分点和 6 个百分点。

（二）绿色建筑推广应用蓬勃发展。大力发展绿色建筑，根据《四川省住房城乡建设厅关于进一步加快推进绿色建筑发展的实施意见》，我市持续扩大绿色建筑标准的执行范围，从 2018 年起，我市 5 万平方米以上的住宅建筑按不低于绿建一星级标准设计（新标准修订为基本级），大大提高了我市绿色建筑占新建城镇建筑面积比例，2018 年、2019 年推广绿色建筑面积连续两年突破 100 万平方米。"十三五"期间累计完成绿色建筑项目 181 个，52% 的城镇新建建筑达到绿色建筑标准。累计建成绿色建筑面积 546.95 万平方米，提前 1 年完成省节能办下达我市绿色建筑目标任务。2021 年新增绿色建筑面积 134.84 万平方米，积极开展科技创新和科技成果推广应用，加气混凝土砌块、多孔砖、夹芯墙板等可回收、可再生的墙材使用比例平均达到 75%。

（三）建筑能耗水平持续下降。一是顺利完成"十三五"期间公共建筑节能改造、既有居住建筑节能改造双 10 万平方米任务。结合老旧小区改造工作部署，我市对老旧住宅的外墙、公共区域门窗等进行适当能效提升，整体增强保温性能，有效降低建筑能耗。二是开展了对本地区国家机关办公建筑和大型公共建筑基本情况和能耗状况的调查摸底，连续开展民用建筑能源资源消耗统计工作，累计完成统计建筑数量 214 栋、统计总面积达 166.58 万平方米，部分国家机关办公楼和大型公共建筑安装计量装置，建立能耗动态监测系统。

二、存在的问题

（一）建筑节能各项管理制度尚不健全。一是在法律层面，要使《节约能源法》《民用建筑节能管理条例》等法律制度真正得到落实，需要制定一系列具有操作性的部门规章或规范性文件，目前本地实际制定地方性法规和实施细则的工作相对滞后。二是在经济政策层面，绿色建筑领域的财政补贴、税费优惠、贷款贴息等经济政策支持力度明显不够。

（二）绿色建筑标准执行水平有待提高。一是绿色建筑标准的执行还存在不平衡，总的来说，大型住宅项目执行绿色建筑标准要好于小型住宅项目，住宅建筑要好于公共建筑。二是相关从业人员对部分绿色建筑设计的方法和概念等还没有深入掌握，对绿色建筑设计标准和设计软件不够熟悉，导致绿色建筑工程施工过程中执行质量和效果出现折扣。

（三）既有建筑节能改造滞后。一是企事业单位和居住小区等各方主体开展节能改造的积极性不高。二是既有建筑节能改造成本在每平方米在 200 元左右，其投入大多数由地方政府和居民承担，我市属西部欠发达地区，地方财力不足，居民中低收入群体比例较高，资金投入难以保证。

三、2022 年工作谋划

（一）稳步推动绿色建筑发展。根据省住房和城乡建设厅等 9 部门《关于印发四川省绿色建筑创建行动方案的通知》（川建行规〔2021〕17 号）要求，新建民用建筑全部执行绿色建筑标准。单体建筑面积 2 万平方米以上大型公共建筑和政府投资项目应达到绿色建筑一星级及以上标准；到 2022 年，城镇新建建筑按照绿色建筑标准建设的比例不低于70%；到 2025 年，城镇新建建筑全面执行绿色建筑设计标准。开展绿色生态城区试点，推进绿色住区建设。探索适合夏热冬冷地区超低能耗建筑，开展超低能耗建筑建设推广示范活动。

（二）深入推进装配式建筑发展。加快推进新型建筑工业化。研究出台推广装配式建筑政策措施，加大全装修住宅推广力度，2021 年全市新开工装配式建筑不低于 70 万平方米，推动支持相关企业提高技术水平，做强装配式建筑产业项目基地。提高装配式建筑从业人员的业务素质和操作技能，大力推广装配式建筑与工程总承包、BIM 技术深度融合，营造行业领域共同关注、支持装配式建筑发展的良好氛围。

（三）强化既有建筑节能改造。开展大型公共建筑能源监测统计，推进落实既有建筑节能改造。进一步提高道路照明新型节能光源的利用比例。开展建筑节能改造项目示范创建和能效领跑者创评工作。持续开展绿色循环发展资金支持项目申报工作，推进公共建筑智能化改造。

08 遂宁市关于 2021 年绿色建筑创建工作推进情况的报告

按照《四川省绿色建筑创建行动实施方案》要求，现将我市 2021 年绿色建筑创建工作推进相关情况报告如下。

一、工作进展情况

（一）高位高效推动创建工作。一是加强组织领导，健全工作机制。成立由市住房城乡建设局主要负责同志任组长的可持续发展工作领导小组，把绿色建筑创建作为实施建设工程管理的重要内容，纳入年度目标任务逗硬考核。二是完善监管体系，明确主体责任。细化落实建设工程各方责任主体的在建筑节能实施中的相关职能职责，强化新建建筑的设计、审查、施工、工程质量监督和竣工验收备案等环节绿色建筑创建的监管力度。三是加大宣传力度，营造良好氛围。坚持把搞好宣传、营造节能氛围作为抓好绿色建筑创建工作的重要途径，充分利用电视、短信、网络、报纸等形式，全方位、广角度、全覆盖式绿色建筑创建宣传，扎实开展好系列宣传活动。

（二）高质量推动绿色建筑发展。牵头制定《遂宁市推进绿色建筑创建行动方案》，在全市范围内开展绿色建筑创建行动，加快推动遂宁市金融中心（佳乐世纪城）万象中心（绿色建筑"二星级"标准设计）、遂宁市新冠肺炎患者市级定点救治医院改扩建（绿色建筑"一星级"标准设计）等重点工程。截至 11 月 30 日，2021 年全市城镇民用建筑新增建筑面积约 407.55 万平方米，其中城镇新增绿色建筑面积约 285.77 万平方米，城镇绿色建筑占新建建筑比重达到 70.1%，超过 2021 年度 60% 的目标任务 10 个百分点，初步测算 2021 年底城镇绿色建筑占新建建筑比重较 2020 年增加 15 个百分点左右。

（三）高标准提升居住建筑品质，一是全面执行建筑节能 65% 设计标准，推进城镇绿色化发展，将建筑节能设计纳入施工图设计审查、施工过程监督、竣工验收等基本建设全过程，对未严格按照建筑节能 65% 设计标准设计的项目不予办理相关手续。截至 11 月 30 日，2021 年全市办理施工图审查备案居住建筑 22 个，总建筑面积约 195.2 万平方米。二是大力推动城镇老旧小区改造。制定《遂宁市人民政府办公室关于全面推进城镇老旧小区改造工作的实施意见》等 16 个政策文件，初步形成全市城镇老旧小区改造政策体系，相关经验成功入选住建部《城镇老旧小区改造可复制政策机制清单（第三批）》。2020—2021 年，全市共 703 个小区、63 750 户纳入中央财政补助支持城镇老旧小区改造范围，目前已全部开工，其中 372 个小区已完工，331 个小区加紧改造，累计争取中省资金 17.06 亿元，完成投资 6.7 亿元。三是推进既有住宅增设电梯工作。制定《遂宁市既有住宅增设电梯指导意见》《遂宁市既有住宅增设电梯实施指南的通知》，完善群众开展既有住宅增设电梯工作。截至目前，全市既有住宅增设电梯已建好并取得电梯使用合格证的共 53 部。

（四）加快推动装配式建筑发展。一是落实《2021 年全省推进装配式建筑发展工作要点》要求，结合本地发展现状，分解目标任务，促进全市装配式建筑行业均衡有序发展。2021 年新开工装配式建设项目共计 34 个，以钢结构装配式厂房居多，新开工装配式建筑面积达 112.82 万平方米，全面完成年初省厅下达的 80 万平方米目标任务。二是突出骨干龙头企业带动引领作用。对四川浩石模块房屋科技有限公司、四川双陆钢结构工程有限公司、四川瑞泽杭萧钢构建筑材料有限公司三家装配式进行重点培育，目前三家企业建成投产，达到规模且具有区域性竞争实力，年产值约 10.5 亿元。

（五）高效推动能源资源利用。一是提升水资源使用效率。加快制定和实施供水管网改造建设实施方案，完善供水管网检漏制度；加强公共供水系统运行监督管理，推进城镇供水管网分区计量管理，建立精细化管理平台和漏损管控体系，2020 年我市城区管网漏损率为 8.48%。公共机构率先开展供水管网、绿化浇灌系统等节水诊断，大力推广使用节水新技术、新工艺和新产品，使用节水型器具，新建公共建筑全面安装使用节水型器具。目前老城区公厕全部使用节水型器具，节水器具普及率 100%；积极开展节水型用水器具普及推广，促进城镇居民家庭节水。二是做好建筑垃圾资源利用。组织编制《遂宁市建筑垃圾消纳场所专项规划（2021—2035）》，全市设建筑垃圾堆场及资源化利用中心共 10 处；编制完成《中心城区建筑垃圾特许经营项目实施方案》（初稿），待报市政府审定后组织招标。督促各辖区结合本区域建筑垃圾产生量、城乡规划等具体情况，暂行划定建筑垃圾暂存点和建筑垃圾临时堆场等区域，明确建筑垃圾处置活动执法和管理环节。制定《遂宁市建筑垃圾管理与资源化利用实施方案》，对全市建筑垃圾资源化利用项目建设、建筑垃圾管理和资源化利用政策体系建设提出明确要求，中心城区建筑垃圾资源化利用率不低于80%，各县（市、区）城区建筑垃圾资源化利用率不低于 60%。三是可再生能源建筑应用稳步实施。已完成并投入使用的示范项目 4 个，分别是遂宁市东城一品超市和会所项目（市河东新区）遂宁六中学生宿舍太阳能室热水供应工程项目、射洪中医院一期及二期扩建及康复治疗中心建设项目、金宸房产开发公司的射洪轩阳大厦项目，总建筑面积约 12 万平方米。目前，我市已完成 116 万平方米可再生能源示范项目设计方案（包括施工图和工程预算等），遂宁经开区部分学校项目、市河东新区部分公共建筑项目、船山区部分异地搬迁农房项目、安居区的部分农房项目已经完成了设备安装，下一步将对已完工的太阳能项目、地源热泵项目开展验收工作。

二、存在主要问题

（一）绿色建筑推广积极性有待提高。我市现出台的政策规定主要集中在行政审批手段方面，财政补贴、土地出让等相关激励措施未落实，项目业主对绿色建筑未形成统一认识，对投资绿色建筑回报不清楚，消费者对绿色建筑意义认识不深刻，市场需求度不高。

（二）建筑节能保温隔热材料质量水平参差不齐。目前市场上的建筑节能保温隔热材料品种多、质量水平参差不齐、建设单位顾虑多，推广使用墙体保温材料存在畏难情绪。

（三）老旧小区后续管理机制缺失。各辖区在城镇老旧小区改造与城市基层治理的有效结合上思考不深入、结合不紧密、联动不明显，群众"小区主人翁"意识不强，自治组织作用发挥不到位。目前，我市已完成改造的 372 个小区中的大部分物业管理水平还有待提升。

三、下步打算

（一）严格执行绿色建筑评价标准。全市城镇新建民用建筑应至少满足《绿色建筑评价标准》GB/T 50378—2019 基本级要求，政府投资或政府投资为主的建筑、单体建筑面积大于 2 万平方米的公共建筑、建筑面积大于 15 万平方米的新建住宅小区应至少满足绿色建筑一星级要求，建筑高度超过 150 米或单体建筑面积大于 20 万平方米的建筑应至少满足绿色建筑二星级要求。到 2022 年，城镇新建建筑中绿色建筑面积占比达到 75%。

（二）稳步提升建筑节能监测能力。全面执行居住建筑节能 65%设计标准，落实公共建筑能耗分项计量和室内温度控制要求，新建国家机关、学校、医院和单体建筑面积超过 2 万平方米的大型公共建筑应设计和安装能耗监测系统。鼓励采用合同能源管理模式实施既有公共建筑节能改造。

（三）持续做好城镇老旧小区改造。抢抓国家政策机遇，坚持新发展理念，坚持共同缔造，树立"存量思维"，以城市更新为契机持续推进城镇老旧小区改造，努力打造有安全保障、有完善设施、有整洁环境、有配套服务、有文化特色、有长效管理的"六有"幸福宜居小区，让人民群众在城市生活得更方便，更舒心、更美好。2022 年，计划全市新开工改造城镇老旧小区 426 个（以住房城乡建设厅最终审定任务数为准）。

（四）持续加强事中事后监管。坚定定期检查与日常巡查相结合，多部门合力开展监管。对于违反建筑节能规定的，发现一起，查处一起。对使用国家或省、市明令淘汰的、质量不合格的、达不到节能标准的外墙保温产品的建筑工程，不予验收交付使用，并依照有关规定进行查处。

（五）不断加大宣传培训力度。通过多种形式对建筑节能开展宣传，提高群众建筑节能相关政策法规知晓率；以绿色建筑推广为重点开展专题培训，加深从业人员对新规范的理解，树牢规范意识，解决好建筑节能行业涉及专业知识面广、相关规范迭代更新快问题。

09　内江市 2021 年度绿色建筑创建行动实施情况报告

按照四川省住房和城乡建设厅等 9 部门《关于印发四川省绿色建筑创建行动实施方案的通知》的要求，我局对全市 2021 年度绿色建筑创建行动实施情况进行了自查清理，现将情况报告如下：

一、总体概况

2021 年，我市新建建筑全部按最新的建筑节能标准进行设计、审查和实施，严格执行《四川省绿色建筑创建行动实施方案》规定，全市的建筑节能和绿色建筑工作稳步推进。

二、工作具体进展情况

（一）绿色建筑实施情况

根据省住建厅等 9 部门《关于印发四川省绿色建筑创建行动实施方案的通知》的要求，2021 年 3 月，内江市住房和城乡建设局结合内江实际，联合市发改委、自规局等 9 部门也印发了《内江市绿色建筑创建行动实施方案》，指导各县（市、区）绿色建筑创建行动。按照《内江市绿色建筑创建行动实施方案》，2021 年 1 月 1 日起，全市政府投资的建筑、单位体大于 2 万平方米的公共建筑、地上总建筑面积大于 15 万平方米的新建住宅小区、至少达到绿色建筑一星级要求，建筑高度超过 150 米或单体面积大于 20 万平方米的公共建筑，至少达到二星级绿色建筑要求，其余新建建筑全部达到绿色建筑基本级要求。为了确保这些要求具体落实，全市各级自然资源规划部门已纳入前期土地拍卖条件和规划条件。2021 年全市新建建筑全部达到绿色建筑标准要求，大部分为绿建筑基本级，占 85%，一、二星级占 15%。

（二）装配式建筑实施情况

我市一直十分重视装配式建筑的发展工作。一是出台了《内江市人民政府办公室关于积极发展装配式建筑的实施意见》（内府办发〔2017〕97 号），该实施意见从基本原则、目标任务、重点工作、应用范围、政策支持、保障措施、施行时间等方面进行了明确和规范，为来我市的装配式建筑生产企业及生产基地的落地提供了政策保障和具体实施依据。二是 2020 年 5 月，市住建局、财政局、自规局、市场监管局联合发布我市《积极发展装配式建筑的实施方案》（内住建局〔2020〕119 号），按照"政府项目率先示范、社会项目逐步推行、最终全面推广应用"的实施步骤，我市装配式建筑正式进入实施阶段。装配式建筑生产基地是装配式建筑推广应用的基础条件，我市现已建成三家规模化装配式建筑生产基地（包括四川汇源钢建装配建筑有限公司、四川绿建杭萧钢构有限公司和内江建工远大建筑科技有限公司），生产工艺先进、技术成熟，完全满足全市每年 200 万平方米以上装配式建筑的建设需求，其数量和技术水平甚至超过省内一些装配式建筑试点城市。2021 年省下达我市新建 110 万平方米装配式建筑的目标任务，我市同样分解下达各县（市）、区，今年上半年我市已完成 44.03 万平方米，完成年度目标任务的 40%。年底能够完成全年目标任务。

（三）建筑节能实施情况

建筑节能实施情况我市一直十分重视建筑节能工作，全市新建建筑节能，设计阶段100%执行国家和省节能设计标准，其中：新建公共建筑执行节能 50% 的设计标准，居住建筑执行节能 65% 的设计标准；施工图审查报告必须附上合格的建筑节能审查登记表，否则，不予进行施工图审查备案；施工验收阶段 100% 落实节能相关标准。

三、主要经验及做法

（一）采取多种方式对建筑节能和绿色建筑进行广泛的宣传

一是在内江建设网上开辟绿色建筑专栏，印制绿色建筑宣传品，广泛进行绿色建筑宣传。二是推行建筑节能公示证，要求各建设项目必须在显要位置张贴建筑节能公示证书，向社会公开项目的建筑节能设计情况，接受社会监督。

（二）坚持推行以自保温墙体为主的节能建筑

按照我局 2012 年出台的文件要求全市的公共建筑、框架结构的居住建筑外墙全部使用自保温墙体材料，至今一直坚持推行，保证了节能标准的落实和建筑品位的提升。

（三）推动建材企业转型

由于我市大力推行外墙自保温体系，带动了以自保温建材企业的转型升级。如德天力公司，利用电厂发电废物——粉煤灰生产自保温砖（砌块），被评定为二星级绿色建材标识产品；川威集团属下的劲腾建材公司生产的轻质隔墙板，也被评为二星级绿色建格标识产品。目前我市自保温墙体材料品种多样，形成了以粉煤灰加气砼砌块为主、自保温烧结多孔砖为辅的品种丰富多样的自保温墙材生产体系，也推动了地方经济的发展。

四、下一步计划

（一）严格按相关规定、规范等继续加大建筑节能的管理力度。

（二）大力推行绿色建筑和绿色建材，强化自保温墙材和取得绿色建材标识建筑材料的使用。

（三）全面推动装配式建筑的实施。内江市住房和城乡建设局、内江市财政局、内江市自然资源和规划局、内江市市场监督管理局联合印发了《内江市积极发展装配式建筑实施方案》，方案要求从 2020 年 7 月 1 日起，政府投资的项目、单体建筑超过 2 万平方米的公共建筑，全面实施装配式建筑；2021 年 7 月 1 日起，一定规模的开发项目和工业厂房实施装配式建筑。为加大装配式建筑推广力度，2022 年，我市将出台新的装配式建筑相关文件。

五、存在的问题及建议

（一）由于县（市、区）对绿色建筑认识不足，重视不够，高品质绿色建筑基本没有。为了推进绿色建筑的顺利实施，政府投资项目应率先示范，单体建筑面积大于 2 万平方米的公共建筑项目应按二星级绿色建筑实施。

（二）由于取得星级绿色建筑标识需要准备大量资料，费时费钱，又没有补贴，各建设单位对评审绿色建筑星级标识积极性不高。为了推动绿色建筑标识工作，对于获得国家一、二星级标识的绿色建筑，建议省政府出台奖励和支持政策，同时我市也将加大绿色标识产品的实施比例，生产单位也应积极开拓市场。

10　乐山市关于 2021 年度绿色建筑创建行动工作总结的报告

根据省住房城乡建设厅等 9 部门《关于印发四川省绿色建筑创建行动实施方案的通知》要求，现将我市 2021 年度绿色建筑创建行动工作情况报告如下：

一、制订方案

2021 年 7 月，市住房城乡建设局、市发展改革委、市经济信息化局、市教育局、市司法局、市市场监督局、市机关事务局、中国人民银行乐山市中心支行、中国银行保险监督管理委员会乐山监管分局等 9 部门联合印发《乐山市绿色建筑创建行动实施计划》（以下简称《实施计划》），在全市开展绿色建筑创建行动。

《实施计划》提出，到 2022 年，当年城镇新建建筑中绿色建筑面积占比达到 70%，星级绿色建筑持续增加，居住建筑品质不断提高，建设方式初步实现绿色转型，能源、资源利用效率持续提升，科技创新推动建筑业高质量发展作用初显，人民群众积极参与绿色建筑创建活动，形成崇尚绿色生活的社会氛围。

《实施计划》明确，此次行动拟通过 5 个方面、20 项工作内容，系统推动我市城乡建设绿色发展和产业转型升级。

二、工作成效

（一）推动绿色建筑高质量发展方面

1. 严格执行绿色建筑相关法规标准体系，全面推进城镇绿色建筑发展。自 2021 年 2 月 1 日起（以取得施工图审查合格书时间为准），我市新开工的城镇新建民用建筑应全部满足《绿色建筑评价标准》GB/T 50378—2019 基本级要求；已备案满足绿建一星级标准项目 5 个；鼓励各县（市、区）根据实际，制定更高的绿色建筑星级要求。

2. 规范绿色建筑标识管理。今年我市新申报绿色建筑运行标识项目 1 个。依托全国绿色建筑标识管理信息系统，按权限展开绿色建筑标识在线申报、推荐和审查，做好本市一星级绿色建筑标识认定和二星级绿色建筑初审、推荐工作。

3. 加强绿色建筑全过程管理。在土地出让阶段，我局向自然资源管理部门共发出绿色建筑倡议函 26 份，要求相关部门在民用建筑方案设计文件中明确绿色建筑设计要求；在初步设计、施工图设计文件阶段，要求设计单位编制绿色建筑设计专篇；在施工图审查阶段，要求在我市开展审图业务的审图机构建立绿色建筑施工图设计文件专项审查制度，编制绿色建筑审查专篇，审查不合格的不得出具审查合格书，2021 年新审查项目共 23 个，全部编制有绿色建筑专篇；在施工阶段，加强设计变更管理，原则上要求不得降低绿色建筑要求，涉及节能、保温、隔音等涉及变更等，我局要求建设单位、设计单位、审图机构应重新进行施工图编制和审查，落实企业主体责任，督促建设、设计、施工、监理等单位执行绿色建筑设计文件和相关标准规范；在竣工验收阶段，严格竣工验收管理，建立建筑节能和绿色建筑专项验收制度，推动绿色建筑相关要求落地落实。运营阶段，指导获得绿色建筑标识项目运营单位按要求上报运行指标。

（二）推动城镇老旧小区改造方面

鼓励有条件的小区对照《既有建筑绿色改造评价标准》GB/T 51141 要求，实施绿色改造，印发了《乐山市城镇老旧小区改造实施方案》。全年实施老旧小区改造 145 个，涉及居民 20 053 户，累计完成投资额约 3.7 亿元。完成了市中区上中顺片区、金口河区红华生活区 2 处省级示范项目老旧小区改造项目。

（三）推动建筑业转型升级方面

1. 推广装配化建造方式。今年以来，我市印发了《提升装配式建筑发展质量五年行动方案》《关于进一步加强装配式建筑推广应用的函》《关于进一步加强装配式建筑推广应用的通知》《关于持续推进装配式建筑发展意见的通知》《夹江县人力发展和推广装配式建筑工作实施方案》等文件，新开工装配式项目 40 个，平均装配率 35%以上。

2. 培育企业新型竞争力。引导建筑企业提升绿色建造能力，加强技术积累和人才培养，培育一批以绿色设计、绿色施工能力为核心竞争力的骨干企业。鼓励中小企业加强节能改造、可再生能源应用、建筑垃圾资源化利用等领域研究，培育一批主营业务突出、竞争力强的专精特新中小企业。我市新地平、创想等企业已开展 CBIM 技术的前期研究。

（四）推动能源资源高效利用方面

1. 提升新建居住建筑节能标准。我市已全面执行居住建筑节能 65%设计标准。鼓励各县（市、区）开展零能耗、近零能耗项目建设。推广应用安全、耐久的节能型建筑材料、设备和工艺。

2. 加强公共建筑节能监管。利用办公用房维修改造，通过对既有建筑绿色改造、空调通风系统节能改造、办公区食堂明厨亮灶改造，完成全市公共机构既有建筑节能改造 5 万平方米。在节约型机关创建工作过程中，制定《公共机构五项节能管理措施》，落实公共建筑能耗分项计量和室内温度控制要求，强化公共建筑用能管理。建设乐山市公共机构能耗监测平台和能耗监测点，将逐步实现对市本级机关、集中办公区和年用电 5 万千瓦时以上的独立公共机构用能情况进行整体监测。对年用电超过 10 万千瓦时的公共机构开展中央空调、数据机房、食堂、高功率电机、电热水器等重点用能设备的分区分项智能计量，实现对高耗能设备用电情况精细化管理。市人民医院等 2 家机构已采用合同能源管理模式，市中医医院等 4 家机构已实施能源审计，2021 年实现单位建筑面积能耗下降 1.3%。

3. 提升水资源使用效率。严格执行现行节水设计标准，推广使用节水型卫生器具和用水设备。在土地出让征求意见环节，向自然资源局等有关部门去函，建议其建设用地面积大于 5 万平方米的新建项目应进行海绵城市专项设计；除医疗建筑和生化实验室等排放有毒、有害污废水的建筑外，全市单体建筑面积超过 2 万平方米的新建公共建筑 1 个，设计有建筑中水利用设施。

4. 优化民用建筑能源结构。因地制宜推动可再生能源建筑应用和新建建筑电能替代工作。我市为水电资源丰富的地区，按照"先中小型后大型、先公共后居住"的原则，分类分阶段推进新建民用建筑电能替代天然气工作。减少民用建筑对常规化石能源的依赖。

5. 开展建筑垃圾资源化利用。加强建筑垃圾规范管理和处置，加大对在建工地文明施工和建筑垃圾规范处置的监管力度，加大联合执法力度，按照网格化管理要求，及时发现和查处随意倾倒建筑垃圾违法行为，同时加强建筑垃圾规范管理和处置的宣传引导，引导居民养成良好的文明卫生习惯。今年以来，在进行我市建筑垃圾产生量、种类和分布等实地调研的基础上，对我市建筑垃圾管理与处置工作规划进行了编制，工作规划明确了工作目标、重点任务及保障措施。计划在城北、城南、城西、五通桥区、沙湾区落实渣土弃土场，城东建设1个建筑垃圾消纳场，市主城区建筑垃圾资源化利用项目1个。持续推进市本级建筑垃圾资源化利用项目的建设工作，同时，加强督促指导各县（市、区）做好建筑垃圾管理与资源化利用、减量化工作。目前，我市市本级建筑垃圾资源化利用项目，计划新建年处理装修垃圾15万吨，预留处理建筑垃圾20万吨/年的生产线。该项目计划2022年开工建设，现正在抓紧开展前期的选址、可研等相关工作。

6. 推广绿色建材高质量发展。近年来，全市全力推进建材产业高质量发展，形成了以先进钢铁材料、新型干法水泥、陶瓷、装配式建筑等为代表的新型建材产业体系，为乐山建筑产业发展奠定了坚实基础。目前，全市共有新型建材企业142家，具备200万吨含钒抗震钢材、10万吨标准钒渣、60万吨不锈钢板坯、2 300万吨新型干法水泥、5亿平方米陶瓷、20万立方米PC构件、200万平方米新型墙材的生产能力。新型建材领域已建成国家级企业技术中心1个，省级企业技术中心9个。一是持续推进德胜钒钛1 250立方米高炉产能置换节能减排技改项目及其配套项目。二是深入开展2021年钢铁去产能"回头看"自查自纠工作。三是引导鼓励实施水泥窑协同处置固废项目。四是加快推进中国建材集团特种水泥总部基地和PC产业总部基地项目建设。

（五）推动绿色金融方面

1. 积极开展推动乐山绿色金融发展的探索。制定《乐山市创新绿色金融服务体系支持"中国绿色硅谷"建设工作方案》，围绕建设乐山光伏产业链绿色金融服务体系，安排部署建立融资辅导机制、建立绿色信贷机制、拓展多元化绿色融资渠道、建立完善绿色金融服务配套机制，共4类15项重点工作，为光伏产业链绿色企业（项目）破资金堵点、解融资难题提供制度保障。

2. 大力推进绿色信贷工作。鼓励银行业金融机构将信贷资金投向绿色建筑、节能建筑和装配式建筑等建设，并积极开展金融服务创新。

3. 建立完善绿色融资制度。在原绿色信贷统计制度的基础上，建立绿色融资统计制度，每半年收集汇总辖内银行业机构绿色信贷投放情况，其中包括建筑节能与绿色建筑相关统计数据。截至2021年11月末，乐山银行业机构支持绿色建筑创建贷款余额4 940万元，五级分类为正常类贷款。支持绿色建筑材料制造贷款余额 500 万元，五级分类为正常类贷款。

（六）加强绿色建筑宣传方面

充分利用报刊、广播、电视和网络等媒体，广泛宣传绿色建筑知识。组织多渠道、多种形式的宣传活动，普及绿色建筑知识，宣传先进经验和典型做法，引导群众用好各类绿色设施，合理控制室内采暖空调温度，推动形成绿色生活方式。发挥街道、社区等基层组织作用，积极组织群众参与，通过共谋共建共评共享，营造有利于创建行动实施的社会氛围。

三、存在困难

（一）部门配合方面不协调，沟通机制尚未完善

当前住房城乡建设部门负责拟定创建行动实施计划，完善相关政策和技术标准，牵头推动创建行动实施。各成员部门分工协作，仍存在部门间信息不对称，缺乏沟通协调的问题，例如银保监分局反映目前关于绿色建筑创建方面信贷支持情况的统计，依托于银行机构自身信息收集和判断，存在因银行客户经理信息收集不全面，统计人员不了解项目是否符合绿色建筑认定标准而未能正确纳入统计的情况。绿色建筑创建项目的推广尚未与地方政府之间建立信息互通机制，如哪些项目符合绿色建筑创建项目或既有建筑节能及绿色改造，哪些绿色建筑创建项目有信贷资金需求等都需要银政之间的相互沟通和合作。

（二）经费保障不足

截至目前，以市场为主导推动绿色建筑发展的长效机制尚未形成，绿色建筑的发展仍主要由政府推动，尚未建立充分发挥市场配置资源的决定性作用，由于保障经费的不足，缺乏鼓励绿色建筑项目的支持政策，无法调动企业参与绿色建筑发展的积极性，没有形成全面推进绿色建筑市场化发展的机制。

（三）群众参与度不高

绿色建筑理念宣传不够，社会各界缺乏对绿色建筑内涵的了解，以消费者为主体的绿色建筑市场环境尚未形成；用户选择建筑时，面对的是一系列专业的指标，而非直接的体验性指标，绿色建筑的优势无法体现，没有对用户主动选择绿色建筑产生影响。

四、总体评价

综上，经过一年的努力，我市在绿色建筑创建行动方面取得了一定成绩，但也存在许多亟待解决的问题，为了使绿色建筑在今后能够发展得更快更好，不断提质增效，充分发挥其在节能减排方面的作用和优势，我局将进一步完善部门间沟通机制，充分发挥政府在绿色建筑发展过程中的重大作用，积极争取全省绿色建筑试点项目资金，促成一批具有引领作用的绿色建筑，不断创新机制体制，解决新矛盾新问题，为我市建筑行业的绿色发展作出积极贡献。

11 南充市关于 2021 年度推进绿色建筑创建工作情况的报告

根据省住建厅等 9 部门《关于印发四川省绿色建筑创建行动实施方案的通知》（川建行规〔2020〕17 号）有关精神、规定和要求，现将我市 2021 年度推进绿色建筑创建工作有关情况报告如下。

一、基本情况

经统计，2021 年 1—11 月，全市城镇新建民用绿色建筑（基本级以上）面积共计 926.94 万平方米，其中绿建基本级的为 517.95 万平方米，占比 55.9%，绿建一星级的为 401.76 万平方米，占比 43.3%，绿建二星级的为 7.1 万平方米，占比 0.8%；新建基本级以上绿色建筑占全市新建建筑面积比例为 81.8%；其中建设用地面积大于 5 万平方米，采用海绵城市专项设计的 218.3 万平方米；全市城镇新建建筑全面执行居住建筑节能 65%标准的建筑面积 1 133.2 万平方米；老旧小区等既有建筑绿色节能改造开工面积 817.4 万平方米；装配式建筑开工面积 100 余万平方米；国家机关办公建筑纳入能耗监测系统的建筑面积 54 万平方米。

二、主要做法

（一）党委高度重视，创建成效明显。一年来，局党委高度重视全市绿色建筑创建工作，先后多次专题研究相关创建工作，以国省"碳达峰、碳中和"有关政策为指引，以国家生态文明建设目标评价、省政府能源总量和强度"双控"考核目标、温室气体排放责任目标为工作牵引和抓手，严格贯彻执行《四川省绿色建筑行动实施方案》等政策法规，成立了全市建筑领域"碳达峰、碳中和"工作实施领导小组，加强对县（市、区）绿色建筑创建工作督导考核，加强数据分析研判，不断增添举措，我市绿建创建工作总体成效明显。

（二）制订实施方案，全面扎实推进。一是我局会同市发改委等 14 部门联合印发了《南充市绿色建筑创建行动方案》（南建发〔2021〕10 号），明确绿建创建目标、重点任务、路径和职责分工，城镇新建居住建筑全面执行 65%节能强制性标准。二是印发了《2021 年全市推进装配式建筑发展工作要点》（南建管〔2021〕53 号），明确全市新开工装配式建筑目标任务、实施范围、比例、示范项目、重点工作及相关举措。三是市政府办印发《南充市全面推进城镇老旧小区改造工作实施方案》（南府办函〔2021〕12 号），明确老旧小区实施绿色节能改造相关目标任务、资金保障和政策举措。四是我局会同市场监管局、经信局联合印发了《南充市加快推进绿色建材产品认证及推广应用实施方案》（南建〔2021〕135 号），在政府采购工程、重点工程、市政公用工程、绿色建筑和绿色生态城区、装配式建筑等项目中优先采用绿色建材，建设一批绿色建材应用示范工程。如积极推广"气凝胶绝热厚型保温系统""现浇砼免拆模板建筑保温系统""不燃型聚苯颗粒复合板建筑保温材料""建筑反射隔热涂料"等当地绿色建材在"南充高坪机场二期扩建、火车北站二期扩建、印象嘉陵江旅客集散中心、顺庆三公街旧商业街改造、仪陇张思德干部学院"等省级重点工程中应用。五是南充市城市管理委员会印发了《南充市建筑垃圾管理和资源化利用工作方案》（南城管办函〔2021〕7 号），明确"十四五"期间城市建筑垃圾处理的目标任务、重点工作、职责分工和工作举措，为促进我市建筑垃圾资源化利用和产业化发展打下了坚实基础。

（三）加大监管力度，政策落地落实。一是加强绿建设计审查动态监管。根据省厅《关于进一步加强房屋建筑和市政基础设施施工图审查管理工作的通知》（川建行规〔2020〕15 号），对未按绿建规定等级设计、无绿建设计专篇（含节能、海绵、中水等）、违法违规设计选用绿色建材产品的、擅自设计变更降低绿建标准的，图审机构一律不予通过。二是加大对图审机构监管力度。年初，我局制定印发了《南充市建设工程勘察设计审图质量检查实施办法》（南建设〔2021〕35 号），按照"双随机、一公开"要求，全年对在南承接图审业务机构，开展了 2 次图审查质量检查，对检查出问题依法依规严格处理。三是严格落实绿建节能专项验收制度。各级质量安全监督部门加强督促建设单位对绿建施工、监理等日常管理，严格落实"联合验收"绿建节能专项验收制度，确保相关绿建建设要求和标准落地落实。

（四）加强宣传引导，争取社会支持。一年来，我局先后在"市电视台阳光问政栏目""首届川渝住博会""节能宣传月"等活动中，通过电视、广播、报纸、网络、公众号等媒体，采取"横幅、展板、传单、宣传栏"等"进工地、进小区、进窗口"的方式，向广大市民群众宣传绿色建筑、装配式建筑、超低能耗被动式建筑、建筑节能 65% 标准、BIM 技术、海绵城市等政策法规、普及绿色建筑知识，向购房人免费提供《绿色住宅质量性能验收指南》，引导群众对绿色住宅的合理消费。邀请省内外专家通过"建设人大讲堂"，先后 2 次对全市住建系统分管领导、工作人员和建设单位及建筑企业人员，进行绿色建筑相关培训，宣传典型经验做法，免费提供技术咨询服务，营造有利于创建行动实施的社会氛围。

三、主要问题

（一）我市二星级以上绿色建筑创建占比不高。目前，我市正处于建筑业高质量发展起步阶段，按省厅绿色建筑创建行动相关要求，地上建筑面积超过 15 万平方米的住宅建筑至少满足一星级标准，星级标准越高，建设成本越高，企业利润空间越小。为了获取更大的利润空间，企业尽可能规避高星级绿建标准。

（二）绿色建筑和绿色建造科技创新能力需进一步提升。目前，"南充市双创中心"和"南充市建筑产业综合园区"正在筹划建设当中，顺庆、阆中装配式生产基地和 BIM 技术应用正在积极推进，引导激励建筑企业等投入科研、提高科技创新能力相关扶持政策，以及入园相关优惠配套政策方案正在启动，建筑领域科技创新能力有待提高。

四、下步打算

（一）加快促进绿色建筑发展。一是加强政策扶持引导，强力推进我市绿色建筑奖补引导措施制定及落地见效；二是持续做好绿色建筑标识管理和绿色建筑适用技术推广工作；三是加强技术交流培训，提供人才保障和智力支持；四是鼓励有条件的企业申报高星级绿色建筑评价标识；五是强化绿色建筑全过程监管制度。

（二）加大绿色建材开发推广力度。依法依规大力发展安全耐久、节能环保、施工便利的新型绿色建材，在有国家、行业、地方、团体技术标准或省科技信息中心推广鉴定报告情况下，加快发展防火隔热性能好的保温材料，推广应用节能与结构一体化技术、自保温烧结砌块、高性能加气混凝土砌块、中空低辐射玻璃、节能门窗、外遮阳系统等建材和部品。积极引导企业按规定做好绿色建材标识和绿色建材入库工作。

（三）积极推进"碳达峰、碳中和"实施行动。加强"碳达峰、碳中和"实施行动组织领导，依托第三方科研单位，抓紧编制《南充市城乡建设领域碳达峰专项行动实施方案》，进一步推进城乡建设绿色低碳转型，加快"十四五"绿色建筑高质量发展，提升建筑能效水平，加快优化建筑用能结构，建立城乡建设领域统一规范的碳排放统计核算体系，建立健全碳交易相关市场机制。

12　宜宾市关于开展 2021 年绿色建筑创建行动工作的报告

根据中央、省绿色建筑创建行动的相关要求，宜宾市开展了绿色建筑创建行动工作，现将宜宾市 2021 年开展绿色建筑创建行动工作的相关情况报告如下。

一、工作开展情况

为贯彻落实《四川省绿色建筑创建行动实施计划》，我局牵头联合市级 10 部门共同转发省住建厅等 9 部门《关于印发四川省绿色建筑创建行动实施方案的通知》（川建行规〔2020〕17 号）文件。

为细化目标任务，我局制定了《宜宾市绿色建筑创建行动实施计划》，明确科室、单位、区县职责和任务。2021 年，宜宾市新建建筑面积约 904.26 万平方米，新建绿色建筑面积约 815.67 万平方米，其中达到绿色建筑一星级要求的项目 44 个，面积约 260.92 万平方米；达到绿色建筑二星级要求的项目 3 个，面积约 19.94 万平方米。2021 年新建绿色建筑面积占新建建筑面积比例为 90.2%。

加强绿色建筑全过程管理，落实企业主体责任，要求区县督促建设、设计、施工、监理等单位严格执行绿色建筑和建筑节能相关规范和标准。设计阶段，要求设计单位明确民用建筑方案设计文件中绿色建筑设计要求，初步设计、施工图设计文件中编制绿色建筑设计专篇；要求审图机构建立绿色建筑施工图设计文件专项审查制度，编制绿色建筑审查专篇，审查不合格的不得出具审查合格书。施工阶段，要求区县加强设计变更管理，对变更内容可能降低绿色建筑要求的，要求建设单位重新进行施工图审查。

二、存在的问题

（一）绿色建筑设计水平和施工图审查能力有待提高。部分设计单位和施工图审查机构对绿色建筑认识不足，施工图审查机构对绿色建筑把关不严；部分设计单位对新材料、新技术的应用不完善，绿色建筑设计专篇深度不够、与施工图脱节，导致部分项目完工后达不到绿色建筑标准要求。

（二）施工、监理单位的绿色建筑专业技术水平不高。一是施工单位质量管理不严，有些施工单位不编制节能施工技术方案或者编制的方案粗糙，缺乏针对性，甚至直接从其他地方摘抄，不够严谨；二是节能施工单位大多没有专业节能施工资质，施工经验和技术力量不足，在施工过程中对一些节点部位的处理没有按图施工；三是许多工地的进场复验把关不严，节能材料未进行复验就进行使用，为工程质量安全留下隐患；四是监理单位把关不严，部分人员专业知识不足且缺乏责任心，没有针对节能要求编制相应的实施细则，不懂得节能工程的监理要点，监理内容没有覆盖到建筑节能的所有要求，不能督促施工单位严格按照图纸进行施工。

（三）建设单位缺乏对绿色建筑深层次的认识，对绿色建筑推广积极性不高。绿色建筑推广初期经济效益和社会效益没有充分显现，加之实施绿色建筑涉及很多新技术、新产品在工程上的应用，工程的建设成本不可避免要增加，导致建设单位不愿投入。

（四）既有居住建筑节能改造难度较大。房屋产权人普遍对建筑节能改造不感兴趣，特别是在技术、资金方面存在畏难情绪，且涉及面广，对居民生产、生活有一定影响，推进工作难度较大。

（五）绿色建筑节能信息公示制度执行不够。从区县检查情况来看，多数建设单位没有将所建、所销售的民用建筑节能措施和实施情况在施工现场主要出入口和销售场所显著位置进行公示。

三、下一步工作计划

（一）继续加强绿色建筑和建筑节能宣传培训。要求区县以绿色建筑、可再生能源推广为重点，开展绿色建筑和建筑节能培训，组织建设、设计、施工、监理单位的管理人员和技术人员学习，提高整体从业水平，提高各责任主体对绿色建筑和建筑节能工作的重要性认识，积极探索推进绿色建筑和建筑节能工作的途径和办法。

（二）进一步强化建筑节能监管体系建设。要求区县针对暴露出的问题，举一反三，抓好整改落实。继续抓好新建建筑施工阶段节能监管，规范绿色建筑和建筑节能设计、施工图审查等行为，全面执行绿色建筑和建筑节能标准，加强建筑节能工程专项验收备案管理。强化参建各方责任主体对绿色建筑和建筑节能质量的管理，严肃查处违反绿色建筑和建筑节能强制性标准的行为。

（三）继续组织实施既有建筑节能改造。积极探索适合我市实际的经济、技术政策和改造模式，以更换节能门窗、增设外遮阳、改善通风条件、改造用能系统等技术措施，组织实施既有居住建筑和公共建筑节能改造。

13　广安市住房和城乡建设局关于 2021 年绿色建筑创建行动工作开展情况的报告

2021 年以来，我局深入学习贯彻习近平生态文明思想，坚持以人民为中心，坚持新发展理念，坚持生态优先，紧紧围绕建设高品质生活定居地的要求，扎实开展绿色建筑创建行动，现将相关情况报告如下。

一、总体概况

今年来，我局以宣传贯彻执行《四川省绿色建筑创建行动实施方案》为契机，加强组织领导，强化社会各界对开展绿色建筑建设工作的紧迫性和重要性的认识，加大绿色建筑推进力度，强化项目建设全过程监管，加大对绿色建筑标识评价的指导监督力度，4 月 20 日对全市各地行政主管部门、设计、施工图审查、监理、房地产开发、施工企业等 100 余名人员进行了建筑节能和绿色建筑培训，全面提升了我市各级管理人员和各专业技术人员的从业水平。为更进一步推动我市绿色建筑高质量发展，联合 9 部门印发《广安市绿色建筑创建行动实施计划的通知》。截至目前，新建、改建、扩建项目的建筑节能设计标准执行率达 100%，施工图设计文件建筑节能专项审查合格率达 100%，施工阶段执行率达 100%，今年累计新增城镇建筑面积约为 436.635 万平方米，新增绿色建筑面积 361.14 万平方米，其中一星级绿色建筑达到 16 个。

二、重点工作进展

（一）严格标准，全面推进城镇绿色建筑发展。严格执行《四川省绿色建筑创建行动实施方案》，全市城镇新建民用建筑满足《绿色建筑评价标准》GB/T 50378—2019。

（二）源头把控，提高新建居住建筑宜居品质。认真落实《四川省住宅设计标准》，新建居住建筑严格执行容积率、日照标准、楼板保温隔音、储藏空间、洁具排水设施等指标。

（三）率先试点，推广装配化建造方式。我市为全国首批装配式建筑示范市，及时出台了《关于推广新型建材和绿色建筑的奖励办法》《大力推进装配式建筑产业发展的意见》等政策文件 10 余个，以政策激励、项目引领、产业聚集、辐射周边的方式推广使用装配式建造方式。目前，汉驭钢构、杭加新材、华辉杭萧等企业带动装配式建造发展，2021 年新开工装配式建筑 156 万平方米。

（四）因地制宜，提升新建居住建筑节能标准。我市属于夏热冬冷地区，按照新建、改建、扩建的居住建筑、公共建筑均强制执行节能 65% 的设计标准，设计阶段大力实施施工图节能设计审查备案制度，对不符合节能设计标准的工程不予备案。

（五）强化监管，推进既有公共建筑节能改造。大力推行合同能源管理模式，推动有条件的公共机构引入节能服务公司进行节能项目投资或融资、能源效率审计、节能项目设计、项目融资、原材料和设备采购、工程施工、节能监测、人员培训、改造系统的运行管理。目前，广安市人民医院已率先采用合同能源管理模式，引入社会资本 500 余万元实施节能改造，共享项目实施后产生的节能效益。

三、存在的问题

一是管理力量不足，缺乏专门机构和人员对绿色建筑、既有建筑节能改造、可再生能源建筑应用等专项工作进行管理，工作进度、质量等无法得到有效保障。二是对建筑节能与绿色建筑发展投入普遍不足，为各项工作有序开展带来较大困难。

四、下一步工作打算

（一）进一步提高对建筑节能工作的认识。认真做好建筑节能宣传工作，继续充分利用广播、电视、报刊等多种媒体，大力宣传建筑节能和绿色建筑的重大意义，积极开展建筑节能和绿色建筑相关业务培训，提高整体从业水平。进一步推进建筑节能和绿色建筑工作，在全面分析研究我市行业现状的基础上，制定具体办法措施。

（二）加强建筑节能和绿色建筑工作的环节控制。采取有效措施加强设计、施工图审查、施工、监理、竣工验收及备案等环节的监管。一是严格实行建筑节能、绿色建筑专项审查备案制度和建筑节能质量监督制度。二是加大执法力度，重点遏制随意降低或取消节能措施现象，对严重违反建筑节能强制性标准和不按规定实施绿色建筑的责任主体，移交市城管执法局查处，确保建筑节能标准贯彻执行。三是强化建筑节能和绿色建筑日常管理，把好建筑节能和绿色建筑专项审查备案关和验收关，确保节能和绿色建筑相关标准得以全面执行。

14　达州市关于 2021 年绿色建筑创建行动落实情况的报告

按照《四川省绿色建筑创建行动实施方案》（川建行规〔2020〕17 号）通知精神，结合我市实际，现将 2021 年达州市绿色建筑创建行动工作开展情况简要报告如下。

一、绿色建筑创建工作开展情况

2021 年，我局积极推广绿色建筑和绿色建材发展。一是强化政策引领。2021 年 6 月制定了《关于支持绿色建材产品综合利用的若干措施》，2021 年 7 月牵头并联合市级九部门制定了《达州市绿色建筑创建行动实施方案》，全面实施绿色设计和星级绿色建筑标识制度，严格落实住建部、工信部等部门印发的《关于推动绿色建材产品标准、认证、标识工作的指导意见》《促进绿色建材生产和应用行动方案》要求，2021 年全市完成新建绿色建筑面积 647.29 万平方米，其中市本级完成 64.5 万平方米，积极支持政府投资项目优先采用绿色建材，目前已会同市场监管局完成了《推进玄武岩纤维产品实施绿色建材产品认证工作方案（征求意见稿）》。二是明确设计标准。明确全市政府投资或政府投资为主的建筑、单体建筑面积大于 2 万平方米的公共建筑、地上总建筑面积大于 15 万平方米的新建住宅小区应至少满足绿色建筑一星级要求，建筑高度超过 150 米或单体建筑面积大于 20 万平方米的公共建筑应至少满足绿色建筑二星级要求。规范全市二星级绿色建筑标识认定和三星级绿色建筑初审、推荐工作报省住房和城乡建设厅负责实施；全市一星级绿色建筑标识认定和二星级绿色建筑初审、推荐工作由市住房和城乡建设局负责实施，目前我市市委党风廉政建设暨法制教育基地项目获得了省住建厅绿色建筑二星级评价标识。三是加强宣传培训。2021 年 9 月 23 日向市政府信息科报送了达州市绿色建筑及绿色建材发展信息；11 月 26 日，组织中心城区建材企业及设计企业负责人约 60 人参加了绿色建筑节能和绿色建筑建材培训学习；11 月 28 日，会同市经信局到绵阳等地考察学习建材产品研发、生产、推广及应用先进经验做法。四是强化产品推广。2021 年我局重点工程建设管理中心和达州市园林绿化管理处使用玄武岩纤维等绿色建材产品约 1 100 余万元；同时，我局大力推广磷石膏粉、磷石膏砌块、磷石膏板材等在建筑工程中推广应用，初步统计，全市建筑领域推广使用磷石膏建材产品超过 10 万吨。五是探索既有建筑节能改造。探索推进既有公共建筑节能改造，结合城市更新、老旧小区改造等工作推进具备条件的既有居住建筑实施节能和绿色化改造，住房品质和宜居性不断得到提升。六是积极推广装配式建筑。加快达州市建筑产业园建设，大力实施装配式建筑攻坚计划，出台了发展装配式建筑的实施意见等一系列配套文件，已成功引进装配式建筑生产项目 2 家，华西装配式建筑有限公司已正式生产装配式叠合楼板等装配式构件，开江县的 HX-89 型轻钢龙骨生产线和装配式建筑核心辅材一站式采购中心已建成投产。七是全面加强建筑节能与绿色建筑质量监管工作。加大建筑节能与绿色建筑质量监管力度，重点加强建筑节能与绿色建筑执行的政策法规、标准规范、强制性条文的管理，加强绿色建筑和建筑节能勘察设计文件的管理。审图机构保证对建筑节能与绿色建筑的施工图审查质量，避免漏审、错审等情况发生，没有建筑节能与绿色建筑设计审查回复意见的，住建局不予备案。凡重新设计审查的施工图，必须重新加盖印章，报主管部门重新备案。八是抓好竣工阶段的专项验收。为使绿色建筑及建筑节能设计达标达效，我市推行了建筑节能专项验收备案制度，即在综合验收以前，必须先进行建筑节能专项验收备案，未进行专项验收备案或者专项验收不合格的，不得进入项目综合验收程序。进一步完善建筑节能检测机构建设，积极推行建筑节能检测制度，为建筑节能专项验收提供科学依据。

二、下步工作安排

（一）加强组织领导。绿色建筑创建工作是一项系统工程，涉及面广、技术要求高应结合实际，我局要积极发挥牵头和承办单位的作用，严格工作目标责任制，落实到具体项目、具体人，各职能部门密切配合，形成齐抓共管的良好局面。

（二）设计单位应保证绿色建筑设计深度和质量。严格执行国标《绿色建筑评价标准》以及国家、行业绿色建筑强制性标准要求。采用绿色建筑软件和 BIM 技术设计手段，优化绿色建筑、建筑节能设计方案。在设计文件中单设绿色建筑设计专篇，在施工图设计文件中应注明对绿色建筑施工与建筑营运管理的技术要求，施工图设计文件必须严格执行绿色建筑标准。

（三）加强绿色建筑专项审查。加强施工图审查机构管理，施工图审查机构必须对设计文件严格审查把关，对不满足规定性指标要求的建设项目，施工图审查一律不得通过。施工图设计机构应按照国标《绿色建筑评价标准》和《四川省绿色建筑施工图审查要点》进行绿色建筑施工图设计文件专项审查，凡未达到绿色建筑设计标准的工程项目，不得出具施工图审查合格书，住建部门不予备案。

（四）推行绿色施工。施工单位在开工前应根据国标《绿色建筑评价标准》《四川省建设工程绿色施工评价与验收规程》和绿色建筑施工图设计文件进行绿色建筑施工组织设计，在编制施工组织设计时增加绿色施工方案专篇，经监理单位审核后报工程项目所在质量监督机构审查，严格按绿色施工方案组织施工。

（五）强化监督检查。进一步加强我市新建绿色建筑设计、施工、验收监管，完善闭合管理制度，强化"专项设计、专项审查、专项施工、专项监理、专项监督、专项验收"等六个专项监管制度，细化立项审批、规划许可、设计审查、施工许可、工程监理、竣工验收、房屋销售等环节的全过程监管。新建建筑严格执行国标《绿色建筑评价标准》。进一步加强设计、施工等关键环节监管，提高建筑节能标准执行率。深化建筑节能设计审查要点，严格节能设计变更管理，加强节能施工质量管理，严格执行节能材料进场复检和节能分部分项工程专项验收制度，确保节能工程质量。

（六）加强绿色建筑创建工作宣传。加强国家法律法规宣传力度，特别是国标《绿色建筑评价标准》《工程建设标准强制性条文》《民用建筑工程节能质量监督管理办法》等绿色建筑发展政策的学习和落实。坚持通过举办业务培训、组织现场考察等，提高开发企业法人代表和市民对绿色建筑认知度，树立"绿色设计"意识。采取多种形式、运用多种手段，加强舆论宣传，积极营造良好的舆论氛围，加快推进我市建筑节能与绿色建筑步伐。

（七）加大人才引进培养力度。鼓励设计施工单位从高校引进绿色建筑相关专业毕业生进行培养、选拔和使用。组织达州市专家到绿色进驻发展快速、取得成功经验的城市学习考察和城市建筑发展的先进技术、管理经验，将所学到的新经验、新技术应用于达州绿色建筑工作中，逐步培养达州本地绿色建筑节能专业化、精细化设计人才和施工技术管理人才，为达州生态城市建设和绿色建筑发展提供强有力的智力支撑。

15　巴中市住房和城乡建设局关于绿色建筑创建行动开展情况的报告

根据住房城乡建设厅等 9 部门《关于印发四川省绿色建筑创建行动实施方案的通知》（川建行规〔2020〕17 号）要求，现将我市绿色建筑创建行动开展情况报告如下。

一、工作开展情况

（一）加强宣传引导。做到动态宣传与集中宣传相结合，每年以"节能宣传周""低碳日"主题宣传活动为载体，利用宣传标语、公共场所电子屏、网络媒体、发放宣传资料等多种方式宣传《绿色建筑评价标准》GB/T 50378—2019、《四川省居住建筑节能 65% 设计导则》，以及绿色建筑与普通建筑的区别，确保我市居住建筑节能水平提升。特别是在全国节能宣传周和低碳日活动期间宣传建筑节能和绿色建筑知识，提高全社会对发展绿色对促进节能减排的重要作用的认识，营造了建筑节能、绿色建材发展的良好氛围，有效地促进建筑领域实现节能降耗目标。在节能宣传活动中发放相关宣传资料 1 200 余份。

（二）持续推进绿色建筑发展。一是根据住房城乡建设厅等 9 部门《关于印发绿色建筑创建行动实施方案的通知》（川建行规〔2020〕17 号）要求，我局联合 9 部门制定了《巴中市绿色建筑创建行动实施计划》。二是从 2021 年 4 月起，全市城镇新建民用建筑应至少满足《绿色建筑评价标准》GB/T 50378—2019 基本级要求。同时，强化绿色建筑建设标准执行，明确初步设计、施工图设计文件应编制绿色建筑设计专篇，施工图审查机构严格按照相关标准进行施工图设计文件专项审查，审查不合格的不出具审查合格书。三是进一步落实工程建设参建各方主体责任，重点从工程设计、施工、监理、检测、交付使用等多方面，进一步提升建设工程质量综合水平。充分应用监管平台，开展全市 2021 年度勘察设计企业"双随机"检查和全市施工图审查机构审查质量检查，重点检查 5 家勘察设计企业和 6 家施工图审图机构在企业执业条件、人员配备、市场行为和质量行为等方面的问题，并对发现的问题积极督促整改，进一步提高了企业自律意识和质量意识。2021 年，全市审查绿色建筑设计项目 99 个，建筑面积 215.9 万平方米。

（三）严格执行建筑节能标准。严格执行《民用建筑节能条例》，全面执行新建居住建筑节能 65% 设计标准，健全建筑节能闭合监管机制，严格执行《建筑节能工程质量验收标准》GB 50411—2019，严格要求相关责任主体按照建筑节能图纸、施工规范和节能标准施工，确保节能工程质量。全市新建建筑设计阶段和竣工验收阶段建筑节能标准执行率达到 100%。

（四）大力推进装配式建筑。深入贯彻"装配式建筑即是绿色建筑"理念，严格执行绿色建筑相关强制标准和管理规定，积极引导房地产开发企业开发建设钢结构装配式住宅楼盘。大力推进"点对点"帮扶计划，协调解决装配式建筑生产企业产品原材料成本高、物流运输难等问题，切实增强企业实际产能。2021 年前三季度，新开工装配式建筑项目

46 个，新开工装配式建筑面积 44.47 万平方米。累计开工装配式建筑项目 85 个，装配式建筑面积达 194.29 万平方米。建成装配式产业基地 2 个，装配式建筑生产企业 2 家。

（五）积极推广新型建筑材料。组织 10 余家建设、设计、图审、施工、监理企业共 30 余人对新型墙体材料的生产工艺、技术性能指标、建筑工地使用情况等进行参观学习，并在项目进行推广使用。积极培育新型墙体材料生产企业和预拌混凝土（砂浆）生产企业，引导企业加快绿色建材评价标识申报，加快推广绿色门窗、绿色建材标识。2021 年底，全市散装水泥推广 215 万吨，散装率为 67.8%，较去年同期增长近 9 个百分点，预拌混凝土供应 263 万立方米，预拌砂浆推广 36 万立方米。

（六）积极提高企业竞争力。加大力度推进工程总承包建设模式，积极培育工程总承包人才，培养工程总承包骨干企业发展。2021 年前三个季度，全市工程总承包项目数累计达 24 个。同时，加强新时期建筑产业工人培育基地建设，组织建筑业劳务人员培训，继续加强住建系统自己培训力量，对各专业工种进行培训，提升建筑业技能人才供给能力，提高建筑行业专业技术人员技能水平。

（七）推进建筑垃圾资源化利用。一是市城市管理行政执法局联合我局等 6 部门制定了《巴中市城市建筑垃圾管理与资源化利用工作规划（2012—2025 年）》。二是推进建筑垃圾资源利用项目建设，目前，拟将 2 个建筑垃圾利用项目纳入《巴中市城镇生活污水和城乡生活垃圾处理设施建设三年推进工作方案（2021—2023 年）》方案中实施。

（八）积极推进既有建筑节能改造。积极探索以老旧小区建筑节能改造为重点，以外墙保温节能、外窗节能、屋顶隔热、建筑外遮阳、绿色照明等本地适宜节能技术为主实施建筑节能改造。2021 年预计既有建筑节能改造 2.1 万平方米。

（九）积极推进公共建筑节能改造和监管。市机关事务管理中心印发了《巴中市公共机构绿色建筑创建行动实施方案》（巴事务函〔2021〕73 号），对新建国家机关办公建筑和单体建筑面积超过 2 万平方米的大型公共建筑以及既有公共建筑节能监管进行了明确要求。我局积极推进公共建筑节能改造，2021 年预计公共建筑节能改造 1.7 万平方米。

（十）推进绿色住宅使用者监督机制。今年以来，我局认真宣传和贯彻落实国家、省、市颁布实施一系列绿色建筑的政策措施和规范标准，组织房地产开发企业召开相关政策培训会议，深入宣传绿色建筑的新要求，督促开发企业积极配合购房业主做好绿色验房工作。

（十一）推进"智慧工地"建设。进一步加强了"智慧工地"建设，提升建筑工地信息化水平，建筑工人实名制管理、扬尘治理 2 个信息系统已建成，具备条件的在建项目已基本实现监管全覆盖。

二、存在的问题

一是部分项目对建筑节能、绿色建筑工作的重视、支持力度还不够，绿色建筑星级普遍偏低，绿色建筑标识申报率低。二是建材市场生产销售的节能材料品种多，质量参差不齐，对部分节能材料产品性能判断存在一定的困难，给工程现场管理增加难度。三是相关职能部门协同推进绿色建筑的合力有待加强。

三、下一步工作措施

（一）落实参建各方主体责任。切实加强参建各方主体责任。突出落实建设单位首要责任和勘察、设计、施工、监理单位主体责任重视建筑节能与绿色建筑工作，不得擅自要求修改绿色建筑与建筑节能设计文件、降低绿色建筑星级、节能设计与施工标准，并积极组织申报绿色建筑标识。

（二）加大节能监管工作。加大绿色建筑设计文件专项审查力度，对绿色建筑相关的强制性标准严格把关。质量监督机构要加强绿色建筑与建筑节能施工质量的监督，把好绿色建筑与建筑节能质量监督关，对未执行绿色建筑的项目不予通过竣工验收。

（三）大力推广实施装配式住宅。深入贯彻"装配式建筑即是绿色建筑"理念，严格执行绿色建筑相关强制标准和管理规定，积极引导房地产开发企业开发建设钢结构装配式住宅楼盘，落实落地用地支持、容积率奖励、开辟绿色通道、评优评奖等各项优惠政策。

（四）加快绿色建材发展。督促现有预拌混凝土（砂浆）生产企业、新型墙体材料生产企业顺应市场发展，提高产品质量，加快绿色建材评价标识的申报。

16　雅安市关于 2021 年绿色建筑创建行动实施计划工作情况报告

按照省住建厅等 9 部门《关于印发四川省绿色建筑创建行动实施方案的通知》（川建行规〔2020〕17 号）要求，现将我市今年落实相关工作情况报告如下。

一、工作总体概况

我市认真贯彻习近平生态文明思想，以"碳达峰""碳中和"为目标导向，坚持生态优先，建设高品质城市，结合《四川省绿色建筑创建行动实施方案》要求，2021 年 2 月，我市印发了《关于雅安市绿色建筑创建行动实施计划的通知》（雅住建发〔2020〕10 号），要求相关单位认真做好建筑节能工作，全面推进城镇绿色建筑高质量发展，重点加强建筑节能与绿色建筑的全过程监管。

同时，我局于 2021 年 9 月至 10 月开展了雅安市 2021 年建筑节能和绿色建筑专项检查行动，通过组建专家组技术检查和"四不两直"检查等方式，对全市在建项目进行了抽查。所有抽查项目建筑节能设计标准执行率均为 100%，施工阶段执行率 100%，建筑节能和绿色建筑工作有序推进。

二、重点任务工作开展情况

（一）新建民用建筑全面执行绿色建筑标准

按照《雅安市绿色建筑创建行动实施计划》，大力推进绿色建筑发展，全市城镇新建民用建筑均按照绿色建筑标准设计实施，同时结合省委省政府"放管服"、优化营商环境的要求，做好提前服务，我局联合发改委、自规等部门，在土地出让和方案阶段审批就予以明确绿色建筑目标星级。目前，全市政府投资建筑工程项目、单体 2 万平方米以上的公共建筑及总建筑面积大于 15 万平方米的开发项目均按至少满足绿色建筑一星级要求实施。2021 年中心城区新开工建设面积 54.02 万平方米，其中绿色建筑面积 46.49 万平方米，绿色建筑占新建建筑比重为 86.06%，超额完成目标任务。

（二）提升绿色建筑实施水平

一是加强绿色建筑全过程管理。按照《雅安市绿色建筑创建行动实施计划》，我市相关监管部门将民用建筑执行绿色建筑标准纳入用地出让、项目可研、规划设计、施工图审查、工程施工。竣工验收等工程全过程，严格要求建筑工程项目在可行性研究报告中应包含绿色建筑要求，设计阶段编制绿色建筑设计专篇，审图阶段进行绿色建筑专项审查。建设工程质量监督机构在进行监督检查时重点检查绿色建筑专项施工方案、绿色建筑监理及实施细则的编制和执行情况，形成管理闭环。二是加强指导培训，2021 年 6 月，我局组织全市各县（区）住建局、市级相关单位召开了 2021 年雅安市绿色建筑与节能标准技术应用培训会，其间邀请了中国建筑西南设计研究院多名专家对相关工作人员指导培训。

（三）强化绿色建筑标识管理

一是认真研究了解《四川省绿色建筑标识管理实施细则（征求意见稿）》，待省厅正式发布后，承接好一星标识的审批工作。二是积极开展宣传引导和支持项目单位开展申报取得绿色建筑星级标识的相关工作。目前我市一星项目 6 个，二星项目 2 个，三星项目 1 个。

（四）推动既有居住建筑绿色化改造

认真按照省政府《关于全面推进城镇老旧小区改造工作的实施意见》要求，在各县（区）编制《老旧小区改造专项规划》的基础上，采取规划引领，逐年实施的方式开展改造工作。重点改造了小区外墙保温措施、供水、供电、供气、消防、地下管网、化粪池、道路硬化、小区绿化、智能信报箱等基础设施，推动了既有居住建筑的节能改造工作，极大地改善了群众居住条件，提高了居民生活品质，提升了居民幸福感。

2021 年我市计划改造老旧小区 212 个，截至 10 月 11 日，开工 179 个小区，开工率 84.4%。下一步我市将鼓励有条件的改造小区积极按照《既有建筑绿色改造评价标准》要求，实施项目的绿色改造。

（五）开展绿色住宅用户参与验房试点

按要求积极推广《绿色住宅购房人验房指南》，引导开发企业做好购房人验房工作。指导开发企业申请城镇园林绿化及生态小区称号，目前已经申报的小区有三家，已向省厅去函邀请开展终评审工作。目前我市使用的预售合同按照 2015 年的《四川省商品房买卖合同（预售）示范文本》执行，下一步，计划安排部署将住宅绿色性能和全装修质量等相关指标纳入商品房买卖合同和住宅使用说明书。通过开展以上工作，增强了购房人对绿色住宅的知晓度。高舒适度的新建小区越来越多，住宅健康性能更加完善，绿色建材应用进一步扩大。

（六）稳步推广装配化建造方式

为促进我市建筑业转型升级高质量发展，按照《关于大力发展装配式建筑的实施意见》（雅办发〔2017〕63 号）要求，结合《2021 年全省推进装配式建筑发展工作要求》文件精神，制定了 2021 年各县（区）推进装配式建筑发展的目标任务，通过发挥装配式特色县（区）带动发展和重点产业基地引领作用，努力发展了一批大型的装配式企业，积极带动我市装配式持续发展。

2021 年上半年我市新开工装配式建筑面积 32 万平方米，其中，装配式混凝土结构 1.52 万平方米、钢结构装配式建筑 31.17 万平方米。装配式运用于商品住房和公共建筑面积分别为 0.22 万平方米、2.72 万平方米。预计全年可完成省上下达的 70 万平方米目标任务。

（七）继续提升建筑能效水平

严格建筑节能设计审查备案和竣工验收备案制度，全市新建城镇居住建筑全面执行节能 65% 设计标准，认真执行新建国家机关办公建筑和面积在 2 万平方米以上的公共建筑应设计安装能耗监测系统标准要求，在电力资源丰富的三个县（区），开展了推行新建民用建筑电能替代天然气的前期工作。

2021 年我市中心城区共办理建筑节能审查备案 15 个，建筑面积 54.02 万平方米，施工图设计阶段执行节能标准率 100%；办理建筑节能专项验收备案 21 个，建筑面积 155.61 万平方米。竣工验收阶段执行节能标准率 100%。

（八）加大绿色建材推广应用

通过开展建筑节能与绿色建筑培训会和全国节能宣传周等活动，不断提升全市新建建筑应用绿色建材的使用比例。建立并发布了《雅安市重点新材料产品名录库（第一期）》，引导全市政府投资项目和其他建设项目高比例使用绿色建材及名录库中的地方新材料，同时，积极帮助指导地方新材料企业积极开展绿色建筑产品标识认证活动，力争尽快取得绿色建材标识。截至目前，全市新建工程项目新型墙材使用率达 80%，建筑行业推广使用散装水泥 212.8 万吨，使用率 72.55%，全面完成了省住建厅下达的目标任务。

（九）完善绿色金融支持创建行动政策

制定了《金融支持雅安市建设绿色发展示范市工作实施方案（征求意见稿）》，明确要求全市各金融机构要对符合绿色建筑标准的建设项目给予信贷支持和利率优惠，加大对海绵城市建设、雅州新区建设和老旧小区绿色改造升级的金融支持力度，为绿色建筑创建行动实施工作计划提供了强力的金融保障。

三、整改工作情况

2021 年 9—10 月，开展了 2021 年度建筑节能和绿色建筑专项检查工作，在各县（区）进行自查的基础上组织专家随机对 5 个县（区）在贯彻执行《雅安市绿色建筑创建行动实施计划》的工作情况进行检查，对部分在建工程项目中建筑节能与绿色建筑的设计施工质量情况进行抽查。依据县（区）住建局报送的自查资料和工作总结报告及随机对 5 县（区）8 个项目的抽查情况，县（区）在开展建筑节能与绿色建筑管理工作方面普遍重视不够，特别是在贯彻执行《雅安市绿色建筑行动实施计划》工作上，相关管理工作亟待加强，抽查的项目存在一些设计和施工质量问题。为此，对检查情况进行了全市通报，要求全市各县（区）认真开展好相关工作，切实抓好薄弱环节的整改与提升，并对抽查的 8 个项目下发限期整改通知书，限期整改落实，同时要求各县（区）根据通报的共性问题，举一反三，进一步加强相关管理工作和辖区内在建项目的监督检查工作。

四、主要经验及做法

为认真贯彻执行《四川省绿色建筑创建行动实施方案》，开展好《雅安市绿色建筑创建行动实施计划》工作，我市相关部门按照工作分工，在各自的领域里开展了相关工作，同时，住建部门牵头推动创建行动实施，相关部门密切配合，协同推进各项重点任务，确保绿色建筑创建工作取得了一定的实效，一年来，我市重点围绕绿色建筑与建筑节能两个重点任务从以下几个方面开展工作。

（一）多部门联动，在自然资源部门的项目土地出让条件中以及核发规划设计条件通知书时，明确提出该项目应达到的绿色建筑星级要求。

（二）加强对施工图审查机构的管理，要求审查机构对未按绿色建筑星级要求设计、未编制绿色建筑设计专篇和建筑节能设计专篇的项目不予出具施工图审查报告。

（三）在工程项目办理施工许可时，将建筑节能设计审查专项备案并入施工图设计审查备案中，严格查验相关内容资料。

（四）加强施工现场的监管，开展不定期的检查工作，督促建筑工程各方责任主体严格按照国家相关法律法规和绿色建筑与建筑节能的技术标准、规范推进项目施工。重点监督建设单位是否存在施工图设计文件未经审查或未按照有关规定经备案登记而擅自组织施工，是否擅自变更已批准的施工图设计文件；施工单位是否按经审查合格的图纸施工，对涉及节能施工的隐蔽性工程有无记录，记录资料是否真实、齐全、完整；工程监理单位是否督促施工单位严格按照节能设计进行施工，有无见证资料，见证材料是否真实、齐全、完整。发现问题及时通报、及时整改，对整个项目实施全过程监管。

（五）在联合验收环节对工程项目是否按照设计要求和绿色建筑与建筑节能技术标准实施的情况进行重点核验。对于没有按照节能设计图纸施工、不符合建筑节能标准的工程，不通过建筑节能专项验收，不出具四川省民用建筑节能工程工竣工验收备案表，不予通过联合验收。

五、存在问题

按照《四川省绿色建筑创建行动实施方案》工作分工，我局牵头推行创建行动，各县（区）住建局按照属地管理原则，对本地项目实行监管职责。但个别县（区）存在以下两方面的问题。

一是主管部门对建筑节能与绿色建筑相关工作重视不够。普遍存在人员配置不足，无专人负责建筑节能相关工作的情况，且经办人员对相关政策法规学习理解不够深入。二是项目各方责任主体履职不到位。设计单位在工程做法表中部分细节标注错误，施工单位未严格按照施工图进行墙体保温节能施工，监理单位对建筑节能施工监督力度不足。

六、下一步工作打算

继续按照《四川省绿色建筑创建行动实施方案》和《雅安市绿色建筑创建行动实施计划》要求，积极牵头协调相关部门，认真开展建筑节能与绿色建筑工作，切实抓好薄弱环节的整改与提升，全面完成建筑节能与绿色建筑的目标任务，具体措施如下。

（一）提高政治站位。建筑节能与绿色建筑相关工作是国家推进"碳达峰""碳中和"战略部署的重要组成部分，是我市推进节能减排工作的重要抓手。今后我市将继续加强对国家"双碳"战略相关政策文件精神的贯彻学习，推进我市建筑领域建筑节能和绿色建筑工作。

（二）强化项目各方责任主体责任。一是引导建设单位高度重视建筑节能与绿色建筑工作，不得擅自要求修改绿色建筑与建筑节能文件，降低绿色建筑星级、节能设计与施工标准。二是严令设计单位严格执行国家、省、市绿色建筑与建筑节能设计规范和标准，绿色建筑设计和建筑节能设计专篇应达到设计深度要求。三是督促施工单位从严把控施工环节的质量关，认真制定节能专项施工方案，按照设计标准和规范要求进行施工，严格实施保温节能材料的复检制度。四是督促监理单位切实履行好监督责任，跟踪把控项目施工全过程，保证绿色建筑设计和建筑节能设计落实到位。

（三）加大节能绿建监管力度。我市将根据本次绿色建筑和建筑节能专项检查发现的共性问题，举一反三，进一步加强辖区内在建项目的监督检查工作，不定期对在建项目进行抽查，对于发现问题的项目，及时将督促其整改落实到位，确保在项目设计，施工、验收等全过程落实建筑节能与绿色建筑相关要求。

17 眉山市住房和城乡建设局关于绿色建筑创建行动工作情况的报告

按照《四川省绿色建筑创建行动实施方案》要求，我局高度重视，围绕全市住房城乡建设事业高质量发展的工作目标总要求，以勘察、设计、施工图审查管理工作为重点，加强技术管理，规范市场秩序，积极开展绿色建筑创建工作。现将 2021 年工作完成情况和 2022 年工作计划报告如下：

一、2021 年工作完成情况

（一）健全建筑节能管理。坚持"以政策制定、标准规范为保障，全面落实绿建工作"的思路，实行建筑节能和绿色建筑项目工作"闭合"管理的模式。在初步设计审查环节，严格执行绿色建筑相关强制性标准和管理规定，建设单位、设计单位全面执行绿色建筑设计标准，全面推广中水回收利用和再生能源应用。在施工图审查备案环节，核验项目门窗及墙体材料的节能参数及使用情况，节能材料一经备案原则上不再变更。

（二）积极推动绿色建筑。严格落实省、市关于绿色建筑行动工作部署，切实做好绿色建筑设计、审查工作衔接。会同市发改委等 9 部门联合印发了《眉山市绿色建筑创建实施计划》（眉建发〔2021〕56 号）、《关于明确我市绿色建筑执行标准有关事宜的通知》（眉建发〔2021〕8 号）等文件，严格执行《四川省绿色建筑创建行动实施方案》，执行建筑节能措施，推进绿色建筑星级评价，扩大可再生能源的利用，推动建筑领域向绿色建筑转型。

（三）积极推广绿色建材。积极推动竹钢等绿色建材在工程建设中的运用，政府性投资项目及社会投资项目鼓励优先采用绿色建材产品和竹产品，构建低碳、绿色、环保的社会生活环境。全市共计有 20 多个项目采用竹钢等竹产品。

二、2022 年工作计划

（一）持续推进绿色建筑发展。坚定贯彻"绿水青山就是金山银山"理念，推动建筑领域向绿色建筑转型，严格执行《四川省绿色建筑创建行动实施方案》执行建筑节能措施，推进绿色建筑星级评价，扩大可再生能源的利用，大力发展绿色建材，推动竹钢等绿色建材在建筑中的使用，全面推进绿色建筑的发展。

（二）提高新建建筑节能水平。大力发展绿色建筑，提升城镇新建建筑节能标准，加强农村房屋建设管理，推广零碳建筑、近零能耗建筑和产能建筑。

（三）全面推进绿色建造。明确建筑工程绿色建造总体目标与实施路径，明确主要减碳指标和技术措施，制定碳减排工作方案。推广绿色设计，采用 BIM 等数字化技术进行全过程协同设计。优化建筑结构体系，重点发展装配式建筑和钢结构建筑，因地制宜发展木结构建筑，推广装配化装修。对传统施工工艺进行绿色化升级革新，积极采用工业化、智能化、精益化建造方式，精准下料、精细管理。

（四）提高绿色建材使用率。加快绿色建材认证，引导传统建材绿色化升级。鼓励优先选用获得绿色建材认证标识的建材产品，在绿色建筑、装配式建筑等工程项目中率先采用绿色建材。大力发展性能优良的预制构件和部品部件，加大通用尺寸的预制构件和部品部件的生产应用，提高智能化、标准化、精益化生产水平。提高建筑垃圾资源化利用比例，鼓励建设单位、施工单位优先采用建筑垃圾循环利用产品。

18　资阳市关于 2021 绿色建筑创建工作有关情况的报告

为深入贯彻习近平生态文明思想，全面贯彻党的十九大和十九届二中、三中、四中全会精神以及省委十一届三次、七次全会精神，推动我市绿色建筑高质量发展，按照省住房城乡建设厅《关于印发〈四川省绿色建筑创建行动实施方案〉的通知》要求，认真开展相关工作，现将有关情况报告如下。

一、工作开展情况

（一）全面推进城镇绿色建筑发展。按照省绿色建筑创建行动实施方案要求，我局牵头发改委等 9 部门联合印发了《资阳市绿色建筑创建行动实施计划》（资住建发〔2021〕52 号），建设工程在设计、施工图审查及施工图审查备案过程中严格把控，对设计达不到要求的项目不予办理施工图审查备案，不予发放施工许可证。2021 年，全市新建达到一星级、基本级的项目总面积为 358.99 万平方米。

（二）统筹布置绿色建筑标识管理。绿色建筑创建行动自今年实施。目前。我局依托本地勘察设计专家、入资施工图审查机构。正在积极筹备专家库，为下一步开展本地区一星级绿色建筑标识认定和二星级绿色建筑初审、推荐工作打好基础。

（三）加强绿色建筑全过程管理，确保绿色建筑落实落地。我局印发了《关于进一步加强绿色建筑项目建设全过程管理的通知》（资住建发〔2020〕53 号），要求在设计阶段，明确民用建筑方案设计文件中绿色建筑设计要求，施工图设计文件应编制绿色建筑设计专篇，严格专项审查，审查不合格的不得出具审查合格书；施工阶段，加强设计变更管理。变更内容可能降低绿色建筑要求的，应重新进行施工图审查，落实企业主体责任，督促建设、设计、施工、监理等单位执行绿色建筑设计文件和相关标准规范，严格竣工验收管理等等，推动绿色建筑相关要求落实落地。

（四）提升新建居住建筑节能标准。全面执行居住建筑节能 65% 设计标准，加强节能设计、审查、备案管理，加强节能施工过程监管及节能专项验收管理，执行国家强制性标准比例达到了 100%。一是严格把好建筑节能设计审查关，在工程项目办理报建时。将建筑节能设计列入施工图专项审查范围，不达标准不予以办理施工图审查备案及施工许可证。二是将节能隐蔽工程单独列为一项专项验收，验收合格后才能进行下一步综合验收环节。

（五）推广绿色建材应用。大力发展新型绿色建材，加大绿色建材推广应用，鼓励政府投资工程优先采用绿色建材。大力推广屋面保温的加气砼，外墙装饰的保温装饰一体复合板，自保温烧结页岩空心砖，加气砼制品，低辐射镀膜玻璃。断桥隔热门窗，高性能砼，高强钢筋等绿色建材，严格要求使用具备节能标示的建筑门窗产品。

二、存在的问题

（一）全市（含县区）建筑节能与绿色建筑管理部门的人员力量不足，对绿色建筑、既有建筑节能改造、可再生能源建筑应用等工作无专门机构及人员进行管理和推动,工作进度、质量等欠缺有效保障。

（二）建设领域建筑节能与绿色建筑资金投入不到位,政策扶持力度不够,为本地鼓励社会投资项目创建高星级绿色建筑动力不足。

（三）新建建筑执行节能强制性标准和绿建标准仍有不到位的情况。部分审图机构对设计规范性及精细度把关不严,施工过程中可能存在变更节能设计、偷工减料的现象。

三、下步工作计划

（一）加强专业技术培训,培养专业技术人才。进一步加强建设领域建筑节能、绿色建筑方面的专业培训。2022 年,我市准备举办 1 ~ 2 期绿色建筑与建筑节能宣贯培训班,为我市培养一批具有专业能力的技术人才,建立专项化、专业化的监管和实施体系。

（二）加强监管,做到规范施工。加强部门职能科室的配合管理,进一步强化“专项设计、专项审查、专项施工、专项监理、专项监督、专项验收”等六个专项监管制度,切实保证建设领域建筑全面执行节能强制性标准和达到绿色建筑设计规范要求。

（三）广泛开展宣传。充分利用报刊、广播、电视和网络等媒体,广泛宣传绿色建筑知识。组织多渠道、多种形式的宣传活动,普及绿色建筑知识,宣传先进经验和典型做法,引导群众用好各类绿色设施,合理控制室内采暖空调温度,推动形成绿色生活方式。发挥街道、社区等基层组织作用,积极组织群众参与。通过共谋共建共评共享,营造有利于创建行动实施的社会氛围。

19　阿坝州关于绿色建筑创建行动开展情况的报告

现将阿坝州绿色建筑创建行工作开展情况报告如下。

一、工作开展情况

（一）制定工作方案。会同州发展改革委、经济和信息化局等部门制定了《阿坝州绿色建筑创建行动实施方案》《阿坝州城市建筑垃圾管理和资源化利用工作实施方案》，明确今后五年工作总体要求和具体工作举措。

（二）严把设计关口。用好省工程建设项目审批管理系统施工图审查模块，加强建筑设计方案规划审查和施工图审查，城镇建筑设计阶段要 100%达到节能标准要求。加强施工阶段监管和稽查，确保工程质量和安全，切实提高节能标准执行率。严格建筑节能专项验收，对达不到强制性标准要求的建筑，不得出具竣工验收合格报告，不允许投入使用并强制进行整改。

（三）推广绿色建材。落实住房和城乡建设部、工业和信息化部等部门印发的《关于推动绿色建材产品标准、认证、标识工作的指导意见》《促进绿色建材生产和应用行动方案》要求。建立绿色建材采信应用数据库，对入库产品实施可追溯性记录，推动建材产品质量提升。大力发展新型绿色建材，加大绿色建材推广应用，鼓励政府投资工程优先采用绿色建材。加强新材料、新技术、新工艺的研发与规范建设，保障节能性能与安全性，为建筑节能工作的开展提供技术支撑。

（四）取得工作实效。全州住建领域深入贯彻落实州委州政府决策部署和省住建厅工作安排，深入实施"两化"互动、统筹城乡发展战略，用绿色、循环、低碳理念指导城乡建设，切实转变了城乡建设模式和建筑业发展方式，集约节约利用资源，提高建筑舒适性、健康性、安全性。截至 2021 年 10 月，全州城镇新建绿色建筑 4 万平方米，占新建建筑比重达到 65%，绿色建筑行动在全州取得初步成效，九寨沟立体式游客服务中心项目获得绿色建筑三星级认证。

二、存在的问题

一是既有建筑节能改造的比例仍然很低，尚有 90%左右的老旧建筑达不到建筑节能标准；二是阿坝州既有建筑节能措施与新标准要求相距甚远，节能改造资金压力大，施工过程中改造难度大；三是新建高标准星级绿色建筑投入成本高，项目投资将大幅提高，在我州难以落地实施；四是个别县（市）对绿色建筑重视程度不够、推广力度不大。

三、下一步工作打算

按照 2022 年城镇新建建筑中绿色建筑面积占比达到 70%、星级绿色建筑持续增加的目标，逐步建立政府主导、企业主体、市场驱动、全社会共同参与的绿色建筑推进机制，居住建筑品质不断提高，建设方式初步实现绿色转型，能源、资源利用效率持续提升。

（一）高质量发展绿色建筑。贯彻实施《阿坝州绿色建筑创建行动实施方案》全州城镇新建民用建筑应至少满足《绿色建筑评价标准》GB/T 50378—2019 基本要求，政府投资或政府投资为主的建筑、单体建筑面积大于 2 万平方米的公共建筑、地上总建筑面积大于 15 万平方米的新建住宅小区应至少满足绿色建筑一星级要求，建筑高度超过 150 m 或单体建筑面积大于 20 万平方米的公共建筑应至少满足绿色建筑二星级要求。

（二）实施既有建筑绿色改造。持续强力推进既有公共建筑节能改造，并结合城市更新、老旧小区改造等工作推进具备条件的既有居住建筑实施节能和绿色化改造，提升存量建筑的运行能效。十四五期间，全州计划实施既有建筑节能改造 38 万平方米，预计总投资 9 980 万元。

（三）大力实施绿色建造。按照省住房和城乡建设厅《提升装配式建筑发展质量五年行动方案》要求，加快发展装配式建筑，加大钢结构在住宅、农房建设、老旧小区改造等领域的推广应用。建立健全装配式建筑全要素产业链，以装配式建筑为载体，推动智能建造和智能制造融合发展。

（四）开展建筑垃圾资源化利用。贯彻落实省建筑垃圾管理和资源化利用指导性政策要求，完善管理政策和技术标准体系，规范城镇建筑垃圾管理和资源化利用工作。结合我州实际，编制专项工作规划，推动建筑垃圾源头减量，引导建筑垃圾处置产业发展，推进处置项目建设，加大再生产品推广应用，形成绿色、低碳、循环的生产生活方式，促进循环经济发展。推动建筑废弃物资源化利用示范项目建设，促进建筑废弃物资源化利用再生骨料、再生混凝土等建材产品，促进建筑废弃物收集、清运、分拣、利用一体化及规模化发展。

20 甘孜州住房和城乡建设局关于 2021 年度绿色建筑推进情况的报告

为依法加强我州建筑节能与绿色建筑推广应用、扎实推进建筑领域节能减排降碳工作，我局明确目标、落实责任、突出重点、强化举措，现将工作情况报告如下：

一、工作开展情况

一是积极开展绿色建筑宣传活动。精心组织、扎实开展建筑节能与绿色建筑宣传活动。以《力推建筑节能，倡导绿色生活》《建绿色建筑，促节能减排》为主题，依托展板、宣传标语、宣传栏、微博、微信等平台等多渠道、多方式推广绿色建筑宣传活动，增强社会公众对建筑节能及绿色建筑的认识度，提高社会公众的绿色意识。

二是加强绿色建筑全过程管理。将绿色建筑相关要求纳入新建建筑开竣工管理程序，严把施工图设计、施工图审查、施工监管和验收备案等关口，加强工程建设全程监管。在所有环节，严格督促参建方严格执行现行绿色建筑相关设计规范，加强绿色质量安全监督。到 2022 年，全州城镇新建建筑中绿色建筑面积占比达到 70%，居住建筑品质不断提高。

三是规范绿色建筑标识管理。推进星级绿色建筑持续增加，依托全国绿色建筑标识管理信息系统，按权限展开绿色建筑标识在线申报、推荐和审查，州本级住房城乡建设部门负责本地区一星级绿色建筑标识认定和二星级绿色建筑初审、推荐工作。县（市）住房城乡建设部门负责一、二、三星级绿色建筑标识认定初审、推荐工作。

四是发展城镇绿色建筑。在政府投资工程、重点工程、市政公用工程、绿色建筑、装配式建筑等项目中积极推广绿色建材。督促新建、改扩建政府投资的学校、医院、博物馆、科技馆、体育馆等公益性建筑和单体建筑面积超过 2 万平方米的公共建筑，执行一星级及以上绿色建筑要求。截至 2021 年 12 月，全州新开工装配式建筑面积 9.88 万平方米，其中：城镇新开工装配式建筑面积 4.13 万平方米；乡村新开工装配式建筑面积 5.75 万平方米。

五是大力推进建筑垃圾管理与资源化利用工作。认真贯彻落实城市建筑垃圾管理与资源化利用相关工作要求，我局联合发改、经信、财政、自然资源、交通运输、综合执法七部门印发了《城市建筑垃圾管理和资源化利用工作实施方案》，指导各县对城市建筑垃圾管理和资源化利用开展相关工作。2022 年 4 月，对全州新建建筑和装配式建筑施工现场建筑垃圾利用情况进行摸排调查。全州新建建筑施工现场每万平方米排放量约为 3 400 吨，平均建筑垃圾利用率 17%；装配式建筑每万平米排放量约为 1 500 吨，平均建筑垃圾利用率 13%。

二、存在的主要问题

（一）绿色建筑评价标识主动性不高

全州绿色建筑评价标识管理工作还相对滞后，设计、施工和物业管理等相关单位参与绿色建筑评价标识的积极性不高，目前，尚无申报绿色建筑设计、运行标识的房屋建筑工程。

（二）对绿色建筑的认识性不足

工程建设各方主体对绿色建筑工作的重要性认识不足，绿色建筑意识不强，部分建筑的设计、施工未能严格执行绿色建筑有关规范标准。

（三）建筑垃圾处置场地缺乏

全州各县对建筑垃圾管理的认识不够，各县编制规划可执行不强，各县尚无建筑垃圾处置场地或相关处理设施设备。

三、下一步工作打算

下一步我局将紧紧结合全州绿色建筑目标任务，继续做好相关工作。

（一）加大宣传贯彻力度

充分利用报刊、广播、电视和网络等媒体，广泛宣传绿色建筑知识。组织多渠道、多种形式的宣传活动，普及绿色建筑知识，宣传先进经验和典型做法，引导群众用好各类绿色设施，合理控制室内采暖空调温度，推动形成绿色生活方式。发挥街道、社区等基层组织作用，积极组织群众参与，通过共谋共建共评共享，营造有利于创建行动实施的社会氛围。

（二）全面贯彻绿色发展理念

加强绿色建筑设计质量、施工图审查质量、绿色建筑验收、绿色建筑运营管理工作，提高绿色建筑整体质量和水平。开展绿色建材评价标识及推广应用，大力推广绿色建材，提高绿色建材应用率，鼓励临时建筑、施工道路和护栏使用可装配、可重复利用的部品部件。继续实施《四川省居住建筑节能设计标准》，新建居住建筑和公共建筑全面执行居住建筑节能 70%标准。深入开展绿色建筑行动，严格按照《四川省推进绿色建筑行动实施细则》规定，推进绿色建筑规模化发展，确保绿色建筑占新建建筑比重逐年提高。

（三）扎实推进城乡建设绿色发展相关措施

深入贯彻落实中共中央办公厅、国务院办公厅印发的《关于推动城乡建设绿色发展的意见》，制定我局关于贯彻落实城乡建设绿色发展工作措施，同步推进物质文明建设与生态文明建设，认真落实碳达峰、碳中和目标任务，加快转变城乡建设方式，推动我州城乡建设绿色发展再上新台阶。

21 凉山州住房和城乡建设局 2021 年绿色建筑创建行动推进情况报告

为贯彻落实习近平生态文明思想和党的十九大精神，依据四川省住建厅等 9 部门《关于印发四川省绿色建筑创建行动实施方案的通知》（川建行规〔2020〕17 号）精神，我局编制并印发了《凉山州绿色建筑创建行动实施方案》，推动我州 2021 年的绿色建筑创建工作。现将我州绿色建筑创建行动推进情况报告如下：

一、基本情况

为落实绿色建筑创建行动，积极响应国家"碳达峰、碳中和"战略目标，使绿色建筑创建工作逐步走上制度化、规范化的轨道，按照住房和城乡建设部、四川省住房和城乡建设厅的有关规定和工作要求，我局把推进新建民用建筑全面实施绿色建筑标准、完善星级绿色建筑标识制度、推进既有建筑绿色改造、推广装配化建造方式、推进建筑垃圾资源化利用以及推动绿色建材应用作为工作重点。同时加大了绿色建筑、节能法规宣传，加大针对设计企业、施工图审查机构绿色建筑标准执行情况的执法检查力度，从而有效地推进绿色建筑创建工作。目前，全州 75% 的城镇新建建筑按绿色建筑标准设计建造，绿色建筑项目 165 个，绿色建筑面积 3 734 902.7 平方米；全年新开工钢结构建筑 26.9 万平方米。

二、主要做法

（一）建立完善星级绿色建筑标识制度。我局印发了《关于印发全州新建房屋建筑工程项目全面落实绿色建筑建设要求的通知》，明确规定各县（市）自 2021 年 6 月 1 日起（以取得施工图审查合格书时间为准），新建民用建筑应至少满足《绿色建筑评价标准》GB/T 50378—2019 基本级要求，国有投资、政府投资及由社会代建的公益性建筑、国家机关办公建筑、总建筑面积大于 5 000 平方米（含）的公共建筑项目、总建筑面积大于 15 万平方米（含）的居住建筑项目按照不低于绿色建筑一星级标准建设。省级以上重大项目原则上按照不低于绿色建筑二星级标准建设，鼓励争创绿色建筑三星级标准建设。

（二）推进既有建筑绿色改造。督促老旧小区改造项目严格落实四川省人民政府办公厅《关于全面推进城镇老旧小区改造工作的实施意见》，严格执行《既有建筑绿色改造评价标准》GB/T 51141 的要求，以更换节能门窗、修缮屋面保温、增设外遮阳、改造室外场地、雨水中水利用、更换节能灯具和节水器具等适宜技术，推动既有居住建筑绿色改造。

（三）推广装配化建造方式。大力推行钢结构等装配式建筑，倡导新建公共建筑采用钢结构。

（四）推动绿色建材应用。一是按照《关于推动绿色建材产品标准、认证、标识工作的指导意见》《促进绿色建材生产和应用行动方案》要求，引导预拌混凝土企业、预拌砂浆企业和新型墙材企业积极开展绿色建材评价标识工作，引导建材行业转型升级；二是继续推进预拌混凝土企业绿色生产，加大"禁现"力度，禁止施工现场搅拌砂浆；三是规范市场消费，逐步提高建筑工程绿色建材使用率；四是国家机关办公建筑、大型公共建筑以及政府投资的公益性公共建筑率先使用绿色建材，打造一批绿色建材应用示范工程。

（五）推进建筑垃圾资源化利用。西昌市已启动西昌市建筑垃圾资源化利用处置项目建设，设计处理规模 5 000 立方米/日，年处理规模 150 万立方米。

（六）加强绿色建筑审查监管工作。坚持把建筑节能标准贯穿于工程全过程，严格按照《节约能源法》《民用建筑节能条例》《建筑节能工程施工质量验收规范》《绿色建筑评价标准》的规定，从工程设计、施工、监理、竣工验收到竣工验收备案的每一个环节，把建筑节能作为法定内容严格把关。开展施工图设计文件审查备案、节能审查备案工作。

（七）督促县（市）加强对绿色建筑的日常监督检查。检查重点是：建设单位是否存在施工图纸设计文件未经审查或未按照有关规定经备案登记而擅自组织施工；是否擅自变更已批准的施工图设计文件；有无明示或暗示施工单位违反绿色建筑标准，不做或少做节能措施；是否存在"阴阳图"问题。施工单位是否按经审查合格的图纸施工，对涉及到节能施工的隐蔽性工程有无记录，记录资料是否真实、齐全、完整。工程监理单位是否督促施工单位严格按照节能设计进行施工，有无见证资料，见证材料是否真实、齐全、完整。对检查到不规范的工程，下发整改通知书，要求责任方及时按规范进行整改加强检查监督，发现不按图施工的，责令改正，对应实施而未实施绿色建筑标准的建设工程，则不能通过节能专项验收，节能专项验收未通过的工程不予竣工验收。

（八）积极推进建筑节能与绿色建筑快速健康发展。牢固树立和贯彻落实"创新、协调、绿色、开放、共享"的发展理念，"适用、经济、绿色、美观"的建筑方针，进一步贯彻落实住房城乡建设部等七部门《关于印发绿色建筑创建行动方案的通知》《四川省绿色建筑创建行动实施方案》等文件精神，全面执行绿色建筑相关标准。

三、存在的问题

（一）一些建设单位对建筑节能、绿色建筑的认知度不高，以致出现在施工过程中不完全按照绿色节能设计施工或降低绿色节能标准施工的现象。

（二）部分地方检测机构缺少绿色建筑方面的专业检测设备，导致目前无法按规定完全进行相关检测。

（三）部分项目施工环节管理不到位。一是施工单位质量管理不严。个别施工单位不编制节能施工技术方案或者编制的方案十分粗糙，缺乏针对性，甚至直接从其他地方摘抄，不够严谨。二是部分节能施工单位施工经验和技术力量不足，在施工过程中对一些节点部位的处理没有按图施工。三是部分工地的进场复验把关不严。节能材料未进行复验就进行使用，为工程质量安全留下隐患。

四、下步工作计划

（一）加强领导，强化对绿色建筑的监督管理。进一步完善绿色建筑组织机构建立长效监管机制，采取有效措施加强施工、监理、竣工验收及备案等环节的监管，对严重违反建筑节能强制性标准的建设单位、设计单位、施工图审查机构、施工单位、监理单位依据有关法律、法规予以严肃查处确保绿色建筑标准的贯彻执行。

（二）继续加强过程监管。认真落实绿色建筑和建筑节能设计、审查、施工、监理、验收、监督等闭合管理制度，对绿色建筑标准的实施、可再生能源应用、绿色建材应用等加强事前引导及事中事后监管，依法查处违法违规行为。

（三）广泛开展宣传。充分利用报刊、广播、电视和网络等媒体，广泛宣传绿色建筑知识。提高群众对绿色建筑的认知程度。

（四）强化培训，提高绿色建筑创建工作水平。针对目前我州绿色建筑施工技术水平不高的实际情况，监督管理人员及各施工、监理等行业加大对各自专业人员的绿色建筑知识和技术的培训，把绿色建筑有关法律、法规、标准、规范和经核准的新技术、新材料、新工艺等作为继续教育的必修内容，提高我州绿色建筑工作的技术水平。

第 6 章

四川省绿色建筑行业发展建议

从创建绿色建筑发展机制，提升发展环境的角度，应以城乡建设绿色发展和碳达峰、碳中和为总目标，持续推动完善建筑节能与绿色建筑法律法规，加大对规划、标准等的政策引导，加强对市场主体行为的规范，进一步提升绿色建筑发展质量和效益；完善政府引导的财政激励机制，落实资金、价格、税收等方面的激励政策，对星级绿色建筑、超低能耗建筑、既有建筑节能改造等项目给予政府支持，同时鼓励绿色金融、绿色制造、绿色消费、绿色采购的发展；完善绿色建筑标准体系，推进制定超低能耗建筑技术标准、建筑碳排放核算标准、绿色建筑工程施工质量验收规范等标准；逐步开展建筑能耗限额管理，提升建筑节能低碳水平，完善我省绿色建筑标识认定管理系统，开展绿色建筑低碳发展绩效评估；继续推动我省绿色建筑规模的扩大，并加快超低能耗、近零能耗、低碳建筑的规模化发展；加强绿色建筑设计与施工阶段的监管工作，统一工艺标准，规范施工行为。同时，建立绿色建材产品相关检验、评价与认定工作体系，建立绿色产品标准推广和认证采信机制。

从绿色建筑产业发展的角度，应积极推进绿色建材的创新，引进先进的绿色节能技术和工艺，不断消化、吸收、再创新，用新型绿色建材替代现有低品质材料；研发先进的施工技术，推广装配式建筑，降低材料损耗；提高建筑关键用能系统效率，研发升级采暖制冷设备，因地制宜地推广地热源热泵系统、空气源热泵系统等节能技术；优化建筑用能结构，推进建筑光伏一体化、风能、太阳能、生物质能等可再生能源的应用与产业发展，降低绿色建筑运行能耗的碳排放；推进村镇绿色建筑的快速发展，提升生物质能在农村建筑中的应用比例。

从绿色建筑领域人才储备的角度，实施建筑节能与绿色建筑培训计划，将相关知识纳入专业技术人员继续教育重点内容，鼓励高等学校增设建筑节能与绿色建筑相关课程；建立从业人员的资格认证制度，推行绿色建筑检测、评价认证制度，培养专业化人才队伍。培育扶持绿色建筑服务行业人员，大力发展绿色建筑技术中介服务队伍，逐步健全贯穿建设全过程的绿色建筑与节能技术服务体系。通过队伍的专业化，推动绿色建筑及建筑节能技术的进一步提升。积极培育绿色建筑策划咨询、设计、施工、监理、检测等各方面人才，形成配套产业链。